高等职业教育农业部"十二五"规划教材

畜产品加工

徐衍胜　赵象忠　主编

中国农业出版社

北京

内容提要

XUCHANPIN JIAGONG

本教材共分3大部分20个项目62个任务，主要包括肉品加工部分：畜禽的屠宰与分割、原料的检验与验收、肉的贮藏与保鲜、腌腊制品加工、肠类制品加工、干肉制品加工、西式肉制品加工、酱卤制品的加工、熏烤肉制品加工、油炸肉制品加工；乳品加工部分：原料乳的检验与验收、液态乳加工、发酵乳的加工、乳粉加工、特色乳品加工技术；蛋品加工部分：蛋的验收与保鲜贮藏、再制蛋的加工、湿蛋制品的加工、干蛋制品的加工和其他蛋制品的加工。在内容编排上，完整和系统地介绍了产品特点、材料仪器设备、工艺流程、操作要点，同时对加工注意事项和产品质量标准做了简要介绍。教材层次清晰、内容安排合理、采用新版国家标准，具有"实用、规范、新颖"的特点。

本教材可作为高等职业院校食品加工、食品检测、动物科学等专业用书，也可提供相关专业及有关食品生产加工、食品质量管理人员参考。

编审人员名单

主　编　徐衍胜　赵象忠

副主编　陈　明　林春艳　罗　岚

编　者（以姓氏笔画为序）

　　　　王文艳　汤春霞　孙　静　李月英

　　　　陈　明　林春艳　罗　岚　周宝胜

　　　　赵冬梅　赵象忠　施忠芬　徐衍胜

审　稿　郑立森　王潍海

本教材按照工学结合人才培养模式的要求，以工作过程为导向，以项目任务为载体，从简单到复杂到综合应用，进行工作过程系统化课程设计。教材紧贴畜产品加工企业岗位所需要职业能力，项目任务的选取来源于行业、企业的实际工作，考虑内容的先进性、实用性、开放性和代表性，解构了传统的学科体系课程内容，构建了基于工作过程的行为体系课程内容。根据以服务为宗旨，已就业为导向，融教、学、做为一体的要求，坚持理论够用、重点强化学生职业技能培养的原则，广泛收集国内外畜产品加工方面的新技术、新工艺、新设备和新配方，结合编者多年的教学与生产实践，对各类畜产品加工、贮藏、质量管理及常见生产方面存在的问题与解决途径等作了较为详细的介绍。教材还增加了国内外肉制品加工生产的最新技术及研究成果。教材侧重实践操作，强化学生的职业技能训练，内容实用。

本教材由山东畜牧兽医职业技术学院徐衍胜、甘肃畜牧工程职业技术学院赵象忠主编，具体分工如下：项目一由成都农业科技职业学院罗岚编写，项目二、项目四、项目十由河南农业职业学院王文艳编写，项目三由甘肃畜牧工程职业技术学院汤春霞编写，项目五由徐衍胜、赵冬梅编写，项目六、项目八由云南农业职业学院施忠芬编写，项目七由徐衍胜、周宝胜编写，项目九、项目十八由成都农业科技职业学院李月英编写，项目十一、项目十二由黑龙江职业学院林春艳编写，项目十三、项目十五由江苏农林职业技术学院陈明编写，项目十四、项目十七、项目十九由赵象忠编写，项目十六由王文艳、罗岚编写，项目二十由甘肃农业职业技术学院孙静编写。全书由徐衍胜统稿。山东畜牧兽医职业学院郑立森和山东得利斯食品股份有限公司王潍海对全书进行了审阅并提出许多宝贵意见，在此深表谢意！

本教材可作为高职院校农产品加工专业、食品加工专业、食品检测专业、食品质量与安全专业、动物科学专业及与食品相关专业的教材，同时也可作为食品质量管理部门、食品加工企业、食品质量管理部门及有关食品质量与安全管理人员的参考用书。

书中难免存在疏漏或不足之处，恳请同仁和广大读者批评指正，以便修改完善。

编 者

2016 年 3 月

目 录

前言

肉品加工部分 ………………………………………………………………………………… 1

项目一 畜禽的屠宰与分割 ……………………………………………………………………… 2

 任务 1 家禽的屠宰 …………………………………………………………………………… 6

 任务 2 家畜的屠宰 …………………………………………………………………………… 8

 任务 3 畜禽肉的分割 ……………………………………………………………………… 12

项目二 原料的检验与验收 …………………………………………………………………… 16

 任务 1 畜禽的宰前检验 …………………………………………………………………… 25

 任务 2 畜禽的宰后检验 …………………………………………………………………… 31

 任务 3 原料肉的验收 ……………………………………………………………………… 34

 任务 4 原料肉的品质评定 ………………………………………………………………… 37

项目三 肉的贮藏与保鲜 ……………………………………………………………………… 39

 任务 1 冷却肉加工 ………………………………………………………………………… 41

 任务 2 冷冻肉加工 ………………………………………………………………………… 44

 任务 3 肉的辐射贮藏 ……………………………………………………………………… 47

项目四 腌腊制品加工 ………………………………………………………………………… 49

 任务 1 广式腊肉加工 ……………………………………………………………………… 54

 任务 2 咸肉的加工 ………………………………………………………………………… 56

 任务 3 南京板鸭加工 ……………………………………………………………………… 58

 任务 4 金华火腿加工 ……………………………………………………………………… 61

项目五 肠类制品加工 ………………………………………………………………………… 65

 任务 1 广式香肠加工 ……………………………………………………………………… 70

 任务 2 川式腊肠加工 ……………………………………………………………………… 72

 任务 3 如皋香肠加工 ……………………………………………………………………… 74

 任务 4 熏干肠加工 ………………………………………………………………………… 75

 任务 5 南京香肚加工 ……………………………………………………………………… 76

项目六 干肉制品加工 ………………………………………………………………………… 80

 任务 1 肉干加工 …………………………………………………………………………… 81

 任务 2 肉松加工 …………………………………………………………………………… 83

 任务 3 肉脯加工 …………………………………………………………………………… 84

项目七 西式肉制品加工 ……………………………………………………………………… 87

 任务 1 高温火腿肠加工 …………………………………………………………………… 91

任务 2　去骨火腿加工 ··· 95

任务 3　盐水火腿加工 ··· 97

任务 4　培根加工 ··· 100

任务 5　发酵香肠加工 ··· 102

任务 6　红肠加工 ··· 104

项目八　酱卤制品的加工 ··· 107

任务 1　酱汁肉加工 ··· 109

任务 2　烧鸡加工 ··· 111

任务 3　肴肉加工 ··· 112

项目九　熏烤肉制品加工 ··· 114

任务 1　沟帮子熏鸡加工 ··· 118

任务 2　北京烤鸭加工 ··· 119

任务 3　广东叉烧肉加工 ··· 121

任务 4　广东烤乳猪加工 ··· 123

项目十　油炸肉制品加工 ··· 125

任务 1　油炸狮子头加工 ··· 131

任务 2　炸鸡腿加工 ··· 132

任务 3　炸排骨加工 ··· 133

乳品加工部分 ··· 135

项目十一　原料乳的检验与验收 ··· 136

任务 1　原料乳的检验与验收 ··· 147

任务 2　原料乳的预处理 ··· 153

项目十二　液态乳加工 ··· 157

任务 1　巴氏杀菌乳加工 ··· 159

任务 2　灭菌乳加工 ··· 162

项目十三　发酵乳的加工 ··· 165

任务 1　凝固型酸乳的加工 ··· 168

任务 2　搅拌型酸乳的加工 ··· 170

项目十四　乳粉加工 ··· 173

任务 1　全脂乳粉加工 ··· 176

任务 2　婴儿配方乳粉的加工 ··· 182

项目十五　特色乳品加工技术 ··· 185

任务 1　奶油加工 ··· 189

任务 2　干酪加工 ··· 193

任务 3　冰淇淋加工 ··· 197

蛋品加工部分 ··· 201

项目十六　蛋的验收与保鲜贮藏 ··· 202

任务 1　原料蛋的检验与验收　……………………………………………　211

任务 2　鲜蛋的冷藏保鲜　………………………………………………………　217

任务 3　蛋的涂膜保鲜　…………………………………………………………　219

项目十七　再制蛋的加工　………………………………………………………　221

任务 1　皮蛋加工　………………………………………………………………　225

任务 2　咸蛋加工　………………………………………………………………　229

任务 3　糟蛋加工　………………………………………………………………　231

项目十八　湿蛋制品的加工　……………………………………………………　234

任务 1　蛋液加工　………………………………………………………………　235

任务 2　冰蛋品加工　……………………………………………………………　238

任务 3　湿蛋品加工　……………………………………………………………　240

项目十九　干蛋制品的加工　……………………………………………………　243

任务 1　蛋白片加工　……………………………………………………………　244

任务 2　干蛋粉加工　……………………………………………………………　246

项目二十　其他蛋制品的加工　…………………………………………………　249

任务 1　蛋黄酱加工　……………………………………………………………　250

任务 2　茶蛋的加工　……………………………………………………………　251

参考文献　………………………………………………………………………………　253

肉品加工部分

XUCHANPIN
JIAGONG

项目一　畜禽的屠宰与分割

【能力目标】

1. 掌握畜禽的屠宰工艺及操作要点；
2. 能进行猪、牛、禽的分割及分级。

【知识目标】

1. 掌握肉与肉制品的基本概念；
2. 了解肉的四大组织；
3. 掌握屠宰后畜禽肉发生的生物化学变化；
4. 知道畜禽屠宰工艺对原料肉质量的影响；
5. 知道畜禽肉分割的方法、步骤和分级标准。

【相关知识】

一、肉与肉制品的概念

肉是指各种动物宰杀后所得可食部分的总称，包括肉尸、头、血、蹄和内脏部分。在肉品工业中，按其加工利用价值，把肉理解为胴体，即畜禽经屠宰后除去毛（皮）、头、蹄、尾、血液、内脏后的肉尸，俗称白条肉，它包括肌肉组织、脂肪组织、结缔组织和骨组织。肌肉组织是指骨骼肌而言，俗称之瘦肉或精肉。胴体因带骨又称为带骨，肉剔骨以后又称其为净肉。胴体以外的部分统称为副产品，如胃、肠、心、肝等称作脏器，俗称下水。脂肪组织中的皮下脂肪称作肥肉，俗称肥膘。

在肉品生产中，把刚宰后不久的肉称为鲜肉；经过一段时间的冷处理，使肉保持低温而不冻结的肉称为冷却肉；经低温冻结后的肉则称为冷冻肉；按不同部位分割包装的肉称为分割肉；将肉经过进一步的加工处理生产出来的产品称为肉制品。

二、肉的形态结构

肉（胴体）是由肌肉组织、脂肪组织、结缔组织和骨组织四大部分构成。这些组织的结构、性质直接影响肉品的质量、加工用途及其商品价值。

1. 肌肉组织　肌肉组织，又称骨骼肌，是构成肉的主要组成部分，可分为横纹肌、心肌、平滑肌三种，占胴体 50%～60%，具有较高的食用价值和商品价值。

（1）肌肉组织的宏观结构。肌肉是由许多肌纤维和少量结缔组织、脂肪组织、腱、血管、神经、淋巴等组成。从组织学看，肌肉组织是由丝状的肌纤维集合而成，每 50～150 根肌纤维由一层薄膜所包围形成初级肌束。再由数十个初级肌束集结并被稍厚的膜所包围，形成次级肌束。由数个次级肌束集结，外表包着较厚膜，构成了肌肉。

（2）肌肉组织的微观结构。构成肌肉的基本单位是肌纤维，也叫肌纤维细胞，属于细长的多核的纤维细胞，长度由数毫米到20cm，直径只有$10\sim100\mu m$。在显微镜下可以看到肌纤维细胞沿细胞纵轴平行的，有规则排列的明暗条纹，所以称横纹肌。其肌纤维是由肌原纤维、肌浆、细胞核和肌鞘构成。

肌原纤维是构成肌纤维的主要组成部分，直径为$0.5\sim3.0\mu m$。肌肉的收缩和伸长就是由肌原纤维的收缩和伸长所致。肌原纤维具有和肌纤维相同的横纹，横纹的结构是按一定周期重复，周期的一个单位称为肌节。肌节是肌肉收缩和舒张的最基本的功能单位，静止时的肌节长度约为$2.3\mu m$。肌节两端是细线状的暗线称为Z线，中间宽约$1.5\mu m$的暗带或称A带，A带和Z线之间是宽约为$0.4\mu m$的明带或称I带。在A带中央还有宽约$0.4\mu m$的稍明的H区，形成了肌原纤维上的明暗相间的现象。

肌浆是充满于肌原纤维之间的胶体溶液，呈红色，含有大量的肌溶蛋白质和参与糖代谢的多种酶类。此外，尚含有肌红蛋白。由于肌肉的功能不同，在肌浆中肌红蛋白的数量不同，这就使不同部位的肌肉颜色深浅不一。

2. 脂肪组织　脂肪组织是仅次于肌肉组织的第二个重要组成部分，具有较高的食用价值。对于改善肉质、提高风味均有影响。脂肪在肉中的含量变动较大，决定于动物种类、品种、年龄、性别及肥育程度。

脂肪的构造单位是脂肪细胞，脂肪细胞或单个或成群地借助于疏松结缔组织连在一起。细胞中心充满脂肪滴，细胞核被挤到周边。脂肪细胞外层有一层膜，膜为胶状的原生质构成，细胞核即位于原生质中。

脂肪细胞是动物体内最大的细胞，直径为$30\sim120\mu m$，最大者可达$250\mu m$，脂肪细胞愈大，里面的脂肪滴愈多，因而出油率也愈高。脂肪细胞的大小与畜禽的肥育程度及不同部位有关。如牛肾周围的脂肪直径肥育牛为$90\mu m$，瘦牛为$50\mu m$；猪脂肪细胞的直径皮下脂肪为$152\mu m$，而腹腔脂肪为$100\mu m$。

脂肪在体内的蓄积，依动物种类、品种、年龄、肥育程度不同而异。猪多蓄积在皮下、肾周围及大网膜；羊多蓄积在尾根、肋间；牛主要蓄积在肌肉内；鸡蓄积在皮下、腹腔及肠胃周围。脂肪蓄积在肌束内最为理想，这样的肉呈大理石样，肉质较好。脂肪在活体组织内起着保护组织器官和提供能量的作用，在肉中脂肪是风味的前提物质之一。脂肪组织的成分，脂肪占绝大部分，其次为水分、蛋白质以及少量的酶、色素和维生素等。

3. 结缔组织　结缔组织是肉的次要成分，在动物体内对各器官组织起到支持和连接作用，使肌肉保持一定弹性和硬度。结缔组织由细胞、纤维和无定形的基质组成。纤维分为胶原纤维、弹性纤维和网状纤维三种。

胶原纤维呈白色，故称白纤维。纤维呈波纹状，分散存在于基质内。纤维长度不定，粗细不等，直径$1\sim12\mu m$，有韧性及弹性，每条纤维由更细的胶原纤维组成。胶原纤维主要由胶原蛋白组成，是肌腱、皮肤、软骨等组织的主要成分，在沸水或弱酸中变成明胶；易被酸性胃液消化，而不被碱性胰液消化。

弹性纤维色黄，故又称黄纤维。有弹性，纤维粗细不同而有分支，直径$0.2\sim12.0\mu m$。在沸水、弱酸或弱碱中不溶解，但可被胃液和胰液消化。弹性纤维的主要化学成分为弹性蛋白，在血管壁、项韧带等组织中含量较高。

网状纤维主要分布于输送结缔组织于其他组织的交界处，如在上皮组织的膜中、脂肪组织、毛细血管周围，均可见到极细致的网状纤维，在基质中很容易附着较多的黏多糖蛋白，可被硝酸银染成黑色，其主要成分是网状蛋白。

结缔组织的含量决定于年龄、性别、营养状况及运动等因素。老龄、公畜、消瘦及使役的动物其结缔组织含量高；同一动物不同部位也不同，一般讲，前躯由于支持沉重的头部而结缔组织较后躯发达，下躯较上躯发达。

结缔组织为非全价蛋白，不易被消化吸收，能增加肉的硬度，降低肉的食用价值，可以用来加工胶冻类食品。

4. 骨组织　骨组织是肉的次要部分，食用价值和商品价值较低，在运输和贮藏时要消耗一定能源。成年动物骨骼的含量比较恒定，变动幅度较小。猪骨约占胴体的 5%～9%，牛占 15%～20%，羊占 8%～17%，兔占 12%～15%，鸡占 8%～17%。

骨由骨膜、骨质和骨髓构成，骨膜是由结缔组织保卫在骨骼表面的一层硬膜，里面有神经、血管。骨骼根据构造的致密程度分为密致骨和松质骨，骨的外层比较致密坚硬，内层较为疏松多孔。按形状又分为管状骨和扁平骨，管状骨密致层厚，扁平骨密致层薄。在管状骨的管骨腔及其他骨的松质层空隙内充满骨髓。骨髓分红骨髓和黄骨髓。红骨髓含的化学成分，水分占 40%～50%，胶原蛋白占 20%～30%，无机质约占 20%。无机质的成分主要是钙和磷。

将骨骼粉碎可以制成骨粉，作为饲料添加剂，此外还可熬出骨油和骨胶。利用超微粒粉碎机制成骨泥，是肉制品的良好添加剂，也可用作其他食品以强化钙和磷。

三、畜禽屠宰后肉发生的生物化学变化

畜禽屠宰后，屠体的肌肉内部在组织酶和外界微生物的作用下，发生一系列生化变化。动物刚屠宰后，肉温还没有散失，柔软具有较小的弹性，这种处于生鲜状态的肉称作热鲜肉。经过一定时间，肉的伸展性消失，肉体变为僵硬状态，这种现象称为死后僵直。此时加热不易煮熟，保水性差，加热后重量损失大，不适于加工肉制品。随着贮藏时间的延长，僵直缓解，经过自身解僵，肉变得柔软，同时保水性增加，风味提高，此过程称作肉的成熟。成熟肉在不良条件下贮存，经酶和微生物的作用，分解变质称作肉的腐败。畜禽屠宰后肉的变化为：尸僵、成熟、腐败等一系列变化。在肉品工业生产中，要控制尸僵、促进成熟、防止腐败。

1. 尸僵

（1）尸僵的概念。指畜禽屠宰后的肉尸，肉的伸展性逐渐消失，变为紧张，无光泽，关节不能活动，呈现僵硬状态，称作尸僵。

（2）尸僵发生的原因。尸僵发生的原因主要是由于 ATP 的减少及 pH 的下降所致。动物屠宰后，呼吸停止，失去神经调节，生理代谢机能遭到破坏。维持肌质网微小器官机能的 ATP 水平降低，势必使肌质网机能失常，肌小胞体失去钙泵作用，Ca^{2+} 失控逸出而不被收回。高浓度 Ca^{2+} 激发了肌球蛋白 ATP 酶的活性，从而加速 ATP 的分解。同时使 Mg-ATP 解离，最终使肌动蛋白与肌球蛋白结合形成肌动球蛋白，引起肌肉的收缩，表现为僵硬。由于动物死后，呼吸停止，在缺氧情况下糖原酵解产生乳酸，同时磷酸肌酸分解为磷酸，酸性产物的蓄积使肉的 pH 下降。尸僵时肉的 pH 降低至糖酵解酶活性消失不再继续下降时，达

到最终 pH 或极限 pH。极限 pH 越低，肉的硬度越大。

（3）尸僵肉的特征。处于僵硬期的肉，肌纤维粗糙硬固，肉汁变得不透明，有不愉快的气味，食用价值及滋味都较差。尸僵的肉硬度大，加盐时不易煮熟，肉汁流失多，缺乏风味，不具备可食肉的特征。

（4）尸僵开始和持续的时间。因动物的种类、品种、宰前状况、宰后肉的变化及不同部位而异。一般哺乳动物发生较晚，鱼类肉尸发生早，不放血致死较放血致死发生早，温度高发生的早，持续的时间短；温度低则发生得晚，持续时间长。

2. 肉的成熟　肉达到最大尸僵以后即开始解僵软化进入成熟阶段。

（1）肉成熟的概念。肉成熟是指肉僵直后在无氧酵解酶作用下，食用质量得到改善的一种生物化学变化过程。肉僵硬过后，肌肉开始柔软嫩化，变得有弹性，切面富水分，具有愉快香气和滋味，且易于煮烂和咀嚼，这种肉称为成熟肉。

（2）成熟肉的特征。肉呈酸性环境；肉的横切面有肉汁流出，切面潮湿，具有芳香味和微酸味，容易煮烂，肉汤澄清透明，具肉香味；肉表面形成干膜，有羊皮纸样感觉，可防止微生物的侵入和减少干耗。肉在供食用之前，原则上都需要经过成熟过程来改进其品质，特别是牛肉和羊肉，成熟对提高风味是非常必要的。

（3）成熟对肉质的作用。

①嫩度的改善。随着肉成熟的发展，肉的嫩度产生显著的变化。刚屠宰之后肉的嫩度最好，在极限 pH 时嫩度最差。成熟肉的嫩度有所改善。

②肉保水性的提高。肉在成熟时，保水性又有回升。一般宰后 2～4d，pH 下降，极限 pH 在 5.5 左右，此时水合率为 40%～50%；最大尸僵期以后 pH 为 5.6～5.8，水合率可达 60%。因此成熟时 pH 偏离了等电点，肌动球蛋白解离，扩大了空间结构和极性吸引，使肉的吸水能力增强，肉汁的流失减少。

③蛋白质的变化。肉成熟时，肌肉中许多酶类对某些蛋白质有一定的分解作用，从而促使成熟过程中肌肉中盐溶性蛋白质的浸出性增加。伴随肉的成熟，蛋白质在酶的作用下，肽链解离，使游离的氨基增多，肉水合力增强，变得柔嫩多汁。

④风味的变化。成熟过程中改善肉风味的物质主要有两类，一类是 ATP 的降解物次黄嘌呤核苷酸（IMP），另一类则是组织蛋白酶类的水解产物—氨基酸。随着成熟，肉中浸出物和游离氨基酸的含量增加，多种游离氨基酸存在，谷氨酸、精氨酸、亮氨酸、缬氨酸和甘氨酸较多，这些氨基酸都具有增加肉的滋味或有改善肉质香气的作用。

（4）成熟的温度和时间。原料肉成熟温度和时间不同，肉的品质也不同（表1-1）。

表1-1　成熟方法与肉品质量

0～4℃	低温成熟	时间长	肉质好	耐贮藏
7～20℃	中温成熟	时间较短	肉质一般	不耐贮藏
大于20℃	高温成熟	时间短	肉质劣化	易腐败

通常在 1℃、硬度消失 80% 的情况下，肉成熟成年牛肉需 5～10d，猪肉 4～6d，马肉 3～5d，鸡肉 0.5～1.0d，羊肉和兔肉 8～9d。

成熟的时间越长，肉越柔软，但风味并不相应地增强。牛肉以 1℃、11d 成熟为最佳；猪肉由于不饱和脂肪酸较多，时间长易氧化使风味变劣。羊肉因自然硬度（结缔组织含量）小，通常采用 2～3d 成熟。

3. 肉的腐败变质

（1）变质的概念。肉类的变质是成熟过程的继续。肌肉中的蛋白质在组织酶的作用下，分解生成水溶性蛋白肽及氨基酸完成了肉的成熟。若成熟继续进行，蛋白质进一步水解，生成胺、氨、硫化氢、酚、吲哚、粪臭素、硫化醇，则发生蛋白质的腐败。同时发生脂肪的酸败和糖的酵解，产生对人体有害的物质，从而使肉降低或丧失食用价值的变化称之为肉的变质。

（2）腐败肉的特征。腐败肉的表面有时干燥，有时非常潮湿而带黏性。通常在肉的表面和切口有霉点，呈灰白色或淡绿色，肉质松软无弹力，用手按摸时，凹陷处不能复原，不仅表面有腐败现象，在肉的深层也有浓厚的酸败味。

密闭煮沸后，有一股难闻的臭味，肉汤呈污秽状，表面有絮片，汤的表面几乎没有油滴。骨髓软弱无弹性，颜色暗黑，腱潮湿呈灰色，为黏液所覆盖。关节表面由黏液深深覆盖，呈血浆状。

「任务1　家禽的屠宰」

一、家禽屠宰的特点

随着养殖业的快速发展，家禽在动物食品中占的比例越来越大，禽类肉制品加工快速发展。家禽的屠宰加工已从手工作坊转向流水线工业化生产。禽类品种较多，个体形态较小，易于屠宰加工。根据加工产品的不同需要，家禽屠宰过程中保证形体及内脏、四肢完整，注意屠宰过程中的清洗、消毒环节，保证肉制品的卫生与安全是屠宰的关键环节。

二、材料、仪器及设备

屠宰流水线、冷库、人工麻电器、绝缘靴、绝缘手套、刀具、浸泡池、脱毛机、塑料包装膜、挖脏器、包装机、电子秤、250mg/kg NaClO 消毒液等。

三、工艺流程

活鸡掉挂→麻电→宰杀放血→浸烫→脱毛→鸡体处理→宰后检验→
冷却→分割→定量分级→包装→急冻→冻藏

四、操作要点

1. 活鸡倒挂　毛鸡双腿倒挂在运输链条挂钩上，轻抓轻挂，生病、死亡鸡不得挂上线。

2. 麻电　电压为 35～50V，电流为 0.5A 以下，电晕时间鸡为 8s 以下，鸭为 10s 左右。

3. 宰杀放血　在下颌后的颈部，横切一刀，将颈部的气管、食管、血管一齐切断，放血时间为 3～5min。禽只在放血完毕进入烫毛槽之前，其呼吸作用应完全停止，以避免烫毛槽内的污水吸进禽体肺而污染屠体。

4. 浸烫　国内烫鸡通常采用水温 60～62℃，烫毛时间 60～90s，在实际操作中，应严格掌握水温和浸烫时间，热水应保持清洁。

5. 脱毛　机械褪毛，主要利用橡胶指束的拍打与摩擦作用褪除羽毛。因此必须调整好橡胶指束与屠体之间的距离。

6. 鸡体处理

（1）去绒毛。将残留的绒毛及毛根人工摘除干净。

（2）去嗉囊。割开嗉囊处表面皮肤，将嗉囊拉除出割除。

（3）摘取内脏。

①切肛。从肛门周围伸入旋转环形刀切成半圆形或用剪刀斜剪成半圆形，刀口长约3cm，要求切肛部位准确，不得切断肠管。

②开腹皮。用刀具或自动开腹机从肛门孔向前划开3～5cm，不得超过胸骨，不得划破内脏。

③用自动摘脏机或专用工具从肛门剪口处伸入腹腔，将肠管、心、肝、胗全部拉出，并拉出食管。消化道内容物、胆汁不得污染胴体，损伤的肠管不得垂挂在鸡胴体表面。

④取出内脏后，要用一定压力的清水冲洗体腔，并冲去机械或器具上的污染物。

⑤落地或粪污、胆污的肉尸必须冲洗干净，另行处理。

7. 宰后检验　卫检人员对鸡只逐一进行头部、胴体和内脏的检验，发现病变情况，立即剔下，根据病变情况进行处理。

8. 冷却　预冷却水控制在5℃以下，终冷却水温度控制在0～2℃，勤换冷却水，冷却总时间控制在30～40min。鸡胴体在冷却水槽中逆水流方向移动。冷却后的鸡屠体中心温度降至5℃以下。

9. 分割　对鸡体进行划线、下腿、下翅等操作，要注意下刀部位准确。分割过程中对手和刀具要进行消毒。

10. 定量分级　逐只称量，将同一规格内的鸡只放到同一盘中。按产品合同要求进行分类，定量时必须符合产品定量规定。

11. 包装　使用塑料包装膜，单个产品进行包装，包装要求美观、整齐。包装过程中防止外来污染物对内包装袋的污染。

12. 急冻　入急冻库产品要及时入库，不得积压。急冻库卫生必须符合要求，温度要求≤−30℃，急冻库按不同产品摆放整齐，不允许出现叠盘现象。产品中心温度≤−18℃方可转库。

13. 冻藏　冻藏库卫生必须符合要求，冻藏库−18℃，昼夜温差不能高于1℃。入库产品必须摆放整齐，不同产品要求摆放在不同的库位。冷库不能摆放其他杂物，要求地面、墙面符合卫生要求。

五、注意事项

（1）挂鸡要快、牢，防止运转过程中脱钩落地，挂鸡时要用两手将已挂上的鸡体上下拖，以挂牢鸡体，挂鸡时不允许打鸡等野蛮操作现象；根据毛鸡种类不同，分别隔开挂入；不允许挂单腿鸡，每一挂钩必须挂一只鸡，挂鸡时发现不符合要求的鸡要剔除，单独存放。

（2）麻电操作人员应穿戴合格的绝缘靴、绝缘手套。使用人工麻电器应在其两端分别蘸盐水，防止电源短路。电晕时间要适当，电晕后马上将禽只从挂钩上取下，在60s内能自动苏醒为宜。过大的电压、电流会引起锁骨断裂，心脏停止跳动，放血不良，翅膀血管充血。

（3）浸烫时采用流动水或经常换水，一般要求每烫一批需调换一次，保持清洁。

（4）脱毛后要用清水冲洗鸡屠体，要求体表不得有粪污。

（5）在开膛过程中注意不能用刀切断直肠，一定要把肛后的脂肪拉出来；开膛进刀不宜过深，其下刀深入以 0.5cm 为宜，其开膛破肠率不超过 5％，发现异常，采取减慢链条速度或纠正员工操作方法等措施；工器具每半小时消毒一次，NaClO 消毒（消毒水浓度为 250mg/kg），时间为 2～3s。

（6）挖脏操作时应注意其挖脏器不能将肝挖破，要保证肝的完整性，其挖肝破肝率不超过 8％；工器具每半小时消毒一次，NaClO 消毒（消毒水浓度为 250mg/kg），时间为 2～3s。

六、思考与应用

1. 家禽的屠宰步骤有哪些？
2. 家禽屠宰过程中重要的工艺参数有哪些？
3. 家禽屠宰过程中经过哪几道清洗、换水、消毒工序？其作用有哪些？
4. 简述家禽屠宰工艺流程。
5. 结合实训体会，谈谈家禽屠宰加工中的注意事项。

「任务 2　家畜的屠宰」

一、家畜屠宰的特点

屠宰加工是肉类生产的重要环节，屠宰加工条件和卫生检疫也是决定肉制品质量和安全性的前提和保证。在肉类加工业中把肉用家畜经过刺杀、放血和开膛去内脏，最后加工成胴体（即白条肉）等一系列处理过程，称为屠宰加工。它是深加工的前处理，也称为初步加工。因此屠宰是将活体家畜可食体组织转化为肉品的过程，以利于肉制品的进一步加工工序。

二、材料、仪器及设备

人工麻电器、绝缘靴、绝缘手套、劈半刀、尖刀、浸烫池、脱毛机、剥皮机、电锯、盐水、检验印章等。

三、工艺流程

淋浴→致昏→刺杀放血→浸烫脱毛→开膛、净腔→劈半（锯半）→修整、复检→整理副产品

四、操作要点

1. 淋浴　水温 20℃，喷淋猪体 2～3min，以洗净体表污物为宜。淋浴使猪有凉爽舒适的感觉，促使外周毛细血管收缩，便于放血充分。

2. 致昏　应用物理的（如机械的、电击的、枪击的）、化学的（吸入 CO_2）方法，使家畜在宰杀前短时间内处于昏迷状态，称为致昏，也称击晕。击晕能避免屠畜宰杀时嚎叫、挣扎而消耗过多的糖原。使宰后肉尸保持较低的 pH，增强肉的贮藏性。

（1）电击晕。生产上称作"麻电"。它是使电流通过屠畜，以麻痹中枢神经而晕倒。此法还能刺激心脏活动，便于放血。

我国使用的麻电器，猪有手握式和自动触电式两种。手握式麻电器使用时工人穿戴合格

的绝缘靴并戴绝缘手套，手持麻电器，两端分别浸蘸 5% 的食盐水（增加导电性），但不可将两端同时浸入盐水，防止短路。操作时在猪头颞颥区（俗称太阳穴）额骨与枕骨附近（猪眼与耳根交界处）进行麻电：将电极的一端揿在颞颥区，另一端揿在肩胛骨附近。按生猪品种和屠宰季节，适当调整电压和麻电时间。

表 1-2　畜禽屠宰时的电击晕条件

畜种	电压/V	电流强度/A	麻电时间/s
猪	70～100	0.5～1.0	1～4
牛	75～120	1.0～1.5	5～8
羊	90	0.2	3～4
兔	75	0.75	2～4
家禽	65～85	0.1～0.2	3～4

（2）CO_2 麻醉法。将猪赶入麻醉室后麻醉致昏。麻醉室内气体组成为：CO_2 65%～75%，空气 25%～35%，时间设定为 15s。

3. 刺杀放血　家畜致昏后将后腿拴在滑轮的套腿或铁链上。经滑车轨道运到放血处进行刺杀，放血。家畜击晕后应快速放血，以 9～12s 为最佳，最好不超过 30s，以免引起肌肉出血。

（1）刺颈放血。此法比较合理，普遍应用于猪的屠宰。刺杀时操作人员一手抓住猪前脚，另一手握刀，刀尖向上，刀锋向前，对准第一肋骨咽喉正中偏右 0.5～1.0cm 处向心脏方向刺入，再侧刀下拖切断颈部动脉和静脉，不得刺破心脏或割断食管、气管。刺杀时不得使猪呛膈、瘀血。这种方法放血彻底。每刺杀一头猪，刀要在 82℃ 的热水中消毒一次。

（2）切颈放血。应用于牛、羊，为清真屠宰普遍采用的方法。用大脖刀在靠近颈前部横刀切断三管（血管、气管和食管）。此法操作简单，但血液易被胃内容物污染。

（3）心脏放血。在一些小型屠宰场和广大农村屠宰猪时多用，是从颈下直接刺入心脏放血。优点是放血快，死亡快，但是放血不全，且胸腔易积血。

倒悬放血时间：牛 6～8min，猪 5～7min，羊 5～6min，平卧式放血需延长 2～3min。放血充分与否影响肉品质量和贮藏性。

放血后的猪屠体应用喷淋水或清洗机冲淋，清洗血污、粪污及其他污物。

4. 浸烫脱毛　家畜放血后解体前，猪需烫毛、脱毛，牛、羊需进行剥皮，猪也可以剥皮。

放血后的猪由悬空轨道上卸入烫毛池进行浸烫，使毛根及周围毛囊的蛋白质受热变性收缩，毛根和毛囊易于分离。同时表皮也出现分离达到脱毛的目的。猪体在烫毛池内大约5min 左右。池内最初水温 70℃ 为宜，随后保持在 60～66℃。如想获得猪鬃，可在烫毛前将猪鬃拔掉。生拔的鬃弹性强，质量好。

脱毛要在屠体浸烫充分后迅速进行，力求干净。采用脱毛机进行脱毛，应根据季节不同，适当调整脱毛时间。脱毛机内的喷淋水温度应掌握在 59～62℃，脱毛后屠体应无浮毛，无机械损伤、无脱皮现象。

刮毛后进行体表检验，合格的屠体进行燎毛。采用喷灯或燎毛炉燎毛，烧去猪体表面残留猪毛及杀死体表微生物。

5. 开膛、净腔　开膛与净腔应在剥皮或脱毛后立即进行，屠猪宜采取垂直姿势，以减轻工人的劳动强度，并减少屠体被胃肠内容物污染的机会。开膛时应小心沿腹部正中线剖开腹腔，切勿划破胃肠、膀胱和胆囊。若屠体被胃肠内容物、尿液或胆汁所污染，应立即冲洗干净，另行处理（拿出来单独进行劈半、整修、检验）。净腔一般先摘取胃、肠、脾，后摘取心、肝、肺，并分开放置。

可采用带皮开膛、净腔或去皮开膛、净腔。

（1）带皮开膛、净腔。

①雕圈。刀刺入肛门外围，雕成圆圈，掏开大肠头垂直放入骨盆内。应使雕圈少带肉，肠头脱离括约肌，不得割破直肠。

②挑胸、剖腹。自放血口沿胸部正中挑开胸骨，沿腹部正中线自上而下剖腹，将生殖器从脂肪中拉出，连同输尿管全部割除，不得刺伤内脏。放血口、挑胸、剖腹口应连成一线，不得出现三角肉。

③拉直肠、割膀胱。一手抓住直肠，另一手持刀，将肠系膜及韧带割断，再将膀胱和输尿管割除，不得刺破直肠。

④取肠、胃（肚）。一手抓住肠系膜及胃部大弯头处，另一手持刀在靠近肾处将系膜组织和肠、胃共同割离猪体，并割断韧带及食道，不得刺破肠、胃、胆囊。

⑤取心、肝、肺。一手抓住肝，另一手持刀，割开两边隔膜，取横膈膜肌脚备检。左手顺势将肝下掀，右手持刀将连接胸腔和颈部的韧带割断，并割断食管和气管，取出心、肝、肺，不应使其破损。

⑥去除三腺。摘除甲状腺、肾上腺及病变的淋巴结等。摘除甲状腺应指定专人，不得遗漏并妥善保管。

⑦冲洗胸、腹腔。取出内脏后，应及时用足够压力的净水冲洗胸腔和腹腔，洗净腔内瘀血、浮毛、污物。

⑧摘除内脏各部位的同时，应由检验人员同步进行检验。

（2）去皮开膛、净腔。屠宰时要剥皮的猪应先剥皮，这是屠畜解体的第一步。屠体在剥皮前须进行清洗，洗净体表，避免损伤皮张，防止污物、皮毛玷污胴体。剥皮分手工剥皮与机械剥皮两种加工方法。机械剥皮可以减少污染和损伤皮张，提高功效，减轻劳动强度。剥下的猪皮要另行处理，送往皮张加工车间。

去皮可采用机械剥皮或人工剥皮。

①械剥皮。按剥皮机性能，预剥一面或二面，确定预剥面积。剥皮按以下程序操作：

挑腹皮：从颈部起沿腹部正中线切开皮层至肛门处。

剥前腿：挑开前腿腿裆皮，剥至脖头骨脑顶处。

剥后腿：挑开后腿腿裆皮，剥至肛门两侧。

剥臀皮：先从后臀部皮层尖端处割开一小块皮，用手拉紧，顺序下刀，再将两侧臀部皮和尾根皮剥下。

剥腹皮：左右两侧分别剥；剥右侧时，一手拉紧、拉平后裆肚皮，按顺序剥下后腿皮、腹皮和前腿皮；剥左侧时，一手拉紧脖头皮，按顺序剥下脖头皮，前腿皮、腹皮和后腿皮。

夹皮：将预剥开的大面猪皮拉平、绷紧，放入剥皮机卡口、夹紧。

开剥：水冲淋与剥皮同步进行，按皮层厚度掌握进刀深度，不得划破皮面，少带肥膘。

②人工剥皮。将屠体放在操作台上，按顺序挑腹皮、剥臀皮、剥腹皮、剥脊背皮。剥皮时不得划破皮面，少带肥膘。

③开膛、净腔同前述带皮开膛、净腔操作。

6. 劈半（锯半）　劈半即沿脊柱将肉尸劈成两半，以劈开脊椎管暴露出脊髓为宜。这样做，一则便于检验，二则利于猪肉的冷冻加工和冷藏堆垛。

（1）将检验合格的猪胴体去头、尾。

（2）可采用手工劈半或电锯劈半。手工劈半或手工电锯劈半时应"描脊"，使骨节对开，劈半均匀。采用桥式电锯劈半时，应使轨道、锯片、引进槽成直线，不得锯偏。

（3）劈半后的片猪肉应摘除肾（腰子），撕断腹腔板油，冲洗血污、浮毛、锯肉末。

7. 修整、复检

（1）按顺序整修腹部，修割乳头、放血刀口，割除槽头、护心油、暗伤、脓包、伤斑和遗漏病变腺体。

（2）整修后的片猪肉应进行复检，合格后割除前后蹄，加盖检验印章，计量分级。

8. 整理副产品

（1）分离心、肝、肺。切除肝隔韧带和肺门结缔组织及摘除胆囊时，不得使其损伤、残留；猪心上不得带护心油、横隔膜；猪肝上不得带水疱；猪肺上允许保留 5cm 肺管。

（2）分离脾、胃（肚）。将胃底端脂肪割断，切断与十二指肠连接处和肝胃韧带。拨开网油，从网膜上割除脾，少带油脂。

翻胃清洗时，一手抓住胃尖冲洗胃部污物，用刀在胃大弯处戳开 5～8cm 小口，再用洗胃机或长流水将胃翻转冲洗干净。

（3）扯大肠。摆正大肠，从结肠末端将油脂撕至离盲肠与小肠连接处 15～20cm，将大肠割断、打结。不得使盲肠破损，残留油脂过多。

翻洗大肠，一手抓住肠的一端，另一只手自上而下挤出粪污，并将肠子翻出一小部分，用一手二指撑开肠口，另一手向大肠内灌水，使肠水下坠，自动翻转。经清洗、整理的大肠不得带粪污，不得断肠。

（4）扯小肠。将小肠从割离胃的断面拉出，一手抓住油脂（花油），另一手将小肠末梢挂于操作台边，自上而下排除粪污，操作时不得扯断、扯乱。扯出的小肠应及时采用机械或人工方法清除肠内污物。

（5）摘胰。从肠系膜中将胰摘下，胰上应少带油脂。

五、注意事项

（1）电击晕家畜位置要准确，不应使其致死或反复致昏。

（2）麻电设备应配备安装电压表、电流表、调压器，麻电操作人员应穿戴合格的绝缘靴、绝缘手套。猪被麻电后应心脏跳动，呈昏迷状态，不得使其致死。麻电后用链钩套住猪左后脚跗骨节，将其提升上轨道（套脚提升）。

（3）放血应在致昏后立即进行，放血是否完全在肉品卫生学上具有极大意义。放血完全的胴体，肉质比较娇嫩，色泽鲜亮，含水量少，可以长期保藏；放血不全的胴体，肉质低劣，色泽深暗，因含水量高有利于微生物的生长繁殖，容易发生腐败变质。

（4）浸烫应按猪屠体的大小、品种和季节差异，控制浸烫水温在 58～63℃，浸烫时间为 3～6min，不得使猪屠体沉底、烫老。浸烫池应有溢水口和补充净水的装置。经机械脱毛或人工刮毛后，应在清水池内洗刷浮毛、污垢，再将猪体提升悬挂、修割、冲淋。

（5）猪屠体修刮、冲淋后应进行头部和体表检验。对每头屠体进行编号，不应漏编、重编。

（6）从放血到摘取内脏不应超过 30min，全部屠宰过程不应超过 45min。

六、思考与应用

1. 家畜的屠宰加工主要包括哪些工序？
2. 家畜宰前电击昏有何好处？电压、电流及电昏时间有何要求？
3. 影响家畜放血的因素有哪些？放血不良对制品会产生何种影响？
4. 家畜浸烫脱毛对水温有何要求？对屠体产生什么影响？
5. 结合实训体会，谈谈猪屠宰加工中的注意事项。

「任务 3 畜禽肉的分割」

分割肉是指宰后经兽医卫生检验合格的胴体，按分割标准及不同部位肉的组织结构分割成不同规格的肉块，经冷却、包装后的加工肉。肉的分割是按不同国家、不同地区的分割标准将胴体进行分割，以便进一步加工或直接供给消费者。

一、材料与设备

刀具（尖刀、方刀、弯头刀、直刀等）、刀棍、磨石、台秤、冰箱或冰柜、空调、不锈钢盆、不锈钢桶、塑料袋等。

二、分割方法与步骤

1. 猪胴体分割　一般来讲，在我国供市场零售的猪肉可分为肩颈部、背腰部、臀腿部、肋腹部、前后肘子、前颈部六大部分。

供内、外销的猪肉分为颈背肌肉、前腿肌肉、脊背肌肉、臀腿肌肉四个部分。我国商业上常将猪的半边胴体分割为四大块。

（1）一号肉。即肩颈肉或前夹肉，前端从第一、第二颈椎间，后端从第五、第六肋骨间与背线垂直切开，下端从肘关节处切开。这部分肉的瘦肉多，肌肉间结缔组织多，所以适合做肉馅、罐头、灌肠制品和叉烧肉。

（2）二号肉。即方肉，大排下部割去奶脯的一块方形肉。这块肉脂肪和瘦肉互相间层，俗称五花肉，是加工酱肉、酱汁肉、走油肉、咸肉、腊肉和西式培根的原料。奶脯用于炼油。

（3）三号肉。即大排或通脊，指前端从第五、第六肋骨间，后端从最后腰椎与荐椎间垂直切开，在脊椎下 5～6cm 肋骨处平行切下的脊背部分。这块肉主要由通脊肉和其上部一层背膘构成。通脊肉是较嫩的一块优质瘦肉，是中式排骨、西式烧排、培根、烧通脊肉和叉烧肉的好原料。

（4）四号肉。即后腿肉，指从最后腰椎与荐椎间垂直切下并除去后肘的部分。后腿肉瘦肉多，脂肪和结缔组织均少，可用于中式火腿、西式火腿、肉松、肉脯、肉干和腊肠、灌肠等制品。

（5）血脖。即颈肉或槽头肉，此肉品质较差，可用于制馅和低档灌肠制品。

2. 牛胴体的分割 我国将标准的牛胴体二分体首先分割成臀腿肉、腹部肉、腰部肉、胸部肉、肋部肉、肩颈肉、前腿肉、后腿肉共八个部分。在此基础上再进一步分割成里脊、外脊、眼肉、上脑、辣椒条、胸肉、腱子肉、臀肉、米龙、牛霖、大黄瓜条、小黄瓜条、腹肉13块不同的肉块。

（1）里脊。里脊又称牛柳，即腰大肌。分割时先剥去肾脂肪，沿耻骨前下方将里脊剔出，然后由里脊头向里脊尾逐个剥离腰横突，取下完整的里脊。

（2）外脊。外脊又称西冷，主要是背最长肌。分割时首先沿最后腰椎切下，然后沿背最长肌腹壁侧（离背最长肌5～8cm）切下。再在第12～13胸肋处切断胸椎，逐个剥离胸、腰椎。

（3）眼肉。眼肉主要包括背阔肌、背最长肌、肋间肌等。其一端与外脊相连，另一端在第5～6胸椎处，分割时先剥离胸椎，抽出筋腱，在背最长肌腹侧距离为8～10cm处切下。

（4）上脑。上脑主要包括背最长肌、斜方肌等。其一端与眼肉相连，另一端在最后颈椎处。分割时剥离胸椎，去除筋腱，在背最长肌腹侧距离为6～8cm处切下。

（5）辣椒条。辣椒条又称嫩肩肉，主要是岗上肌，位于肩胛骨外侧，从肱骨头与肩胛骨结节处紧贴冈上窝取出的形如辣椒状的净肉，便是辣椒条。

（6）胸肉。胸肉主要包括胸升肌和胸横肌等。在剑状软骨处，随胸肉的自然走向剥离，修去部分脂肪即成一块完整的胸肉。

（7）腱子肉。腱子分为前、后两部分，主要是前肢肉和后肢肉。前牛腱从尺骨端下刀，剥离骨头，后牛腱从胫骨上端下切，剥离骨头取下。

（8）臀肉。臀肉主要包括臀中肌、臀深肌、股阔筋膜张肌。位于后腿外侧靠近股骨一端，沿着臀股四头肌边缘取下的净肉。

（9）米龙。位于后腿外侧，主要包括半膜肌、股薄肌等。沿股骨内侧从臀股二头肌与臀股四头肌边缘取下的净肉。

（10）牛霖。牛霖又称膝圆，主要是臀股四头肌。当米龙和臀肉取下后，能见到一块长圆形肉块，沿此肉块自然肉缝分割，得到一块完整的膝圆肉。

（11）大黄瓜条。位于后腿外侧，主要是臀股二头肌。与小黄瓜条紧接相连，故剥离小黄瓜条后大黄瓜条就完全暴露，顺着肉缝自然走向剥离，便可得到一块完整的四方形肉块即为大黄瓜条。

（12）小黄瓜条。主要是半腱肌，位于臀部。当牛后腱子取下后，小黄瓜条处于最明显的位置。分割时可按黄瓜条的自然走向剥离。

（13）腹肉。腹肉位于腹部，主要包括肋间内肌、肋间外肌和腹外斜肌等，也即肋排，分无骨肋排和带骨肋排。一般包括4～7根肋骨。

3. 禽胴体的分割

（1）禽胴体的一般分割。

①鸡胴体的分割。国内外市场上分割鸡品种繁多，主要有鸡翅、鸡全腿、鸡腿肉、鸡胸肉、爪和脏器等。日本对肉鸡分割分很细，分为主品种、副品种及二次品种3大类共30种。

我国大体上分为腿部、胸部、翅、爪及脏器类。

②鸭胴体的分割。沿脊椎骨左侧从颈至尾将胴体一分为二，右侧半胴体为1号鸭肉，左侧半胴体为2号鸭肉。

③鹅胴体的分割。沿着脊椎骨的左侧从颈部到尾部将胴体一分为二，再从胸骨端到髋关节前缘连线处将两个半胴体一分为二，即为1号胸肉、2号胸肉、3号腿肉、4号腿肉。

（2）禽胴体的多部位分割。禽胴体分割的方法有三种：平台分割、悬挂分割、按片分割。前两种适于鸡，后一种适于鹅、鸭。

禽类的部位肉分割是按照不同禽类提出不同的分割要求进行的。通常鹅分割为头、颈、爪、胸、腿等8件，躯干部分成4块（1号胸肉、2号胸肉、1号腿肉和2号腿肉）；鸭肉分割为6件，躯干部分为2块（1号鸭肉、2号鸭肉）；至于鸡，由于个体更小，可以分割成更小的分割件数。

①鸭的分割步骤。第一刀从左跗关节取下左爪；第二刀从右跗关节取下右爪；第三刀从下颌后颈椎处垂直斩下鹅头（带舌）；第四刀从第十五颈椎（前后可相差一个颈椎）间斩下颈部，去掉皮下的食管、气管和淋巴；第五刀沿胸骨脊左侧由后向前平移开膛，摘下全部内脏，用干净、消毒的毛巾擦去腹水、血污；第六刀沿脊椎骨的左侧（从颈部直到尾部）将鹅、鸭体分为两半；第七刀从胸骨端剑状软骨到髋关节前缘的连线处将左右分开，然后分成四块，即1号胸肉、2号胸肉、3号腿肉和4号腿肉。

②肉鸡的分割步骤。

a. 腿部分割。将脱毛光鸡置于平台上，鸡的头部位于操作者前方，背部向下，腹部向上。将左右大腿向两侧整理少许，然后左手持住左腿，用刀将两腿腹股沟的皮肉割开。用两手把左右腿拽向脊背后侧放于平台，使左腿向上，用刀割断股骨与骨盆之间的韧带，再将连接骨盆的肌肉切开。将鸡体调转方向，腹部向上，鸡的头部向操作者，用刀切开骨盆肌肉接近尾部约3cm，将刀旋转至背中线，划开皮下层至第七根肋骨为止。左手持鸡腿，用刀口后部切压闭孔，同时用力将鸡腿向后拉即完成左腿的分割。右腿按同样的方法分割。

b. 胸部分割。鸡的头部位于操作者前方，左侧向上。从颈的前面正中线，沿咽颌到最后颈椎切开左边颈皮，再切开左肩胛骨。用同样的方法切开右颈皮和右肩胛骨。左手握住鸡颈骨，右手食指从第一胸椎向内插入，两手用力向相反方向拉开即成。

c. 副产品分割。大翅分割，切开肱骨与喙骨连接处，即成三节鸡翅。鸡爪分割，用剪刀或刀切断胫骨与腓骨的连接处。从嗉囊处把肝、心、肫、肠等全部摘落，将肫幽门切开，剥去肫的内金皮，不得残留黄色。

d. 腿骨分割。鸡的头部位于操作者前方，分左右腿操作。分割左腿骨时，用左手握住小腿端部，内侧向上，上腿部稍微斜向操作者，右手用刀口的前端沿小腿顶端顺着胫骨和股骨的内侧划开皮和肌肉。左手横向持鸡腿，切开两骨相连的韧带，不得切开内侧皮肉和韧带下皮肉。剔出股骨，再用刀的后部，从胫骨处切断。右腿的分割工序同上。

e. 胸骨分割。完成腿骨分割的鸡，头部位于操作者前方，右侧向上，腹部向左。从颈的前面正中线，沿咽颌到最后颈椎处切开右边颈皮，再切开鸡喙骨和肱骨2cm左右。用刀尖沿肩胛骨内侧划开，再用刀口后部从鸡喙骨和肱骨的筋骨处切开至锁骨。左手持翅，拇指插入刀口内部，右手持鸡颈用力拉开。用刀尖剔开锁骨里脊肉，轻轻撕下，使里脊肉呈树叶状。用同样的方法处理左胸。再从咽喉切断颈皮，顺序向下，留下食道和气管，不得挑破嗉皮。最后用左手拇指插入锁骨中间的腹内，右手持颈骨用力拉下前胸骨即成。

三、注意事项

（1）分割肉加工工艺宜采用冷剔骨工艺，即片猪肉在冷却后进行分割剔骨。

（2）分割肉应修割净伤斑、出血点、碎骨、软骨、血污、淋巴结、脓包、浮毛及杂质。严重苍白的肌肉及其周围有浆液浸润的组织应剔除。

（3）分割的原料及产品采用平面带式输送设备，其传动系统应采用电辊筒减速装置，在输送带两侧设置不锈钢或其他符合食品卫生要求的材料制作的分割工作台，进行剔骨分割，输送机末端配备分检台，对分割产品进行检验。

（4）屠宰车间非清洁区的器具和运输工具不应进入分割间，非分割间工作人员不应随意进入分割区。

（5）分割冷却猪肉系列产品应在 0～4℃ 的环境下，24h 内将肉块的中心温度冷却至 7℃ 以下。分割冻结猪肉系列产品应在 24～48h 使其中心温度降至 −15℃ 以下。

（6）为了提高产品质量，达到最佳经济效益，必须熟练掌握家禽分割的各道工序，特别要注意：下刀部位要准确，刀口要干净利索；按部位包装，斤两准确；清洗干净，防止血污、粪污以及其他污染。

四、思考与应用

1. 我国商业上常将猪的半边胴体分割为哪几大块？各适于哪些肉制品加工？
2. 我国牛肉可分割为哪 13 块不同的肉块？
3. 试述我国禽肉的分割方法。
4. 结合实训体会，谈谈分割肉加工中应注意哪些问题？

项目二 原料的检验与验收

【能力目标】

1. 能填写检验合格证明和急宰证明单；
2. 能独立进行畜禽宰前、宰后检验；
3. 掌握原料肉的验收及品质评定。

【知识目标】

1. 知道原料肉的化学组成；
2. 知道原料肉的化学组成与加工特性的关系；
3. 掌握原料肉的食用品质；
4. 掌握畜禽屠宰检验的程序、方法和检验要点；
5. 掌握原料肉验收的程序、方法和检验要点。

【相关知识】

一、肉的化学组成与性质

肉的化学成分主要包括水分、蛋白质、脂肪、糖类、浸出物及矿质元素和维生素。肉的化学成分受动物的种类、性别、年龄、营养状态及畜体的部位而有变动，且宰后肉内酶的作用，对其成分也有一定的影响（表 2-1）。

表 2-1　畜禽肉的化学组成

名称	含量/%					热量/（J/kg）
	水分	蛋白质	脂肪	糖类	灰分	
牛肉	72.91	20.07	6.48	0.25	0.92	6 186.4
羊肉	75.17	16.35	7.98	0.31	1.92	5 893.8
肥猪肉	47.40	14.54	37.34	—	0.72	13 731.3
瘦猪肉	72.55	20.08	6.63	—	1.10	4 869.7
马肉	75.90	20.10	2.20	1.33	0.95	4 305.4
鹿肉	78.00	19.50	2.50	—	1.20	5 358.8
兔肉	73.47	24.25	1.91	0.16	1.52	4 890.6
鸡肉	71.80	19.50	7.80	0.42	0.96	6 353.6
鸭肉	71.24	23.73	2.65	2.33	1.19	5 099.6
骆驼肉	76.14	20.75	2.21	—	0.90	3 093.2

1. 水分 水是肉中含量最多的成分。水在肉中分布不均匀，其中肌肉含水 70%～80%，皮肤为 60%～70%，骨骼为 12%～15%。畜禽越肥，水分的含量越少；老年动物比幼年动物含量少。肉中水分含量多少及存在状态影响肉的加工质量及贮藏性，水分含量与肉的贮藏性呈正相关。水分在肉中的存在形式大致可分为结合水、不易流动水和自由水三种。

（1）结合水。结合水是指在蛋白质等分子周围，借助分子表面分布的极性基团与水分子之间的静电引力而形成的薄层水分。结合水性质稳定，冰点约为－40℃，不能作为其他物质的溶剂，不易受肌肉蛋白质结构的影响，甚至在施加外力条件下，也不能改变其与蛋白质分子紧密结合的状态。肉中结合水的含量，占全部水量的 15%～25%。通常这部分水在肌肉的细胞内部。

（2）不易流动的水（准结合水）。不易流动的水是指存在于纤丝、肌原纤维及膜之间的水分。肉中的水大部分以这种形式存在，占总水分的 60%～70%。这些水能溶解盐及其他物质，并可在 0℃稍下结冰。

（3）自由水。自由水是指存在于细胞间隙及组织间，能自由流动的水，约占总水量的 15%，自由水性质活泼，容易蒸发和结冰，能够被微生物利用使肉品腐败变质，同时也是在加工过程中易损失的水分。

2. 蛋白质 肌肉中除水分之外的主要成分是蛋白质，含量约为 20%，占肉中干物质中 80%，依其构成位置和在盐溶液中溶解度可分成三种蛋白质：肌原纤维蛋白质、肌浆蛋白质和基质蛋白质。其中肌原纤维蛋白质约占 55%；存在于肌原纤维之间溶解在肌浆中的肌浆蛋白质约占 35%；构成肌鞘、毛细血管等结缔组织的基质蛋白质约占 10%。

（1）肌原纤维蛋白质。肌原纤维是肌肉收缩的单位，由丝状的蛋白质凝胶所构成。肌原纤维蛋白质占肌肉蛋白质总量的 40%～60%，主要包括肌球蛋白、肌动蛋白、肌动球蛋白和 2～3 种调节性结构蛋白质。

表 2-2 肌原纤维蛋白质的种类和含量（单位:%）

名称	含量	名称	含量	名称	含量
肌球蛋白	54	C-蛋白	2	55 000μ 蛋白	<1
肌动蛋白	12～15	M-蛋白	2	F-蛋白	<1
肌球原蛋白	4～5	α-肌动蛋白素	2	I-蛋白	<1
肌原蛋白	5～6	β-肌动蛋白素	<1	filament	<1
肌联蛋白	6	γ-肌动蛋白素	<1	肌间蛋白	<1
N-Line	3	肌酸激酶	<1	vimentin	<1

（2）肌浆中的蛋白质。肌浆是指在肌原纤维细胞中环绕，并浸透于肌原纤维内外的液体，含有机物与无机物，一般是将肌肉磨碎、压榨可挤出肌浆，一般占肉中蛋白质含量的 20%～30%。它包括肌溶蛋白、肌红蛋白、肌球蛋白 X 和肌粒中的蛋白质等。

①肌溶蛋白质。肌溶蛋白质属清蛋白类的单纯蛋白质，存在于肌原纤维间，占肌浆蛋白

的大部分，溶于水，性质不稳定，加热易变性，等电点 pH 为 6.3，加热到 52℃时即凝固，具有酶的性质，是营养完全蛋白质。

②肌红蛋白。肌红蛋白是一种复合性的色素蛋白质，是肌肉呈现红色的主要成分。肌红蛋白由一条肽链的珠蛋白和一分子亚铁血色素结合而成。肌红蛋白有多种衍生物，如呈鲜红色的氧合肌红蛋白、呈褐色的高铁肌红蛋白、呈鲜亮红色的亚硝基肌红蛋白等。这些衍生物与肉及其制品的色泽有直接的关系。肌红蛋白的含量，因动物的种类、年龄、肌肉的部位而不同。凡是动物生前活动较频繁的部位，肌红蛋白含量高，肉色较深。

（3）基质蛋白质。基质蛋白质是结缔组织蛋白，指肌肉组织磨碎之后在高浓度的中性溶液中充分抽提之后的残渣部分。基质蛋白质是构成肌内膜、肌束膜、肌外膜和腱的主要成分有胶原蛋白、弹性蛋白、网状蛋白及黏蛋白等，存在于结缔组织的纤维及基质中，它们均属于硬蛋白类。

3. 脂肪 脂肪对肉的品质影响和加工特性影响较大，肌肉中脂肪含量多少直接影响肉的多汁性和嫩度，脂肪含量高，肉的嫩度高，口感好，保水性好。

肉中脂肪分两种：一种是蓄积脂肪包括皮下脂肪、肾脂肪、网膜脂肪、肌肉间脂肪等；另一种是组织脂肪包括肌肉组织内脂肪、神经组织脂肪、脏器脂肪等。蓄积脂肪主要成分为中性脂肪，最常见的脂肪酸为棕榈酸、油酸、硬脂酸，其中棕榈酸占中性脂肪的 25%～30%，其他 70% 为油酸、硬脂酸和高度不饱和脂肪酸。组织脂肪主要成分为磷脂，肉中磷脂含量和肉的酸败程度有很大关系，因为磷脂含不饱和脂肪酸的百分率比脂肪高。

4. 浸出物 浸出物是指能溶于水的浸出性物质，包括含氮浸出物和无氮浸出物，浸出物成分主要有机物为核苷酸、嘌呤碱、胍化合物、氨基酸、肽、糖原、有机酸等。

（1）含氮浸出物。含氮浸出物为非蛋白质的含氮物质。如游离氨基酸、磷酸肌酸、核苷酸类、肌苷、尿素等。这些物质是肉香味的主要来源。

（2）无氮浸出物。无氮浸出物为不含氮的可浸出的有机化合物，包括糖类和有机酸。肉中的糖以游离的或结合的形式广泛存在于动物的组织和组织液中。肉中糖的含量因屠宰前及屠宰后的条件不同而有所不同，糖原在动物死后的肌肉中进行无氧酵解，生成乳酸，对肉类的性质、肉的加工与贮藏都具有重要意义。刚屠宰的动物乳酸含量不过 0.05%，但经 24h 后增至 1.00%～1.05%。除去糖原、乳酸之外，浸出物中还会有微量的丙酮酸、琥珀酸、柠檬酸、苹果酸和延胡索酸等三羧酸循环中的有机酸成分。

浸出物成分的总含量是 2%～5%，以含氮化合物为主，酸类和糖类含量比较少。含氮物中，大部分构成蛋白质的氨基酸呈游离状态。浸出物的成分与肉的风味及滋味、气味有密切关系。浸出物中的还原糖与氨基酸之间的非酶促褐变反应对肉的风味具有很重要的作用。而某些浸出物本身即是呈味成分，如琥珀酸、谷氨酸、肌苷酸是肉的鲜味成分，肌醇有甜味，以乳酸为主的一些有机酸有酸味等。浸出物含量虽然不多，但由于能增进消化腺体活动（如促进胃液、唾液等的分泌），因而对蛋白质和脂肪的消化起着很好的作用。

5. 矿物质 肉类中的矿物质主要为无机盐，含量一般为 0.8%～1.2%。这些无机盐在肉中有的以游离状态存在，如镁、钙离子；有的以螯合状态存在，如肌红蛋白中含铁，核蛋白中含磷。肉是磷的良好来源，肉的钙含量较低，而钾和钠几乎全部存在于软组织及体液之中。钾和钠与细胞膜通透性有关，可提高肉的保水性。肉中尚含有微量的锰、铜、锌、镍等。其中锌与钙能降低肉的保水性。

6. 维生素 肉中维生素主要有维生素 A、维生素 B_1、维生素 B_2、烟酸、叶酸、维生素 C、维生素 D 等。其中脂溶性维生素较少,水溶性 B 族维生素含量较多,脏器中含量较多,尤其是肝。猪肉中维生素 B_1 的含量比其他肉类要多得多,而牛肉中叶酸的含量则又比猪肉和羊肉高,海产鱼类维生素 A 含量较高。

7. 影响肉化学成分的因素

（1）动物的种类。不同动物肉的化学组成不同。

表 2-3 不同动物成年家畜背最长肌的化学成分（单位：%）

项　目	动物种类			
	家兔	羊	猪	牛
水分（除出脂肪）	77.0	77.0	76.7	76.8
肌肉间脂肪含量	2.0	7.9	2.9	3.4
肌肉间脂肪碘值	—	54	57	57
总氮含量（除去脂肪）	3.4	3.6	3.7	3.6
总可溶性磷含量	0.20	0.18	0.20	0.18
肌红蛋白含量	0.2	0.25	0.06	0.50
胺类、三甲胺及其他成分含量	—	—	—	—

（2）性别。性别不同,肉的化学组成也不相同。

表 2-4 不同性别的牛肉背最长肌的化学成分

化学成分	肌肉组织中的含量/%		
	不去势公牛	去势公牛	母牛
蛋白质	21.7	22.1	22.2
脂肪	1.1	2.5	3.4
水分	75.9	74.3	73.2

（3）畜龄。肌肉的化学组成随着畜龄的增加会发生变化,一般说来,除水分下降外,别的成分含量均为增加。

表 2-5 不同畜龄牛肉背最长肌的化学成分

项　目	10 头牛的平均数		
	5 个月	6 个月	7 个月
肌肉脂肪含量/%	2.85	3.28	3.96
肌肉脂肪碘值	57.4	55.8	55.5
水分/%	76.7	76.4	75.9
肌红蛋白质/%	0.03	0.038	0.044
总氮含量/%	3.71	3.74	3.87

（4）营养状况。营养状况直接影响动物的生长发育，从而影响到肌肉的化学组成。

表 2-6 肥育程度对牛肉化学成分的影响

牛肉	占净肉的比例/%				占去脂净肉的比例/%		
	蛋白质	脂肪	水分	灰分	蛋白质	水分	灰分
肥育良好	19.2	18.3	61.6	0.9	23.5	75.5	1.0
肥育一般	20.0	10.7	68.3	1.0	22.4	76.5	1.1
肥育不良	21.1	3.8	74.1	1.1	21.9	76.9	1.2

8. 解剖部位 肉的化学组成除受动物的种类、畜龄、性别、营养状况等因素影响外，同一动物不同部位的肉组成也有很大差异。

表 2-7 不同部位肉的化学组成（单位：%）

种类	部位	水分	粗脂肪	粗蛋白质	灰分
牛肉	颈部	65	16	18.6	0.9
	软肋	61	18	19.9	0.9
	背部	57	25	16.7	0.8
	肋部	59	23	17.6	0.8
	后腿部	69	11	19.5	1
	臀部	55	28	16.2	0.8
小牛肉	背部	70	5	19	1.3
	后腿部	68	12	19.1	1
	肩部	70	10	19.4	1
猪肉	后腿部	53	31	15.2	0.8
	背部	58	25	16.4	0.9
	臀部	49	37	13.5	0.7
	肋部	53	32	14.6	0.8
羊肉	胸部	48	37	12.8	—
	后腿部	64	18	18	0.9
	背部	65	16	18.6	—
	肋部	52	32	14.9	0.8
	肩部	58	25	15.6	0.8

二、肉的食用品质

肉的食用品质及物理特性主要包括肉的色泽（颜色）、气味、嫩度、保水性、容重、比热、导热系数等。这些物理特性都与肉的形态结构、动物种类、年龄、性别、肥度、部位、宰前状态、冻结的程度等因素有关，影响肉在加工过程中的工艺参数和肉制品质量。

1. 肉的颜色 肉的颜色影响肉的感官和商品价值，正常新鲜肉色为红色，其深浅程度受很多因素的影响，如果是微生物引起的色泽变化则影响肉的卫生质量。

（1）形成肉颜色的物质。肉的颜色是由肌肉中肌红蛋白（Mb）和血红蛋白（Hb）产生的。肌红蛋白为肉自身的色素蛋白，肉色的深浅与其含量多少有关。血红蛋白存在于血液中，对肉颜色的影响根据屠宰过程放血是否充分而定。放血不充分，肉中血液残留多则血红蛋白含量多，肉色深；放血充分肉色正常。

刚宰后的肉为深红色，经过一段时间肉色变为鲜红色，是新鲜肉的特征，时间再长则变为褐色，这些变化是由于肌红蛋白的氧化还原反应所致。刚宰后，肌红蛋白为还原态，肉色表现为深红色；经十几分钟，肌红蛋白与氧结合，其血色素中的铁仍为还原态，肉色表现为鲜红色；再经几小时或几天，肌红蛋白的血色素 2 价铁被氧化为 3 价铁，形成高铁肌红蛋白，肉色表现为褐色。

（2）影响肉颜色的因素。影响肉颜色的因素有内在因素和外部环境因素：

①影响肌肉颜色的内在因素有：

a. 动物种类、年龄及部位。猪肉一般为鲜红色，牛肉深红色，马肉紫红色，羊肉浅红色，兔肉粉红色。老龄动物肉色深，幼龄的色淡。生前活动量大的部位肉色深。

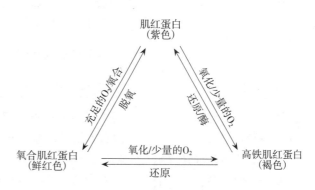

图 2-1　肌红蛋白、氧合肌红蛋白和高铁肌红蛋白之间的转化

b. 肌红蛋白（Mb）的含量。肌红蛋白多则肉色深，含量少则肉色淡，其量因动物种类、年龄及肌肉部位不同而异。

c. 血红蛋白（Hb）的含量。在肉中血液残留多则血红蛋白含量亦多，肉色深。放血充分肉色正常，放血不充分或不放血（冷宰）的肉色深且暗。

②影响肌肉颜色的外部因素有：

a. 环境中的氧含量。环境中的氧含量决定肌红蛋白是形成氧合肌红蛋白或高铁肌红蛋白。氧充足则肉色氧化快。如真空包装的分割肉，由于缺氧呈暗红色，当打开包装后，接触空气很快变成鲜艳的亮红色。通常含氧量高于 15% 时，肌红蛋白才能被氧化为高铁肌红蛋白。

b. 湿度。环境中湿度大，因在肉表面有水气层，影响氧的扩散，氧化速度慢。如果湿度低且空气流速快，则加速高铁肌红蛋白的形成。

c. 温度。环境温度高则促进氧化，加速高铁肌红蛋白的形成。如牛肉 3～5℃贮藏 9d 变褐，0℃时贮藏 18d 才变褐。因此为了防止肉变褐氧化，尽可能在低温下贮藏。

d. pH。动物在宰前糖原消耗过多，尸僵后肉的极限 pH 高，易出现生理异常肉，牛肉出现 DFD 肉，这种肉颜色较正常肉深暗。而猪则易引 PSE 肉，使肉色变得苍白。

e. 微生物的作用。贮藏时污染微生物也会改变肉表面的颜色。污染细菌会分解蛋白质使肉色污浊；污染霉菌，则在肉表面形成白色、红色、绿色、黑色等色斑或发生荧光。

2. 肉的风味　肉的风味指生鲜肉的气味和加热后肉制品的香气和滋味。它是肉中固有成分经过复杂的生物化学变化，产生各种有机化合物所致。

（1）气味。肉的气味是肉中具有挥发性的物质，随气流进入鼻腔，刺激嗅觉细胞通过神经传导反应到大脑嗅区而产生的一种刺激感。愉快感为香味，厌恶感为异味、臭味。气味的成分主要有醇、醛、酮、酸、酯、醚、呋喃、吡咯、内酯、糖类及含氮化合物等。

表 2-8　影响肉色的因素

因　素	影　响
肌红蛋白含量	含量越多，颜色越深
品种、解剖位置	牛、羊肉色颜色较深，猪次之，禽腿肉为红色，而胸肉为浅白色
年龄	年龄越大，肌肉 Mb 含量愈高，肉色越深
运动	运动量大的肌肉 Mb 含量高，肉色深
pH	终 pH>6.0，不利于氧合 Mb 形成，肉色黑暗
肌红蛋白的化学状态	氧合 Mb 呈鲜红色，高铁 Mb 呈褐色
细菌繁殖	促进高铁 Mb 形成，肉色变暗
电刺激	有利于改善牛、羊的肉色
宰后处理	迅速冷却有利肉保持鲜红颜色，放置时间加长，细菌繁殖、温度升高均促进 Mb 氧化，肉色变深
腌制（亚硝基形成）	生成亮红色的亚硝基肌红蛋白，加热后形成粉红色的亚硝基血色原

肉气味的强弱受动物种类、饲料情况、加热条件等因素的影响。如牛肉的气味及香味随年龄增长而增强，成熟后的牛肉会改善其滋味。加热可明显地改善和提高肉的气味，主要是由低级脂肪酸、氨基酸及含氮浸出物等化合物产生。

一般生鲜肉有各自的特有气味。生牛肉、猪肉没有特殊气味，羊肉有膻味（4-甲基辛酸、壬酸、癸酸等），狗肉、鱼肉有腥味（三甲胺、低级脂肪酸等），性成熟的公畜有特殊的气味（腺体分泌物）。

喂鱼粉、豆粕、蚕饼等影响肉的气味，饲料含有硫丙烯、二硫丙烯、丙烯-丙基二硫化物等会积累在肉内，产生特殊的气味。

除了固有气味，肉腐败、蛋白质和脂肪分解，则产生臭味、酸败味、苦涩味；如存放在有葱、蒜、鱼及化学药物的地方，会吸收外来异味。

肉在冷藏时，由于微生物繁殖，在肉表面形成菌落成为黏液，而后产生明显的不良气味。长时间的冷藏，脂肪自动氧化，解冻肉汁流失，肉质变软使肉的风味降低。

（2）滋味。肉的滋味是由溶于水的可溶性呈味物质刺激人的舌面味觉细胞，并通过神经传导到大脑而反应出味感。肉的鲜味成分主要有肌苷酸、氨基酸、酰胺、三甲基胺肽、有机酸等。

添加调味料和加热可使肉的滋味增加。成熟肉滋味的增加，主要是核苷类物质及氨基酸变化所致。牛肉的滋味主要来自半胱氨酸，猪肉的滋味来自核糖、胱氨酸等，脂肪交杂状态越密风味越好。因此肉中脂肪沉积的多少，对滋味更有意义。

3. 肉的保水性

（1）保水性的概念。肉的保水性也称持水性、系水性，指肉在压榨、加热、切碎、搅拌等外界因素的作用下，保持原有水分的能力，或在向其中添加水分时的水合能力。肉的保水性是一项重要的肉质性状，对肉品加工的质量和数量有很大影响，例如肉在冷冻和解冻时如何减少肉汁流失，加工时要加一定量的水，盐浸和干制的脱水保藏等。

（2）影响肉保水性的主要因素。

①pH。pH 对肉的保水性的影响实质是蛋白质分子的静电荷效应。蛋白质分子所带的净电荷对蛋白质的保水性具有两方面的意义：其一，净电荷是蛋白质分子吸引水分的中心；

其二，由于净电荷使蛋白质分子间具有静电斥力，因而可以使其结构松弛，增加保水效果。

保水性随 pH 的高低而发生变化。当 pH 在 5.0 左右时，保水性最低。保水性最低时的 pH 几乎与肌动球蛋白的等电点一致。如果稍稍改变 pH，就可引起保水性的很大变化。

任何影响肉 pH 变化的因素或处理方法均可影响肉的保水性，尤以猪肉为甚。在实际肉制品加工中常用添加磷酸盐的方法来调节 pH 至 5.8 以上，以提高肉的保水力。

②动物本身因素。畜禽种类、年龄、性别、饲养条件、肌肉部位及屠宰前后处理等，是影响原料肉保水性的直接因素。在各种畜禽肉中，兔肉＞牛肉＞猪肉＞鸡肉＞马肉。就年龄和性别而论，去势牛＞成年牛＞母牛，幼龄＞老龄。根据肉的部位，猪的岗上肌＞胸锯肌＞腰大肌＞半膜肌＞股二头肌＞臀中肌＞半键肌＞背最长肌。

③宰后肉的变化。保水性的变化是肌肉在成熟过程中最显著的变化之一。刚屠宰后的肉保水性很高，当 pH 降至 5.4～5.5，达到了肌原纤维的主要蛋白质肌球蛋白的等电点，即使没有蛋白质的变性，其保水性也会降低，僵直期后（1～2d），肉的水合性徐徐升高，保水性增加。

④金属离子。肌肉中的金属离子如 Ca^{2+}、Mg^{2+}、Zn^{2+}、Fe^{2+}、Me^{2+} 等都会影响肉的保水性，Ca^{2+} 大部分与肌动蛋白结合，对肌肉中肌动蛋白具有强烈作用，除去 Ca^{2+}，则使肌肉蛋白的网状构造分裂，将极性基团包围，此时与双极性的水分子结合时，可使保水性增加。Mg^{2+} 对肌动蛋白的亲和性则小，但对肌球蛋白亲和性则强。Zn^{2+} 及 Cu^{2+} 亦具有同样的作用。一价金属如 K^+ 含量多，则肉的保水性低。但 Na^+ 的含量多时，则保水性有变好的倾向。

⑤添加剂。在加工过程中，通过添加保水剂的方法提高肉的保水性，生产中使用的有食盐和磷酸盐。

一定浓度的食盐可以增加肉的保水能力。主要是因为肌原纤维在一定浓度食盐存在下，大量氯离子被束缚在肌原纤维间，增加了负电荷引起的静电斥力，导致肌原纤维膨胀，使保水力增强。另外，食盐腌肉使肉的离子强度增高，肌纤维蛋白质数量增多。在这些纤维状肌肉蛋白质加热变性的情况下，将水分和脂肪包裹起来凝固，使肉的保水性提高。通常肉制品中食盐添加量在 3％左右。

磷酸盐能结合肌肉蛋白质中的 Ca^{2+}、Mg^{2+}，使蛋白质的羧基被解离出来。由于羧基间负电荷的相互排斥作用使蛋白质结构松弛，提高了肉的保水性。较低的浓度下就具有较高的离子强度，使处于凝胶状态的球状蛋白质的溶解度显著增加，提高了肉的保水性。焦磷酸盐和三聚磷酸盐可将肌动球蛋白解离成肌球蛋白和肌动蛋白，使肉的保水性提高。肌球蛋白是决定肉的保水性的重要成分。但肌球蛋白对热不稳定，其凝固温度为 42～51℃，在盐溶液中 30℃就开始变性。肌球蛋白过早变性会使其保水能力降低。聚磷酸盐对肌球蛋白变性有一定的抑制作用，可使肌肉蛋白质的保水能力稳定。

4. 肉的嫩度

（1）嫩度的概念。肉的嫩度是指人们食用时对肉的咀嚼、撕裂或切割的难易程度，及咀嚼后口腔残留肉渣的大小、多少的总体感觉。表明了肉在被咀嚼时柔软、多汁和容易嚼烂的程度。

（2）影响肉嫩度的因素。影响肉嫩度的因素有动物本身因素和加工工艺参数，如肌肉纤维的结构和粗细、结缔组织的含量及构成、脂肪含量及分布、热加工和肉的 pH 等。

①畜龄。一般说来，幼龄家畜的肉比老龄家畜嫩，其原因在于幼龄家畜肌肉中胶原蛋白的交联程度低，易受加热作用而裂解。而成年动物的胶原蛋白的交联程度高，不易受热和酸、碱等的影响。

②营养状况。凡营养良好的家畜，肌肉脂肪含量高，大理石纹丰富，肉的嫩度好。肌肉脂肪有冲淡结缔组织的作用，而消瘦动物的肌肉脂肪含量低，肉质老。

③尸僵和成熟。宰后尸僵发生时，肉的嫩度会大大降低，僵直解除后，随着成熟的进行，硬度降低，嫩度随之提高。

④宰工艺。肌纤维本身的肌小节连接状态对嫩度影响较大。肌节越长肉的嫩度越好。用胴体倒挂等方式来增长肌节是提高嫩度的重要方法之一。

⑤加热处理。大部分肉经加热蒸煮后，肉的嫩度有很大改善。但牛肉在加热时一般是硬度增加，这是由于肌纤维蛋白质遇热凝固收缩，使单位面积上肌纤维数量增多所致。但肉熟化后，其总体嫩度明显增加。

⑥pH。肉的嫩度还受 pH 的影响。pH 在 5.0～5.5 时肉的韧度最大，而偏离这个范围，则嫩度增加，这与肌肉蛋白质等电点有关。

（3）提高肉嫩度的措施。由于肉嫩度是衡量肉品质的重要指标，在生产上常采用提高肉品嫩度的措施有：

①电刺激。电刺激提高肉嫩度的机制主要是加速肌肉的代谢，从而缩短尸僵时间并降低尸僵的程度，此外，电刺激可以避免羊胴体和牛胴体产生冷收缩。

②蛋白酶处理。蛋白酶可以使蛋白质的裂解，嫩度提高。常用的蛋白酶有木瓜蛋白酶、菠萝蛋白酶和无花果蛋白酶，生产上使用的嫩肉粉多为木瓜蛋白酶。在使用蛋白酶时应注意浓度和作用时间，如酶解过度，则食肉会失去应有的质地并产生不良的味道。

③醋渍法。将肉在酸性溶液中浸泡可以改善肉的嫩度，据试验，溶液 pH 介于 4.1～4.6 时嫩化效果最佳，用酸性红酒或醋来浸泡肉较为常见，它不但可以改善嫩度，还可以增加肉的风味。

④碱嫩化法。用肉质量的 0.4%～1.2% 的碳酸氢钠或碳酸钠溶液对牛肉进行注射或浸泡腌制处理，可以显著提高 pH 和保水能力，降低烹饪损失，改善熟肉制品的色泽，使结缔组织的热变性提高，而使肌原纤维蛋白对热变性有较大的抗性，所以肉的嫩度提高。

⑤压力法。给肉施加高压可以破坏肉的肌纤维中亚细胞结构，使大量 Ca^{2+} 释放，同时也释放组织蛋白酶，使得蛋白水解活性增强，一些结构蛋白质被水解，从而导致肉的嫩化。

5. 肉的热学性质

（1）肉的比热。肉的比热为 1kg 肉升降 1℃ 所需的热量。肉的比热因其含水量、脂肪比率的不同而变化。一般含水率越高，则比热和冻结潜热越大；含脂肪率越高，则比热、冻结潜热越小。

（2）肉的冰点。肉的冰点是指肉中水分开始结冰的温度，也叫冻结点。受动物种类、宰后的条件、含水量及肉中盐类的浓度等因素的影响。一般猪肉、牛肉的冰点在 -0.6～-1.2℃。

（3）肉的热导率。肉的热导率是指肉在一定温度下，每小时每米传导的热量，以 KJ 计。肉的热导率受冷却、冻结和解冻时温度升降的快慢、肉的组织结构、部位、肌肉纤维的方向、冻解状态等因素的影响。肉的热导率随温度下降而增大，这是因为冰的热导率比水大 4 倍，故冻肉类更易导热。

「任务 1 畜禽的宰前检验」

一、宰前检验的方法

1. 家畜的宰前检验的方法

（1）群体检查。群体检查是将同批或来自同一个地区的屠畜作为一组，或以圈栏为单位进行的检查，包括静态、动态、食态观察三大环节。

①静态观察。在屠畜自然安静状态下，检查人员主要观察精神状态，立卧姿势，呼吸、反刍状态和对外界事物的反应能力，注意检查是否有无呻吟咳嗽、气喘或呼吸急促、寒战颤抖、口角流涎、昏迷嗜睡和孤立一隅等反常现象。

②动态观察。经过静态观察后，将屠畜驱赶运动起来，主要观察其活动姿势，注意有无四肢跛行、后腿麻痹、屈背弓腰、打晃摇摆、步态踉跄和离队脱群等反常现象。

③饮食状态观察。在给予屠畜少量饮食和充足的饮水后，观察屠畜的采食进水情况，注意有无少食、不食、废食、异食、贪饮、少饮、不饮、呕吐、流涎、吞咽困难或异常鸣叫等现象，还要注意屠畜的排泄姿势，排泄物的色泽、形态、气味等有无异常。

（2）个体检查。个体检查是指对由群体检查后剔除并隔离的病畜和可疑病畜集中进行较详细的个体临床的检查。若群体检查中没有发现异常的屠畜，必要时可抽取 10％进行个体检查；如果发现有传染病，就继续抽查 10％个体，必要时对全群逐一进行个体检查。个体检查方法包括"看、听、摸、检"四大检查要领。

①看。利用检验人员的视觉，观察屠畜的临床表现，要求检疫员应具有敏锐的观察力和丰富的临床经验。在以下几个方重点进行观察：

a. 看精神、被毛和皮肤。首先观察屠畜的精神是否有异常，有无兴奋或沉郁；接着看被毛有无光泽、粗乱否或成片脱落；最后观察皮肤色泽有无异常，有无肿胀、皮疹、溃烂、出血、坏死等异常病变。

b. 看姿态步样。主要观察屠畜的运步姿态有无异常，动作是否自然、灵活稳健，有无跛行、运步不协调、行走不稳等异常姿势。

c. 看鼻镜及呼吸动作。看鼻镜或鼻盘湿润情况，有无干燥或干裂，甚至龟裂变化；检查呼吸次数、节律、方式是否正常，观察呈胸腹式呼吸，还是明显的腹式呼吸，有无呼吸困难等情况。

d. 看可视黏膜。即检查屠畜的眼结膜，鼻腔和口腔黏膜有无肿胀、苍白、潮红、发绀、黄染以及分泌物的性质和流出数量多少。

e. 看排泄物。注意观察眼、口、鼻分泌物，以及粪尿的情况，有无便秘、腹泻、血便、血尿及血红蛋白尿等。

②听。利用检验人员的听觉直接听取屠畜发出的各种声音，或借助听诊器听取其内脏器官活动的声音，注意听屠畜因患病而引发的各种反常的声音。

a. 听叫声。不同种类的健康家畜有其独特的固有叫声，如猪叫为哼哼声，牛为哞叫声，羊为软绵的咩叫声声等，注意听其叫声有无异常，如声音呻吟、嘶哑、尖叫等。

b. 听咳嗽声。咳嗽是动物上呼吸道和肺部发生炎症时出现的一种临床症状，可分为干咳和湿咳。干咳多见于上呼吸道炎症，湿咳则多发生在上呼吸道和肺部同时发炎引起的疾病。听其有无咳嗽声，来区分判断是干咳还是湿咳。

c. 听呼吸音。在屠畜的胸廓部，借助听诊器听诊肺听诊区，以此可以比较准确地推断胸膜和肺的机能状态。检查肺泡呼吸音有无增强，减弱或消失，有无啰音或胸膜摩擦音。

d. 听心音。这是检查心脏功能的一种重要方法。听诊时应多注意心跳频率、心音强弱、节律、有无心杂音等。

e. 听胃肠音。诊断消化器官系统的疾病时，通过听诊胃肠蠕动音具有重要诊断意义。主要对牛，羊适用，听胃肠蠕动音有无消失、减弱或增强等变化。

③摸。检查者触摸屠畜的角根、耳、皮肤、体表淋巴结等部位，检查有无异常病变。

a. 摸角根和耳根。用手触摸屠畜的角根和耳根，大体判定其体温的高低。一般高温多见急性热性传染病。

b. 摸体表皮肤。触摸皮肤的硬度和弹性，检查表皮有无疹块、肿胀或结节，有无波动感或捻发音等。

c. 摸体表淋巴结。触摸体表淋巴结，检查其形状、大小、硬度、温度、敏感性和活动性有无异常。

d. 摸胸廓和腹部。触摸屠畜的胸部和腹部，检查其触摸部位是否敏感或有无压痛的异常感觉。

④检。主要是检测体温，这是宰前检查的主要手段。体温的升高是动物传染病的重要标志。必要时应进行实验室的常规检验、血清学检查和病原学检查等。

各种健康动物正常的体温、呼吸和脉搏见表 2-9。

表 2-9　健康动物正常的体温、呼吸和脉搏

动物种类	体温/℃	呼吸/（次/min）	脉搏/（次/min）
猪	38.0～40.0	12～30	60～80
牛	37.5～39.5	10～30	40～80
羊	38.0～40.0	12～20	70～80
马	37.5～38.5	8～16	26～44
驴	37.5～38.5	8～16	40～50
骡	38.0～39.0	8～16	42～54
鸡	40.0～42.0	15～30	120～140
鸭	41.0～43.0	16～28	140～200
鹅	40.0～41.0	12～20	120～160
鸽	41.0～43.0	20～40	140～400
兔	38.5～39.5	50～60	120～140
犬	37.5～39.0	10～30	70～120
鹿	38.0～39.0	15～25	40～78

（3）宰前检疫的主要疫病。待屠宰的各类动物宰前主要检查以下疫病：猪检口蹄疫、传染性水疱病、猪瘟、猪丹毒、猪肺疫和炭疽；牛检口蹄疫、炭疽；羊检口蹄疫、炭疽、羊痘；宰前检验对象除了上述的主要检疫对象外，还要注意鼻疽、牛痘、恶性水肿、气

肿疽、狂犬病、羊快疫、羊肠毒血症、马流行性淋巴管炎和马传染性贫血等烈性传染病的检查。

2. 家禽的宰前检验的方法　家禽的宰前检验对保证肉品质量，防止疫病扩散是一个非常重要的环节，因此必须做好宰前检验。家禽的宰前检验方法也分为群体检查和个体检查两个步骤，一般以群体检查为主，辅以个体检查，必要时可进行实验室诊断。具体方法可归纳为"静、动、食"三大环节和"看、听、摸、检"四大要领。

（1）群体检查。群体检查应逐舍逐笼地进行，或者在喂饲时观察家禽的采食和运动，检查时依次由大群到小群对禽群进行静态、动态、饮食状态和生长发育状况的观察，以判定家禽的健康状况。

①静态检查。检疫人员在不惊扰禽群的前提下，观察家禽的自然安静状态，如精神状况，站立、栖息的姿态，呼吸状态，羽毛、天然孔、冠和肉髯等的状况，对外界的反应性，还应注意其叫声，是否发出咯咯声或咕咕声，有无喘息咳嗽等。

健康家禽全身羽毛丰满清洁而有光泽，泄殖孔周围与腹下部绒毛干燥整洁，眼有神，冠、髯鲜红发亮，常常抖动羽毛、撩起两翅，对周围事物敏感，反应迅速。

检查时如发现有精神委顿，缩颈闭目，尾、翅下垂，呼吸急迫或困难，反应迟钝，冠苍白或青紫色，天然孔流有黏液或泡沫液体，肛门周围粘有粪便，发出特殊叫声以及咳嗽等症状的可疑禽只，应剔出作进一步的个体检查。

②动态检查。将禽群人为哄起，观察禽的反应性和运动姿态。健禽活泼，反应敏捷，行走呈探头缩尾，两翅紧收。病禽则精神委顿，翅尾下垂，步态跟跄僵硬，弯颈拱背，行动迟缓，离群独处。发现病态的禽只应挑出作进一步检查。

③采食、饮水及粪便状态检查。发现采食、饮水或粪便异常的禽只应剔出作个体检查。

对大批的商品家禽筛选时可采用飞沟筛选法：驱赶鸡群，使其飞过事先用健禽经反复测试而设定的飞沟，检查能轻易飞过沟者可认为是假定健康鸡，再经静态和采食饮水的群体检查；不能过沟者，可认为是疑似病鸡，应逐只作个体检查。

（2）个体检查。在群体检查的基础上应用"看、听、摸、检"的方法对剔出的病禽和可疑病禽逐只进行认真细致地检查，得到初步诊断，确定疾病性质。根据疫病对整个禽群的影响并采取相应的措施，进行及时处理。

检验人员左手握住家禽两翅根部，注意听叫声有无异常，挣扎时是否用力；再将家禽举起，观察头部变化，主要注意冠、肉髯和无毛处有无苍白、发绀或痘疹，眼、鼻和口腔有无异常分泌物等变化。再用另一手的中指抵住禽喉部，并以拇指和食指夹压两颊，迫使禽口张开露出缝隙来观察口腔与喉头有无黏液、充血、出血、溃疡及假膜或异物等其他病变。禽体高举检查呼吸道，使其颈部贴近检验者的耳部来听诊有无异常呼吸音，并触压喉头及气管，诱发咳嗽。手先触摸嗉囊，检查充实度和内容物的性质。再摸检胸腹部及腿部肌肉、关节，以确定有无关节肿大、骨折。注意禽整体羽毛的清洁度、紧密度与光泽，有无创伤及肿物等；尤其肛门附近粪便污染程度与潮湿度等情况。

鹅体重较大可按压地上检查，按照头部、食管膨大部、皮肤、肛门的顺序依次检查，必要时测体温。对鸭进行个体检查时，常以右手抓住鸭的上颈部，提起后夹于左臂下，同时以左手托住锁骨部，然后进行个体检查。检查顺序与鹅相同。

家禽个体检疫的临床表现及可疑疫病范围见表2-10。

表 2-10 家禽个体检查的表现及可疑疫病范围

检查项目	临床表现	可疑疫病范围
精神状态与姿势	瘫痪，一脚向前一脚向后	马立克氏病
	1月龄内雏鸡瘫痪	传染性脑脊髓炎、鸡新城疫
	扭颈、抬头望天、前冲后退、转圈运动	鸡新城疫、维生素E和硒缺乏症、维生素B_1缺乏
	颈麻痹、平铺地面上	肉毒棱菌毒素中毒
	颈麻痹、趾蜷曲	维生素B_2缺乏
	腿骨弯曲、运动障碍、关节肿大	维生素D缺乏、钙磷缺乏、病毒性关节炎、滑膜支原体病、葡萄球菌病、锰缺乏症、胆碱缺乏
	瘫痪	笼养鸡疲劳症、维生素E和硒缺乏症、鸡新城疫
	高度兴奋、不断奔走鸣叫	痢特灵中毒、其他中毒病初期
呼吸状态	呼吸困难、啰音	鸡新城疫、传染性支气管炎、传染性喉气管炎、慢性呼吸道疾病
	张口伸颈、有怪叫声	鸡新城疫、禽流感、传染性喉气管炎
可视黏膜	眼充血	中暑、传染性喉气管炎等
	虹膜褪色、瞳孔缩小	马立克氏病
	角膜晶状体浑浊	传染性脑脊髓炎等
	眼结膜肿胀，眼睑下有干酪样物	大肠杆菌病、慢性呼吸道病、传染性喉气管炎、沙门氏菌病、曲霉菌病、维生素A缺乏症等
	流泪、有虫体	嗜眼吸虫病、眼线虫病
	冠、肉髯结痂、痘斑	禽痘
	冠蓝紫色	败血症、中毒病
	冠和肉垂发绀且头和颜面部水肿	禽流感
饮水	饮水量剧增	长期缺水，热应激、球虫病早期、饲料中食盐过多、其他热性病
	饮水量明显减少	温度太低、濒死期、药物异味
粪便	红色	球虫病
	白色黏性	白痢病、痛风、尿酸盐代谢障碍
	硫黄样	组织滴虫病
	黄绿色带黏液	鸡新城疫、鸭瘟、禽出败、卡氏白细胞病等
	排黄、白、绿色稀粪	禽流感
	水样粪便	饮水过多、饲料中镁离子过多、轮状病毒感染、传染性法氏囊病等

（3）宰前检验的主要疫病。禽宰前检验的主要疫病有高致病性禽流感、鸡新城疫、鸭瘟、白血病和鸡支原体病等。

二、宰前检验的程序

宰前检验的组织程序可分为三个步骤，即预检、住检和送检。

1. 预检 预检是防止疫病随病畜混入宰前管理圈舍的重要环节。

（1）验讫证件，了解疫情。屠畜运到屠宰厂（场）时，检疫人员首先向押运员索取"动物产地检疫合格证明"或"出县境动物检疫合格证明"和"动物及动物产品运载工具消毒证明"，首先了解产地有无疫情，接下来要求其亲临车、船，仔细观察畜群，核对屠畜的种类和数量，畜禽标识情况，并询问途中有无发病和死亡情况。如发现数目不符或有病死现象，产地有严重疫情流行，有可疑疫情时，应立即将该批屠畜转入隔离圈内与健畜分离，进行认真的临诊检查和必要的实验室诊断，查明原因，待确定疫病性质后，按有关规定做出妥善处理。

（2）视检屠畜，病健分群。经过了解调查和初步视检，认为合格的屠畜，准予卸载并入预检圈舍，进一步观察。要求检疫人员认真观察每头屠畜的精神状况、外貌、运动姿势等。如发现异常，立即在该畜的体表涂刷一定的标记，将其赶入隔离圈，待验收后再进行详细检查和处理。赶入预检圈的屠畜，必须按种类、产地、批次，分圈饲养管理，不可混群。

（3）逐头检温，剔出病畜。进入预检圈的屠畜，给充足的饮水，待休息4h后再进行详细的临诊检查，逐头测温。通过检查确定健康的屠畜，可赶入饲养圈。病畜或疑似病畜分离赶入隔离圈。

（4）个别诊断，按章处理。隔离圈中的病畜或可疑病畜，经过适当休息后，进行仔细的临诊检查，必要时辅以实验室检查。确诊后，按有关规定处理。

2. 住检　经过预检，合格的屠畜允许进入饲养管理圈。在此期间，检疫人员应经常深入圈舍查圈查食，进行观察，发现病畜或可疑畜应及时挑出，分群隔离管理并处理。

3. 送检　在送宰前进行的一次详细的外貌检查，并逐头测温，应最大限度地检出病畜。送检认为合格的健畜，签发宰前检验合格证，送候宰圈等候屠宰。

三、宰前检验后的处理

宰前检验后的屠畜，依据其健康状况和疫病的性质和程度，按有关兽医规程和检验标准做如下处理：

1. 准宰　经宰前检验认定健康的、符合规格的屠畜，出具准宰通知书后，方可进入屠宰线准予屠宰。

2. 禁宰　宰前检验后，凡属于危害性大的急性烈性传染病，或重要的人畜共患病和国外已有而现阶段国内尚无或国内已经消灭的疫病，其处理办法如下：

（1）经宰前检验，确诊炭疽、鼻疽、牛瘟、恶性水肿、气肿疽、狂犬病、羊快疫、羊肠毒血症、马流行性淋巴管炎、马传染性贫血等恶性传染病的屠畜，或患有禽流感（高致病性禽流感）、鸡新城疫、马立克氏病、小瘟鹅、鸭瘟等疫病的家禽应禁宰一律不准屠宰，采取不放血的方式扑杀处理，尸体销毁或化制。

①牛、羊、马、驴、骡畜群中发现炭疽时，除对患畜禁宰外，其同群家畜应立即逐头测温，体温正常者可作急宰，体温不正常者予以隔离，并注射有效药物观察3d结果。待无高温及临床症状出现的准予屠宰，如不注射有效药物者，则必须隔离观察14d后待无高温及临床症状时方可屠宰。

②猪群中发现炭疽时，同群猪立即进行紧急检测体温，正常者体温急宰；体温不正常者隔离观察，直到确诊为非炭疽时方可屠宰。

③凡经炭疽疫苗免疫的家畜，必须经14d后方可屠宰。对于应用制造炭疽血清的家畜不准屠宰食用。

④屠畜群中发现恶性水肿和气肿疽时，患畜禁宰，其同群屠畜应逐一检测温，体温正常者急宰；体温不正常应隔离观察，直到确诊为排除是恶性水肿或气肿疽时方可屠宰。

⑤牛群中发现牛瘟时，除对患畜禁宰外，其同群的牛予以隔离，经注射抗牛瘟血清观察7d，而未经注射血清者需观察14d，无高温及临床症状时方可屠宰。

⑥被狂犬病或疑似狂犬病患畜咬伤的家畜，应采取不放血的方法扑杀，病畜尸体作销毁或化制处理。

（2）经检疫发现患有口蹄疫、疯牛病、猪传染性水疱病、猪瘟、牛传染性胸膜肺炎、痒病、蓝舌病、非洲猪瘟、非洲马瘟、小反刍兽疫、绵羊痘和山羊痘、羊猝狙、钩端螺旋体病、急性猪丹毒、李氏杆菌病、马鼻腔肺炎、马鼻气管炎、布鲁氏菌病、牛鼻气管炎、猪密螺旋体痢疾、牛肺疫、肉毒梭菌中毒等的屠畜，一律不准屠宰，采取不放血的方法扑杀，尸体销毁或化制，并彻底对用具、器械、场地进行消毒。

3. 急宰 经检疫确诊为无碍肉食卫生要求的普通病患畜和一般性传染病但有死亡危险时，立即可出具急宰证明书，运送至急宰间进行急宰，并完善现场消毒措施。如鸡痘、鸡传染性喉气管炎、鸡传染性支气管炎、传染性法氏囊病、禽霍乱、禽伤寒、禽副伤寒、禽鹦鹉热、球虫病等疫病的家禽应急宰。同群的其他家禽也应迅速屠宰。

4. 缓宰 经宰前检验，确认为屠畜患一般性疫病或普通病，且有治愈希望者；或患有疑似疫病而未确诊的屠畜应予缓宰。注意必须考虑有无隔离饲养、治疗条件和消毒设置及经济价值等多方因素，并进行成本核算。

5. 死畜尸的处理（冷宰） 凡在运输途中或宰前管理中自行死亡或死因不明家畜，一律销毁。如查明原因，确系为因挤压、斗殴等纯物理性因素导致死亡的家畜尸体，经检验肉品品质良好，并能在死后2h内取出全部内脏器官者，胴体经无害化处理后方可供食用。

检疫人员对宰前检验的检疫合格证明、家畜耳标和出具准宰通知书及处理情况要做完整记录留档，并保存12个月备查。若发现危害严重的疫病，检疫员必须及时联系并向当地和产地的动物防疫监督机构报告疫情，以便及时采取相应的预防控制措施。

四、宰前管理

做好屠畜的宰前管理可有效地获得优质耐贮藏的肉品，宰前管理主要包括休息管理和停饲饮水管理。

1. 休息管理

（1）休息管理的意义。

①可降低宰后肉品的带菌率。屠畜经过长途运输，因过度疲劳或精神紧张，可使机体的抵抗力降低，一些细菌乘机入侵机体，肉中细菌含量就会明显增多，影响肉的品质和保存时间。如果做好宰前休息管理能恢复或增强机体的抵抗力，侵入机体的细菌不能发挥作用，从而极大降低了宰后肉品的带菌率。

②可排出体内过多的代谢物。在长途运输过程是，屠畜的生理代谢功能受到影响，发生代谢紊乱，使体内蓄积过多的代谢产物发生滞留，影响宰后肉的品质。若经适当休息，可使屠畜体内过多的代谢物有效排除，从而保证了肉的品质。

③有利于肉品的成熟。由于运输途中的饲养管理条件影响，屠畜又伴随着重度紧张、应激恐惧等，肌肉中的糖原大量被消耗，从而影响宰后肉的成熟。屠畜宰前经适当休息能恢复肌肉中糖原的含量，有利于宰后肉的成熟。

（2）休息管理的时间。经长途运输的屠畜到场后，一般宰前休息24～48h即可。

2. 停饲饮水管理

（1）停饲饮水管理的意义。

①有利于放血。宰前给予屠畜充足的饮水，可以适当冲淡血液浓度，降低血液黏稠度。

②节约饲草饲料。屠畜摄入饲料到完全消化吸收的过程需要的时间，牛约40h，猪约24h，在待宰期内停喂饲料能节约饲草饲料，在保证给予充分饮水的条件下，对屠畜营养并无影响。

③有利于屠宰解体的操作。轻度饥饿可使屠畜胃肠内容物充分消化，有利于加工的剥皮操作和摘除胃肠、整理胃肠内容物，还可避免划破胃肠，以减少污染肉品的概率。

④有利于肉的成熟。停食可使屠畜轻度饥饿，促进肝糖原分解，使肌肉中糖原含量恢复和增加，为宰后肉的成熟创造条件，因而可提高肉的品质，并延长肉的贮藏期。

（2）停饲和饮水时间。宰前停饲时间，猪为12h，牛、羊为24h。但必须保证充足的饮水，直到宰前3h停止供水。

五、思考与应用

1. 宰前检验有何意义？
2. 畜禽的宰前检验有哪些方法？
3. 宰前检验的有哪些程序？
4. 宰前检验后有哪些处理方法？
5. 宰前休息和停食、供水各有何意义？

「任务2　畜禽的宰后检验」

宰后检验是宰前检疫的继续和补充，是兽医卫生检验最重要的环节。屠畜经过宰前检疫，仅能检出那些有体温反应或临床症状较明显的病畜，而处于潜伏期或发病初期症状不明显的病畜就难以发现，结果导致其与健康屠畜一同进入了屠宰加工车间。而这些病畜只有在宰后解体的状态下，通过观察胴体、脏器等所呈现的病变和异常现象，进行综合分析判断才能检出的疫病，如猪咽炭疽、囊虫病和旋毛虫病等。通过宰后检验，动物检验人员依据肉尸、内脏所呈现的病理变化和异常情况经综合判断，才能发现不适合人类食用的胴体、脏器和组织，得出准确检验结论，从而最终确定肉类产品的食用价值。宰后检验还包括对传染病和寄生虫病以外的疾病的检查，检查有害腺体摘除的情况，屠宰加工质量的监督，对肉品、脏器注水或注入其他物质的检查，检查有害物质残留的程度以及检查是否屠宰了种公、母畜或晚阉畜。因此，宰后检疫对于检出和控制动物疫病，保证肉品卫生质量和消费者的食肉安全，防止传染等具有十分重要的意义。

一、宰后检验的方法

常用的宰后检验方法是以感官检验为主，即检验人员运用感觉器官进行视检、触检、嗅检和剖检等方法对胴体和脏器进行病理学诊断与处理，必要时才辅以病理组织学检查和实验室的其他检查方法。

1. 感官检验

（1）视检。运用视觉观察胴体的皮肤、肌肉、胸腹膜、脂肪、骨骼、关节、天然孔及各脏器的外部色泽、形态大小、组织状态等是否正常。根据观察可为进一步检验（包括剖检）提供线索。如牛、羊上下颌骨膨大时，应注意检查是否感染放线菌病；喉颈部肿胀，应注意检查炭疽和巴氏杆菌病。若屠畜的结膜、皮肤和脂肪发黄，可怀疑黄疸，应注意检查肝或造血器官是否正常，有必要可剖检关节的滑液囊及韧带等组织，观察其色泽的变化。

（2）剖检。借助检验器械切开并观察胴体和脏器的深层组织部分的变化，检查其病变的性质或应检部位有无异常病变。这对淋巴结、肌肉、脂肪、脏器深部位的病变的确诊是非常重要的检查方法，如按规定检查咬肌、腰肌处有无囊尾蚴寄生。

（3）触检。用手直接触摸或借助检验刀具通过触压，来判断组织器官的弹性和硬度的变化。这对于深部组织或器官内的硬结性病变的发现具有重要意义。如在肺叶内的病灶只有通过触摸才能发现。

（4）嗅检。对于那些无明显病变的疾病或肉品开始腐败变质必须依靠嗅觉嗅闻气味来判断。如屠宰动物发生药物中毒时，肉品则往往带有特殊的药味气味；或者已经腐败了的肉品，会散发出令人不愉快的腐臭味。

2. 实验室检验　通过感官检验，对某些疫病发生怀疑或已判定为腐败变质的肉品，不能准确判断利用价值，必须用实验室检验的方法确定性检验以作出综合性判断。

（1）病原检验。采取有病变的血液、器官或组织直接涂片进行镜检，必要时再进行细菌分离、培养、生化反应及动物接种来加以判定病原菌的分类。

（2）理化检验。肉的腐败程度完全依靠细菌学方法检验是不准确的，还须进行理化性检验。应用总挥发性盐基氮的测定、pH 的测定、硫化氢试验和球蛋白沉淀试验等综合判定其新鲜度。

（3）血清学检验。针对某种疫病的特殊检验要求，采取沉淀反应、补体结合反应、凝集试验、免疫扩散和血液检查等方法鉴定该疫病病原体的性质。

二、宰后检验的要求

由于宰后检验是在屠宰加工过程中进行并完成的，要求检验人员除了正确运用上述检验方法外，尚须注意以下几项要求：

1. 检验环节的要求　检验环节要与屠宰加工工艺流程密切配合，不能与生产的流水作业相冲突，所以宰后检验常被分作若干个检验点安插在屠宰加工过程中完成。

2. 检验内容的要求　宰后检验的按规定应检内容必须检查，并严格按国家标准规定的检疫内容、部位实施，不能人为地减少项目或漏检。检验之前先要对每一头动物的胴体、内脏、头、皮张统一编号，方便查对。

3. 剖检的要求　为保证肉品的卫生质量和商品价值，剖检只能在规定的部位，按一定的方向剖检，要求下刀准而快，切口小而齐，深浅适度。肌肉检查顺肌纤维走向切开，不准横切。剖开受检组织器官时，不能乱切或拉锯式的切割，避免造成切口过大或切面模糊不清的人为因素的干扰，给检验工作造成不便。

4. 保护环境的要求　为了防止肉品污染和环境污染，切开病变的脏器或组织应及时采取措施，并做到不污染周围胴体、不落地污染地面。尤其发现恶性传染病和一类动物检疫对象时，立即停宰，封锁现场，采取严格的防疫消毒措施。

5. 检验人员的要求　检疫人员每人应备有两套检验工具（检验刀和检验钩），以便在受到污染时能及时更换。被污染的工具立即置于消毒液中彻底消毒。同时，检疫人员上岗工作要做好个人防护。

三、宰后检验的程序和要点

在屠宰加工的流水作业中，宰后检验的各项内容作为若干环节安插在加工过程中。一般分为头部、内脏及肉尸三个基本检验环节。屠宰猪时，须增设皮肤与旋毛虫检验两个环节。

1. 头部检验　牛头的检查，首先观察唇、齿龈及舌面，注意有无水疱、溃疡或烂斑（检查牛瘟、口蹄疫等）；触摸舌体，观察上下颌的状态（检查放线菌）；剖开咽喉内侧淋巴结和扁桃体（检查结核、炭疽）及舌肌和内外咬肌（检查囊尾蚴）。对于羊头，一般不剖检淋巴结，主要检查皮肤、唇及口腔黏膜，注意有无痘疮或溃疡等病变。猪头的检查分两步进行：第一步在放血之后浸烫之前进行，剖检两侧颌下淋巴结，其主要目的是检查猪的局限性咽炭疽；第二步与肉尸检验一道进行。先剖检两侧外咬肌（检查囊尾蚴），然后检查咽喉黏膜、会厌软骨和扁桃体，必要时剖检颌下副淋巴结（检查炭疽）。同时观察鼻盘、唇和齿龈的状态（检查口蹄疫、水疱病）。

2. 皮肤检验　皮肤检验对于检出猪瘟、猪丹毒等有意义。家禽主要检验皮肤病变。

3. 内脏检验　非离体检验目前主要用于猪。按照脏器在畜体内的自然位置，由后向前分别进行。离体检验可根据脏器摘出的顺序，一般由胃肠开始，依次检查脾、肺、心、肝、肾、乳房、子宫或睾丸。

4. 肉尸检验　首先判定其放血程度，这是评价肉品卫生质量的重要标志之一。放血不良的特征是：肌肉颜色发暗，皮下静脉充血。

在判定肉尸放血程度的同时，尚须仔细检查皮肤、皮下组织、肌肉、脂肪、胸腹膜、骨骼，注意有无出血、皮下和肌肉水肿、肿瘤、外伤、肌肉色泽异常、四肢病变等症状。并剖开两侧咬肌，检查有无囊尾蚴。猪要剖检浅腹股沟淋巴结，必要时剖检深颈淋巴结。牛、羊要剖检股前淋巴结、肩胛前淋巴结，必要时还要剖检腰下淋巴结。

5. 旋毛虫检验　检验内脏时，割取左右横膈膜脚肌两块，每块约10g，按胴体编号，进行旋毛虫检验。

胴体经上述初步检验后，还须经过一道复检（即终点检验）。这项工作通常与胴体的打等级、盖检印结合起来进行。当出现单凭感官检查不能作出确诊时，应进行细菌学、病理组织学等检验。

四、检后处理

胴体和内脏经过卫生检验后，可按四种情况，分别做出如下处理：一是正常肉品的处理，胴体和内脏经检验确认来自健康牲畜，加盖"兽医验讫"印后即可出厂销售；二是患有一般传染病、轻症寄生虫病和病理损伤的胴体和内脏的处理，根据病损性质和程度，经过各种无害处理后，使传染性、毒性消失或使寄生虫全部死亡者，可以有条件地食用；三是患有严重传染病、寄生虫病、中毒和严重病理损伤的胴体和内脏的处理，不能食用，可以炼制工业油或骨肉粉；四是患有炭疽病、鼻疽、牛瘟等《肉品卫生检验规程》所列的烈性传染病的胴体和内脏的处理，必须用焚烧、深埋、湿化（通过湿化机）等方法予以销毁。

五、思考与应用

1. 宰后检验有何意义？
2. 畜禽的宰后检验有哪些方法？
3. 宰后检验的有哪些程序？
4. 宰后检验后有哪些处理方法？

「任务 3　原料肉的验收」

一、原料肉验收目的

原料肉是指经过屠宰的白条肉或分割肉，多数为冷冻肉，可以直接销售或作为肉制品加工的原料，但其新鲜度关系到肉的商品价值和食用安全性。因此，在享受或加工之前必须对原料肉的新鲜度进行检验。

检验肉品的新鲜度，一般是从感官性状、腐败分解产物的特性和数量及细菌的污染程度等三方面来进行，采用单一的方法很难获得正确的结果。因为肉的变质是一个渐进性过程，其变化又很复杂，很多因素都影响着人们对肉新鲜度的正确判断。所以，实践中一般都采用感官检验和实验室检验结合的综合检验方法。通常先进行感官检验，其感官性状完全符合新鲜肉指标时，可允许出售；当感官检验不能确定是否为新鲜肉时，则应做实验室检验，并综合两方面的结果做卫生评定。

二、原料肉验收的材料及仪器

1. 感官检验的材料及仪器　检肉刀 1 把、手术刀 1 把、外科刀 1 把、镊子 1 把、温度计 1 支、100mL 量筒 1 个、200mL 烧杯 3 个、表面皿 1 个、酒精灯 1 个、石棉网 1 个、天平 1 台、电炉 1 个。

2. 实验室检验的试剂和仪器

（1）试剂。

①1％氧化镁混悬液。取氧化镁 1g，加 100mL 制成混悬液。

②吸收液。2％硼酸溶液。

③混合指示剂：甲基红指示液（0.2％的甲基红乙醇溶液），次甲基蓝指示液（0.1％的次甲基蓝水溶液），使用时用两指示液等量混合为混合指示剂。

④0.01mol/L 盐酸溶液。

（2）仪器。半微量定氮器、微量滴定管（最小分度 0.01mL）、10mL 吸管、小三角烧杯等。

三、原料肉验收要点

1. 索证

（1）原料肉来自肉类屠宰加工生产企业，附有检疫合格证明，并验收合格。

（2）进口的原料肉应来自经国家注册的国外肉类生产企业，并附有出口国（地区）官方兽医部门出具的检验证明副本和进境口岸检验检疫部门出具的入境货物检验检疫证明。

2. 肉新鲜度的感官检验　感官检验是通过检验者的视觉、嗅觉、触觉及味觉等感觉器官，对肉品的新鲜度进行检查。这种方法简便易行，一般既能反映客观情况，又能及时做出结论。感官指标是国家规定检验肉品新鲜度的标准之一，是肉品鲜度检验最基本的方法。

（1）感官检验的主要方法。

①用视觉在自然光线下，观察肉的表面及脂肪的色泽，有无污染物附着物，用刀顺肌纤维方向切开，观察断面的颜色。

②用嗅觉在常温下嗅其气味，判断是否变质而发出氨味、酸味和臭味。

③用食指按压肉表面，触感其硬度指压凹陷恢复情况、表面干湿及是否发黏。

④城区碎肉样 20g，放在烧杯中加水 10mL，盖上表面皿置于电炉上加热至 20～60℃时，取下表面皿，嗅其气味。然后将肉样煮沸，静置观察肉汤的透明度及表面的脂肪滴情况。

（2）不同质量的肉的特点。

①新鲜肉。外观、色泽、气味都正常，肉表面有捎带干燥的"皮膜"，呈浅玫瑰色或淡红色；切面捎带潮湿而无黏性，并具有各种动物肉特有的关泽；肉汁透明、肉质紧密，富有弹性；用手指按摸时凹陷处立即复原；无酸臭味而带有鲜肉的自然香味；骨骼内部充满骨髓并有弹性，带黄色，骨髓与骨的折断处相齐；骨的折断处发光；腱紧密而具有弹性，关节表面平坦而发光，其渗出液透明。肉品新鲜的感官检验卫生标准见表 2-11 和表 2-12。

表 2-11　鲜猪肉、鲜羊肉、鲜兔肉感官指标

项目	一级新鲜度	二级新鲜度
色泽	肌肉有光泽，红色均匀，脂肪洁白或淡黄色	肌肉色稍暗，切面尚有光泽，脂肪缺乏光泽
黏度	外表微干或有风干膜，不粘手	
弹性	指压后的凹陷立即恢复	外表干燥或粘手，新切面湿润，指压后的凹陷恢复慢且不能完全恢复
气味	具有鲜猪肉、鲜羊肉＝鲜兔肉的正常气味	稍有氨味或酸味
煮沸后肉汤	透明澄清，脂肪团聚于表面，具特有香味	稍浑浊，脂肪呈小滴浮于表面，香味差或无鲜味

表 2-12　鲜鸡肉感官指标

项目	一级鲜度	二级鲜度
眼球	眼球饱满	眼球皱缩凹陷，晶体稍浑浊
色泽	皮肤有光泽，因品种不同而呈淡黄，淡红，灰白或灰黑等色，肌肉切面发光	皮肤色泽转暗，肌肉切面有光泽
黏度	外表微干或微湿润，不粘手	外表干燥或粘手，新切面湿润
弹性	指压后的凹陷立即恢复	指压后的凹陷恢复慢且不能完全恢复
气味	具有鲜鸡肉的正常气味	无其他异味，唯腹腔内有轻度不快味
煮沸后肉汤	透明澄清，脂肪团聚于表面，具有特有香味	稍有浑浊，脂肪呈小滴浮于表面，香味差或无香味

②陈旧肉。肉的表面有时带有黏性，有时很干燥，表面与切口处都比新鲜肉发暗，切口潮湿而有黏性。如在切口处盖一张吸水纸，会留下许多水迹。肉汁浑浊物香味，肉汁松软，弹性小，用手指按摸，凹陷处不能立即复原，有时肉的表面发生腐败现象，稍有酸霉味，但深层还没有腐败的气味。

密闭煮沸后有异味，肉汤浑浊不清，汤的表面油滴细小，有时带有腐败味。骨髓比新鲜的软一下，无色泽，带暗白色或灰色，腱柔软，呈灰白色或淡灰色，关节表面味黏液所覆盖，其液浑浊。

③腐败肉。表面有时干燥，有时非常潮湿而带有黏性。通常在肉的表面和切口有霉点，呈灰白色或淡绿色，肉汁松软无弹力，用手按摸时，凹陷处不能复原，不仅表面有腐败现象，在肉的深层也有浓厚的酸败味。

密闭煮沸后，有一股难闻的臭味，肉汤呈污秽状，表面有絮片，汤的表面几乎没有油滴。骨髓软弱、无弹性，颜色暗黑，腱潮湿呈灰色，为黏液所覆盖。关节表面有黏液深深覆盖，呈血浆状。

3. 肉新鲜度的实验室检验［蒸馏法测定挥发性盐基氮（TVB-N）］ 随着肉腐败变质，蛋白质分解为氨基酸，再分解成低分子的无机氮。此类物质具有挥发性，在碱性溶液中蒸出后，被硼酸吸收，最后用酸滴定定量。所以 TVB-N 含量是判断肉新鲜度的方法之一。鱼肉中含 15～35mg/100g，畜肉中含 30mg/100g 定为上限。几种常用肉的指标见表 2-13。

表 2-13　猪肉、牛肉、羊肉、兔肉的指标

项　　目	指　　标	
	一级鲜度	二级鲜度
挥发性盐基氮/（mg/100g）	≤15	≤25
汞含量/（mg/kg）（以 Hg 计）	≤0.05	≤0.05

（1）制备样液。将样品除去脂肪，骨及腱后，切碎拌匀。称取 10g 放入锥形瓶中，加水 100mL，不断振摇，浸渍 30min 后过滤，滤液备用。

（2）测定。预先将盛有吸收液 10mL，并加有混合指示剂 5～6 滴的锥形瓶至于冷凝管下端，并使其下端插入锥形瓶内吸收液的液面下。精密吸取上述样品滤液 5mL 于蒸馏器反应室内，加 1% 氧化镁混悬液 5mL，迅速盖塞，并加水以防漏气。通入蒸汽，待蒸汽充满蒸馏器内时即关闭蒸汽出口管。由出现第一滴冷凝水开始计算，蒸馏 5min 即停止。吸收液用 0.01mol/L 盐酸溶液滴定，终点呈蓝紫色。同时开始做空白试验。

计算

$$挥发性盐基氮（mg/100g）= \frac{c \times (V_1 - V_2) \times 14}{m \times \frac{5}{100}} \times 100$$

式中：V_1——被测样液消耗盐酸标准溶液的体积，mL；

　　　V_2——空白试剂消耗盐酸标准溶液的体积，mL；

　　　c——盐酸标准溶液的浓度，mol/L；

　　　m——样品质量；

　　　14——1mol/L 盐酸标准溶液 1mL 相当氮的质量（mg）。

四、注意事项

（1）原料、半成品、成品以及生、熟肉制品应分别存放，防止污染。

（2）肉新鲜度的实验室检验方法很多，如挥发性盐基氮的测定，纳斯靳（Nessler）氏试剂氨反应，球蛋白沉淀反应，pH 的测定，硫化氢的测定，细菌学检查等，但只有挥发性盐基氮的测定作为国家现行法定检测方法，其他的实验室检测方法，只能作为肉品新鲜度的辅助检验方法，应根据情况选用。

五、思考与应用

1. 原料肉验收主要包括哪几个方面？

2. 原料肉验收时为什么要采用感官检验与实验室检验相结合的方法？

3. 新鲜肉，陈旧肉，腐败肉的特征有哪些？

4. 如何利用挥发性盐基氮（TVB-N）来判断原料肉的新鲜度？

5. 结合实训体会谈谈原料肉验收过程中应注意哪些问题。

「任务 4　原料肉的品质评定」

一、原料与用具

1. 原料　猪半胴体。

2. 用具　肉色评分标准图、大理石纹评分图、定性中速滤纸、酸碱度计、钢环允许膨胀压力、LM-嫩度计、书写用硬质塑料板、分析天平。

二、原料肉品质评定程序

猪半胴体→肉色评定→酸碱度测定→保水性测定→嫩度测定→大理石纹评定→熟肉率测定

三、原料肉品质评定要点

1. 肉色　猪宰后在 2～3h 取最后胸椎处背最长肌的新鲜切面，在室内正常光线下（避免在阳光直射或室内阴暗处评定）用目测评分法评定，评分标准见表 2-14。

表 2-14　肉色评分标准

肉色	灰白	微红	正常鲜红	微暗红	暗红
评分	1	2	3	4	5
结果	劣质肉	不正常肉	正常肉	正常肉	正常肉*

注：＊ 为美国《肉色评分标准图》，因我国的猪肉较深，故评分 3～4 者为正常。

2. 肉的酸碱度　在宰杀后 45min 内直接用酸碱度计测定背最长肌的酸碱度。测定时先用金属棒在肌肉上刺一个孔，直接读数。按国际惯例，用最后胸椎部背最长肌中心处的 pH表示，正常肉的 pH 为 6.1～6.4，灰白水样肉（PSE）的 pH 一般为 5.1～5.5。

3. 肉的保水性　测定保水性采用压力法，既向被测样品施加一定的重量或压力，测定被压出的水量与肉重之比。我国现行的测定方法是用 35kg 重量压力法度量肉样的失水率，失水率越高，系水力愈低，保水性愈差。

（1）取样。在第 1～2 腰椎背最长肌处切取 1.0mm 厚的薄片，平置于干净橡皮片上，再用直径 2.523cm 的圆形取样器（圆面积为 5cm²）切取中心部肉样。

（2）测定。切取的肉样用感量为 0.001g 的天平称重后，将肉样置于两层纱布间，上下各垫 18 层定性中速滤纸，滤纸外各垫一块书写用硬质塑料板，然后放置于改装钢环允许膨胀压缩仪上，用均速摇动把加压至 35kg，保持 5min，解除压力后立即称量肉样重。

4. 肉的嫩度 嫩度评定分为主观评定和客观评定两种方法。

（1）主观评定。主观评定是依靠咀嚼和舌与颊对肌肉的软、硬与咀嚼的难易程度等方法进行综合评定。感官评定的优点是比较接近正常食用条件下对嫩度的评定。但评定人员须经专门训练。感官评定可从以下三个方面进行：①咬断肌纤维的难易程度；②咬碎肌纤维的难易程度或达到正常吞咽程度时的咀嚼次数；③剩余残渣量。

（2）客观评定。用肌肉嫩度计（LM-嫩度计）测定剪切力的大小来客观表示肌肉的嫩度。实验表明，剪切力与主观评定之间的相关系数达 0.60～0.85，平均为 0.75。

测定时在一定温度下将肉样煮熟，用直径为 1.27cm 的取样器切取肉样，在室温条件下置于剪切仪上测量剪切肉样所需的力，用千克表示，其数值越小，肉愈嫩。重复三次计算其平均值。

5. 大理石纹 大理石纹反映了一块肌肉可见脂肪的分布状况，通常以最后一个胸椎处的背最长肌为代表，用目测评分法评定：脂肪只有痕迹评 1 分；微量脂肪评 2 分；少量脂肪评 3 分；适量脂肪评 4 分；过量脂肪评 5 分，目前暂用大理石纹评分标准图测定，如果评定鲜肉时脂肪不清楚，可将肉样置于冰箱内在 4℃下保持 24h 后再评定。

6. 熟肉率 将完整腰大肌用感量为 0.1g 的天平称重后，置于蒸锅屉上蒸煮 45min，取出后冷却 30～40min 或吊挂于室内无风阴凉处，30min 后称重，用下列公式计算：

$$熟肉率 = 蒸煮后肉样重 / 蒸煮前肉样重 \times 100\%$$

四、注意事项

（1）肉色评定时，应避免在阳光直射下或室内阴暗处评定；评定结果两级间允许评 0.5 分。

（2）大理石纹评定时，如果评定鲜肉时脂肪不清楚，可将肉样置于 0～4℃冰箱 24h 后再评定。

（3）肉的失水率根据畜种、部位、鲜度等的不同会产生很大的差异。

（4）用酸度计测定肉样 pH 时，要按酸度计使用说明书在室温下进行。一般使用具有表面测定功能电极的 pH 计，因为即使肉表面完全腐败，内部 pH 几乎没有变化的情况会发生。

五、思考与应用

1. 如何从原料肉的颜色来评定肉的品质？

2. 如何通过大理石纹评定原料肉的品质？

3. 如何通过 pH 评定原料肉的品质？

4. 如何进行原料肉的保水性测定？

5. 如何进行原料肉的嫩度的测定？

项目三　肉的贮藏与保鲜

【能力目标】

1. 能独立进行冷却肉及冷冻肉的保鲜操作;
2. 能够对冷库进行科学管理;
3. 掌握肉的辐射贮藏技术。

【知识目标】

1. 理解肉贮藏保鲜的概念、基本原理;
2. 了解肉贮藏保鲜的特点、方法;
3. 知道肉在贮藏期间的变化。

【相关知识】

肉及肉制品在贮藏和加工过程中不可避免地会发生腐败变质,而导致其腐败变质主要是由微生物生长繁殖和肉中固有酶的活动等作用引起的。要想将肉长时间保存,必须要抑制或杀死微生物,使酶的活性降低或失去。达到以上目的有物理的和化学的措施,物理措施有低温、高温、辐照、充气真空包装等方法,化学措施主要是利用天然或人工的食品添加剂,通过以上方法措施可延长肉的保存期。

一、肉的低温保鲜原理

肉的低温保鲜就是在不引起动物组织根本变化的基础上,使肉保持低的温度,抑制微生物的生命活动、降低各种不利于肉品品质的酶的活性反应,从而达到贮藏保鲜的目的。由于其方法易行,冷藏量大,安全卫生并能保持肉的颜色和状态,它不会引起肉的组织结构和性质发生根本变化,却能抑制微生物的生命活动,延缓由组织酶、氧以及热和光的作用而产生的化学的和生物化学的过程,可以较长时间保持肉的品质。

1. 低温对微生物的作用　任何微生物都有一定的正常生长繁殖的温度范围,温度越低,它们的活动能力就越弱,故降低温度能减缓微生物生长和繁殖的速度。

(1) 在低温下微生物物质代谢过程中各种生化反应减缓,因而微生物的生长繁殖就逐渐减慢。当温度降到微生物最低生长点时,新陈代谢活动已减弱到极低的程度,并出现休眠状态,也会因为细胞结构被破坏而死亡。少数微生物虽然能在低温条件下生长,但并不是它们的最适生长温度,因而引起冷藏食品变质的速度也非常缓慢。

(2) 温度下降至冻结点以下时,微生物及其周围介质中水分被冻结,使细胞质黏度增大,电解质浓度增高,细胞的 pH 和胶体状态改变,使细胞变性,加之冻结的机械作用使细胞膜受损伤,这些内外环境的改变是微生物代谢活动受阻或致死的直接原因。

2. 低温对酶的作用 酶是有机体组织中的一种特殊蛋白质，具有生物催化剂的作用。酶的活性与温度有密切关系，温度的升高或降低，都会影响酶的活性。肉类中含有许多酶，一部分来自肉品本身，另一部分则是微生物活动产生的。其中大多酶的适宜活动温度在37～40℃。温度每下降10℃，酶活性就会减少1/3。低温对酶并不起完全的抑制作用，低温下酶仍能保持部分活性，因而催化作用实际上也未停止，只是进行得非常缓慢而已。通过降低温度，使肉品及微生物中的各种酶类活性显著减低，也使微生物所分泌到其周围的酶类活性显著降低，因而可控制各种酶促反应，达到保存肉制品的目的。然而，低温对酶的活性只能是抑制，而不能完全使其停止，只是作用缓慢而已。

3. 低温对寄生虫的作用 鲜猪肉、牛肉中常有旋毛虫、绦虫等寄生虫，用低温的方法可将其杀灭。在使用低温方法杀死寄生虫时，要严格按照有关规程进行。

二、冷却肉与冷冻肉的概念及贮藏期间的变化

1. 冷却肉与冷冻肉的概念 刚屠宰完的胴体，其温度一般在38～41℃，这个温度范围正适合微生物的繁殖和肉中酶的活性，对肉的保存很不利，这种尚未失去生前体温的肉称为热鲜肉。

冷却肉是指严格执行检疫制度，将宰杀后的畜胴体迅速冷却，排除体内的热量，使胴体温度降为0～4℃，并在后续的加工流通和分销过程中始终保持0～4℃冷藏的生鲜肉。在一定的温度范围内使肉的温度迅速下降，可以使微生物在肉表面的生长繁殖减弱到最低程度，在肉的表面形成一层皮膜；使酶的活性减弱，延缓肉的成熟时间；使肉内水分蒸发减少，延长肉的保存时间。

肉经过冷却0～4℃只能部分抑制微生物和酶的活动，只适合短期贮藏。如长期贮藏需要对肉进行冻结，使肉的温度从0～4℃降低至−8℃以下，通常为−20～−18℃。此时，绝大部分水分（80%以上）冻成冰结晶的肉，称为冷冻肉。因冷冻肉中汁液已结冰，水分活度低，进一步抑制了微生物的生长发育，增加了肉的贮藏性，故冷冻肉比冷却肉更耐贮存。

2. 冷却肉与冷冻肉的贮藏及贮藏期的变化 冷却肉的贮藏系指经过冷却后的肉在0℃左右的条件下进行的贮藏。冷却肉冷藏的目的，一方面可以完成肉的成熟（排酸）过程，另一方面达到短期保藏的目的。短期加工处理的肉类，不应冻结冷藏，因为冻结后再解冻的肉类，会发生汁液流失、干耗等现象。

肉类在低温冷藏时，微生物和酶的活动还在进行，容易发生一系列的变化，甚至产生不良感官特征，使肉品的表面发黏、发霉、变软，并有颜色的变化和产生不良的气味等。

发黏和发霉是冷藏肉最常见的现象。它是由贮藏期间冷却肉表面微生物生长繁殖所导致的，与冷却肉的表面污染程度和冷藏室温度、相对湿度有关。微生物污染越严重，相对湿度越高，冷却肉越容易发黏、发霉。防止或延缓这些现象的主要措施是尽量减少胴体最初污染程度和防止出现高温高湿的环境。

冷却肉在贮藏期间一般都会发生颜色变化。肉的表面在冷藏室空气温度、湿度、氧化等因素的影响下，会由紫红色逐渐变成褐色，存放时间越长，褐变肉的厚度越大。同时脂肪也会因氧化而发黄。高温度、低湿度、快空气流速，褐变速度越快。除此之外，还有少数会变成绿色、黄色、青色等，这都是由于细菌、霉菌的繁殖，使蛋白质分解所

产生的特殊现象。

冷却肉在贮藏过程中，由于肉体表面水分的蒸发而引起的质量损失称为干耗。干耗不仅造成质量损失，同时它将使肉的品质变差，营养价值降低。干耗程度受冷藏室温度、相对湿度、空气流速的影响。高温度、低湿度、快空气流速会增加冷却肉的干耗。

冷却肉与有强烈气味的食品存放在一起时，会产生串味现象。

冷却肉在冰点以上温度条件下放置一定的时间，僵直现象会解除，肌肉变软，系水力和风味得到很大程度的改善，这种现象称为成熟。在 0～4℃的环境温度下，鸡肉需要 3～4h，猪肉需要 2～3d，山牛肉则需要 7～10d。

三、肉的辐射贮藏概念及原理

1. 肉的辐射贮藏概念　肉类辐射贮藏是利用放射性核素发生的 γ-射线或利用电子加速器产生的电子束或 X-射线，在一定剂量范围内辐照肉，杀灭其中的微生物及其他腐败菌，或抑制肉品中某些生物活件物质和生理过程，从而达到保藏的目的。

2. 肉的辐射贮藏原理　食品的辐照是利用辐照源产生的 γ-射线或利用电子加速器产生的电子束或 X-射线来辐照食品，这些高能带电或不带电的射线引起食品中微生物、昆虫发生一系列生物物理和生物化学反应，使它们的新陈代谢、生长发育受到抑制或破坏，甚至使细胞组织死亡等，而对食品来说，发生变化的原子、分子只是极少数，加之已无新陈代谢，或只进行缓慢的新陈代谢，故发生变化的原子、分子几乎不影响或只轻微地影响食品的新陈代谢。用于肉类辐照保鲜的辐照源主要是放射性同位素源，如 ^{60}Co 和 ^{137}Cs 辐照源，其中 ^{60}Co 最为常用。

「任务 1　冷却肉加工」

一、冷却肉的特点

冷却肉经过低温处理使肉质的香味、外观和营养价值与新鲜肉变化小。肉体内凝胶态的蛋白质在酶作用下变为溶胶状，部分蛋白质分解为蛋白胨、氨基酸等，从而破坏了其胶体性，增强了亲水性。肌肉松软，水分较多，肉汤透明，并富有特殊的肉香味和鲜味。冷却肉在零度条件下，保存期限为 15～20d。

二、冷却设备

制冷机、冷风机、温度计、湿度计、包装机。

三、冷却工艺

1. 工艺流程

白条肉→预处理（检验、分级）→冷却→分割加工→包装→贴标→冷藏→成品

2. 操作要点

（1）预处理。选择健康牲畜屠宰后修整干净，检验后进行分级，挑选出作冷却肉的胴体。

（2）冷却。选择适当的冷却条件对冷却肉进行冷却。随着肉类工业现代化技术的应用、

卫生条件的改进和节约能源等方面的考虑。目前国内外对冷却肉的加工方法主要采用一段冷却法、两段冷却法和超高速冷却法。

①一段冷却法。在冷却过程中空气温度只有一种，即0℃或略低。国内的冷却方法是进肉前冷却库温度先降到-3～-1℃，肉进库后开动冷风机，使库温保持在0～3℃，10h后稳定在0℃左右，开始时的相对湿度为95%～98%，随着肉温下降和肉中水分蒸发强度的减弱，相对湿度降至90%～92%，空气流速为0.5～1.5m/s。猪胴体和四分体牛胴体约20h，羊胴体约经20h，大腿最厚部中心温度即可达到0～4℃。

②两段冷却法。第一阶段，空气的温度相当低，冷却库温度多在-15～-10℃，空气流速为1.5～3.0m/s，经2～4h后，肉表面温度降至-2～0℃，大腿深部温度在16～20℃。第二阶段空气的温度升高，库温为-2～0℃，空气流速为0.5m/s，10～16h后，胴体内外温度达到平衡，2～4℃。两段冷却法的优点是干耗小、周转快、质量好、切割时流汁少。缺点是易引起冷缩，影响肉的嫩度，但猪肉脂肪较多，冷缩现象不如牛羊肉严重。

③超高速冷却法。库温-30℃，空气流速为1m/s，或库温-25～-20℃，空气流速5～8m/s，大约4h即可完成冷却。此法能缩短冷却时间，减少干耗，缩减吊轨的长度和冷却库的面积。

（3）分割加工。分割肉的表层脂肪、淋巴结、碎骨、软骨等必须修净。分割速度要快，以防冷却肉回温过大。依包装规格，尽量分切准确，减少分切的块数，计量准确。如果分割后不能及时分切、计量，包装的冷却肉应暂入预冷间保存。

（4）装袋封口。为防止鲜度下降，减少冷却肉的水分干耗，冷却肉需使用保鲜膜抽真空封口包装。抽真空一定要彻底，防止袋内残存气泡，这对防止表层氧化变质有一定的重要意义。

（5）贴标装箱。正确粘贴商标，合格品装箱后及时进入冷库。

四、冷却方法与冷却条件

宰加工后的畜禽肉，其温度在30℃以上，这样高的温度和潮湿的肉品，有利于酶的作用和微生物的生长繁殖。因此，应及时进行降温，以防发生自溶和腐败。

冷却可在短期内有效地保持畜禽肉新鲜度，同时也是肉的成熟过程。冷却肉的香味、外观都很少变化，所以，冷却是短期储存畜禽肉的有效方法。

1. 冷却方法 冷却方法有空气冷却、水冷却、冰冷却和真空冷却等。我国目前畜肉主要采用空气冷却法。空气冷却是利用流动的冷空气使被冷却的肉品温度下降的冷却方法。

空气冷却法是我国目前普遍采用的一种冷却方法，主要用冷风机吹冷风进行冷却。冷却的速度决定于冷却室内的送风温度、湿度和空气的流动速度。此外还与肉的大小、肥度、数量以及冷却肉的初温和终末温度等有关。

冷却室的空气在保证肉类不发生冻结的情况下，采取尽可能低的温度，即保持在接近肉的冰点温度但不使肉冻结（肉汁的冰点在-1.2～-0.6℃），为此在鲜肉进入冷却间之前，应先将冷却间空气温度预先降到-1～3℃，这样可使库内温度不会突然升高，维持在0℃左右。

冷却间的相对湿度过高会使微生物大量繁殖，如过低又会使肉失水引起质量损失（干耗）。冷却开始时，由于冷却介质和肉体之间的温差较大，冷却速度快，表面水分蒸发量在初期的 1/4 时间内，占总干耗量的 50％以上，因此冷却间的相对湿度应随冷却的进行发生改变。在冷却初期相对湿度一般为 95％～96％，尽量减少冷却初期过量的水分蒸发，短时间内微生物也不会大量繁殖，随着肉温的下降和肉内水分蒸发强度的减弱，相对湿度逐渐下降。

冷却间的空气流速直接影响冷却速度和冷却期间的肉品干耗。空气的热容量很小，不及水的 1/4，因此对热的接受能力很弱，导热系数也很小，只有增加空气流动速度来加快冷却。但过强的空气流速会增加干耗和电力消耗。一般冷却间的空气流速以 0.5～1.5m/s 为好，不超过 2m/s。

2. 冷却条件 冷却条件的选择关键在于冷却间的温度、相对湿度和空气流速这三个重要参数的确定。

（1）温度。热鲜肉表面潮湿、温度适宜，对于微生物的繁殖和肉体内酶类的活动都极为有利，其易腐败。为了抑制微生物生长繁殖和酶的活性，保证肉的质量，延长保质期，要尽快降低肉的温度。肉的冰点在－1℃左右，冷却终温以 0℃左右为好。肉体冷却时的大量热量散发是在冷却的开始阶段，因而冷却间在进肉之前，应先保持在－4℃左右，这样等进料结束后，冷却室温度不会迅速升高，而保持在 0℃左右。

对于牛肉、羊肉来说，为防止冷收缩的发生，在肉 pH 尚未降到 6.0 以下时，肉温必须保持在 10℃以上。

（2）相对湿度。冷却间的相对湿度对微生物的生长繁殖和肉的干耗有密切的关系。湿度大，有利于降低肉的干耗，但也有利于微生物的生长繁殖，且不易形成表面干燥膜；湿度小，微生物生长受抑制减弱，同时也易于表面干燥膜的形成，但肉的干耗大。因为 50％以上的水分蒸发是发生在冷却初期（最初 1/4 冷却时间）的，这段时间内空气与胴体之间温差大，冷却速度快，所以这段时间的相对湿度宜在 95％以上，这样既能够减少水分蒸发，又因时间短，微生物也不会迅速繁殖；在后期的 3/4 冷却时间内，以维持相对湿度 90％～95％为宜，临近结束时相对湿度控制在 90％左右。

采用这种阶段性的选择相对湿度，不仅可以缩短冷却时间，减少水分蒸发．抑制微生物大量繁殖，而且可使肉表面形成良好的干燥膜，不致产生严重干耗，达到冷却目的。

（3）空气流速。空气流速对于干耗和冷却时间也非常重要。由于空气属于不良热导体，导热能力差，故肉在静止空气中冷却速度是很慢的。只有增加空气流速才能达到加速冷却的目的，但并不是越快越好，空气流速的增大会加重肉的干耗。为了及时把由胴体表面转移至空气中的热量带走，并保持冷却间温度和相对湿度的均匀分布，要保持一定的空气循环。在冷却过程中空气流速一般应控制在 0.5～1.0m/s，最高不超过 2m/s。

五、冷却肉的贮藏

冷却肉不能及时销售时，应移入冷藏间进行冷藏，冷却肉一般存放在－1～1℃的冷藏间。一方面可以完成肉的成熟（排酸），另一方面达到短期贮藏的目的。冷藏期间温度要保持相对稳定，以不超出上述冷却温度范围为宜，一般温度波动不得超过 0.5℃，进肉或出肉时温度不得超过 3℃，相对湿度保持在 90％左右，空气流速保持自然循环。几种常见的冷却肉贮藏条件和贮藏期见表 3-1。

表 3-1　几种常见的冷却肉贮藏条件和贮藏期

品种	温度/℃	相对湿度/%	贮藏时间/d
牛肉	−1.5～0	90	28～35
小牛肉	−1～0	90	7～21
羊肉	−1～0	85～90	7～14
猪肉	−1.5～0	85～90	7～14
鸡肉	0	80～90	7～11

六、注意事项

（1）空气的流动速度大，会促进肉表面的干耗，从而促进肉的氧化。为了提高冷藏效果，可利用气调冷藏。

（2）加工前后必须对加工设备设施进行全面检查和消毒。

（3）在每次进肉前，使冷却间温度预先降到−3～−2℃，进肉后经14～24h的冷却，待肉的温度达到0℃左右时，使冷却间温度保持在0～1℃。

（4）产品进入冷库之后，要平摊在货架上，以尽快降低在生产加工过程中回升的肉温，当肉温达到0℃时，即可进行冷却运输。

七、思考与应用

1. 简述肉冷却条件的选择。

2. 肉低温保藏的基本原理是什么？

3. 肉冷却条件如何控制？

「任务 2　冷冻肉加工」

肉中的水分部分或全部成冰，且使肉深层温度降至−15℃（通常为−20～−18℃）以下的过程叫做肉的冻结。冻结后的肉称为冷冻肉，冷却肉由于贮藏温度在肉的冰点以上，微生物和酶的活动只受到部分抑制，冷藏期短，冷冻肉进一步抑制了微生物的生长发育，增加了肉的贮藏性，其储藏期比冷却肉较长。

一、冷冻肉的特点

冷冻肉其汁液已结冰，水分活度低，色泽、香味都不如新鲜肉或冷却肉，脂肪颜色发白，肉坚硬，像冰一样，但保存期较长。

二、冷冻设备

制冷机、冷风机、温度计、湿度计。

三、冷冻工艺

冷冻肉的加工工艺基本同冷却肉的加工工艺，不同之处就在于冷却肉和冷冻肉冷却冻结工艺的不同。冷冻肉冻结工艺通常分两阶段冻结工艺和直接冻结工艺。

两阶段冻结工艺即先冷却后冻结工艺。这种工艺的要求是鲜肉先冷却约12h，使肉体深层温度降低到0～4℃，然后转入结阶段，冻结间温度在－23℃或更低一点，空气流速为2～3m/s，相对湿度为92%，在这种条件下经20～24h，使肉温进一步降低到－18℃以下。冻结后的肉转入冻藏间作长期贮藏。

直接冻结即一次冻结工艺。动物屠宰后，肉胴体必须在晾肉间内分等级存放。其目的是使鲜肉的温度降低，以减少冻结间的热负荷。同等级白条肉数量达一个冻结间的容量时，一次送入冻结间，以充分利用设备能力。冻结间的条件与两阶段法相同（－23℃），一般在16～20h内把肉温降到－15℃，结束冻结过程。

直接冻结与两阶段冻结比较，其优点是：可缩短冻结时间，减少冻结干耗，节省能源，减少建筑面积，节约劳力。缺点是：在冻结过程中其干耗量大于先冷却后冻结工艺；会使肉体出现寒冷收缩现象，对牛、羊肉影响较大。要求冻结间配置较大的冻结设备和需要较复杂的操作技术。因鲜肉未经冷却，温度较高，使冻结间负荷加大。

四、冷冻方法与冷冻条件

肉类的冻结方法多采用空气冻结法、板式冻结法和浸渍冻结法。其中空气冻结法最为常用。根据空气所处的状态和流速不同，又分为静止空气冻结法和冷风式速冻法。

1. 静止空气冷冻法　利用空气作为冷却媒介，冻结的温度范围为－30～－10℃，属于缓慢冻结，肉类食品冻结时间一般在1～3d，当然冻结时间与食品的种类、包装大小、堆放方式等因素有关。

2. 冷风式速冻法　冷风式速冻法工业生产中最普遍使用的方法，属于快速冻结方法，是在冷冻室或隧道装有风扇以供应快速流动的冷空气急速冷冻，热转移的媒介是空气。此法热的转移速率比静止空气要增加很多，冻结速率也显著。但空气流速增加了冷冻成本以及未包装肉品的冻伤。冷风式速冻条件一般为：空气流速在2～10m/s，温度－30℃，空气相对湿度90%。

3. 板式冷冻　板式冷冻法是把薄片状食品装盘或直接与冻结室（隧道）中的金属板架接触，热传导的媒介是空气和金属板。肉品装盘或直接与冷冻室中的金属板架接触。板式冷冻室温度通常为－30～－10℃，一般适用于薄片的肉品，如肉排、肉片以及肉饼等的冷冻。冻结速率比静止空气法稍快。

4. 流体浸渍和喷雾　是商业上用来冷冻禽肉最普遍的方法，一些其他肉类和鱼类也利用此法冷冻。此法是把肉直接与冷冻液或制冷剂直接接触而冻结。热量转移迅速，稍慢于风冷或速冻。供冷冻用的流体必须无毒性，成本低，且具有低黏性、低冻结点以及高热传导性特点。常用的制冷剂有盐水、甘油、甘油醇、丙烯醇和液氮等。

五、冷冻肉的贮藏

冷冻肉冻藏的主要目的就是阻止冷冻肉的各种变化，以达到长期贮藏的目的。冷冻肉品质的变化不仅与肉的状态、冻结工艺有关，与冻藏条件也有密切的关系。

1. 冻藏条件　温度、相对湿度和空气流速是决定贮藏期和冷冻肉质量的重要因素。

（1）温度。理论上来说，冻藏温度越低，肉品质量保持越好，贮藏时间也就越长，但是成本也就随着越高。对肉而言，冻藏室温度一般保持在－21～－18℃是比较经济合理的温度，使冻结肉的中心温度保持在－15℃以下，同时要求冻藏室温度稳定，温度波动不超过±1℃。

（2）相对湿度。在－21～－18℃的低温下，相对湿度对微生物的生长繁殖影响很小，为了减少肉品的干耗，冻藏室的相对湿度保持在95%～98%为好。

（3）空气流速。适当的空气流速可以使冻藏室的温湿度分布均匀，但会增加肉的干耗。对于无包装的肉品来说，采用空气自然循环即可，如使用风机强制对流，要避免风门直接对着肉品。

由于冻藏条件、冻藏前的质量、种类、肥度、堆放方式和原料肉的品质、包装方法等不同对冻肉的品质影响也不同，所以很难制定准确的冷冻肉贮藏期。但在同一条件下，各类肉保存期的长短，依次为牛肉、羊肉、猪肉、禽肉。

表 3-2　国际制冷学会规定的冻结肉类的保藏期

类别	冰冻点/℃	温度/℃	相对湿度/%	期限/月
牛肉	－1.7	－23～－18	90～95	9～12
猪肉	－1.7	－23～－18	90～95	4～6
羊肉	－1.7	－23～－18	90～95	8～10
犊牛肉	－1.7	－23～－18	90～95	8～10
兔肉	—	－23～－18	90～95	6～8
禽类	—	－23～－18	90～95	3～8

2. 冷冻肉在冻藏期间的变化　各种肉类经过冻结和冻藏后，都会发生一些物理变化和化学变化，肉的品质受到影响。冻结肉的功能特性不如鲜肉，长期冻藏可使功能特性显著降低。

（1）容积增加。冷冻肉由于冰的形成所造成的体积增加约为9%。肉的含水量越高，冻结率越大，则体积增加越多。在选择包装方法和包装材料时，要考虑到冻肉体积的增加。

（2）干耗。肉在冻结和冻藏期间都会发生脱水现象。对于未包装的肉类，在冻结过程中，肉中水分减少0.5%～2.0%，快速冻结可减少水分蒸发。在冻藏期间质量也会减少。冻藏期间空气流速小，温度尽量保持不变，有利于减少水分蒸发。

（3）冻结烧。在冻藏期间由于肉表层冰晶的升华，形成了较多的微细孔洞，增加了脂肪与空气中氧的接触机会，最终导致冻肉产生酸败味，肉表面发生黄褐色变化，表层组织结构粗糙，这就是所谓的冻结烧。冻结烧与肉的种类和冻藏温度的高低有密切关系。猪肉脂肪在－8℃下储藏6个月，表面有明显酸败味，且呈黄色。而在－18℃下储藏12个月也无冻结烧发生。采用聚乙烯塑料薄膜密封包装隔绝氧气，可有效地防治冻结烧。

（4）重结晶。冻藏期间冷冻肉中冰晶的大小和形状会发生变化。特别是冷冻库内的温度高于－18℃，且温度波动的情况下，微细的冰晶不断减少或消失，形成大冰晶。经过几个月的冻藏，由于冰晶生长的原因，肌纤维受到机械损伤，组织结构受到破坏，解冻时引起大量肉汁损失，肉的质量下降。采用快速冻结，并在－18℃下贮藏，尽量减少波动次数和减小波动幅度，可使冰晶生长减慢。

（5）变色。冻藏期间冷冻肉表面颜色逐渐变暗，是因为还原型肌红蛋白和氧合肌红蛋白在空气中氧气的作用下，氧化生成高铁肌红蛋白而呈现褐色。防止和减少高铁肌红蛋白的形成是保持肉色的关键。可采取低温贮藏、气调包装以及添加抗氧化剂等措施。

（6）风味和营养成分变化。大多数食品在冻藏期间会发生风味的变化。尤其是脂肪含量高的食品，多不饱和脂肪酸经过一系列化学反应发生氧化而酸败，产生许多有机化合物，如醛类、酮类和醇类。醛类是使风味异常的主要原因。添加抗氧化剂或采用真空包装可防止酸败。

六、注意事项

（1）冻结好的冻肉应及时转移至冷冻库冻藏，冻藏时一般采用堆垛的方式，以节省冷冻库容积。堆垛的最底层用枕木垫起，垛与垛、垛与墙、垛与顶排管均应留有一定距离。堆垛时必须注意坚固、稳定和整齐，不同种类、不同等级的肉应分开堆放，不要混堆在一起。

（2）冷冻库的温度应保持在$-18℃$，相对湿度为$95\%\sim98\%$，空气流动速度以自然循环为宜。在冻藏过程中，冷冻库的温度不得有较大的波动。在正常情况下，一昼夜内温度升降的幅度不要超过$1℃$，温度大的波动会引起重结晶等现象，不利于冻肉的长期冻藏。

（3）外地运来的冻结肉，肉温偏高，如经测定肉的中心温度低于$-8℃$，可以直接入冷冻库。当高于$0℃$时，需经过复冻结后，再入冷冻库。经过复冻的肉，在色泽和质量方面都有变化，不宜久存。

七、思考与应用

1. 肉的冻结方法有哪些？
2. 冷冻肉在冻藏期间的变化有哪些？
3. 冷却肉和冷冻肉有什么区别？

「任务 3　肉的辐射贮藏」

肉的辐射保藏是利用一定剂量范围内的原子能射线的辐射能量对食品进行杀菌处理而保存肉品的一种物理方法，是一种安全卫生、经济有效的食品保存技术。联合国粮农组织、国际原子能机构、世界卫生组织组成的"辐照食品卫生安全性联合专家委员会"就辐照食品的安全性得出结论：肉品经不超过$10kGy$的辐照，没有任何毒理学危害，也没有任何特殊的营养或微生物学问题。

一、辐射肉的特点

经过辐照后的肉品易产生硫化氢、碳酰化物和醛类物质，使肉品产生异味，称作辐射味。辐射肉类产生的异味因动物品种不同而不同，牛肉产生的气味特别令人厌恶，猪肉和鸡肉产生的气味较为温和。通过低温辐照和加入某些添加剂（如柠檬酸、维生素等）可抑制辐射味的产生。

辐射可在肉品中产生色泽鲜红且较为稳定的色素，同时也会产生高铁肌红蛋白和硫化肌红蛋白等不利于肉品色泽的色素；辐射使部分蛋白质发生变性，肌肉保水力降低。对胶原蛋白有嫩化作用，可提高肉品的嫩度。

二、辐射肉的设备

辐照设备（γ-线辐照杀菌设备、电子束辐照杀菌设备）。

三、辐射肉的工艺

原料肉选择→前处理→包装→辐照→质量控制→检验→贮运

四、辐射肉的操作要点

1. 前处理 辐射保藏的原料肉必须新鲜、优质、卫生，这是辐射保藏的基础。辐射前对肉品进行挑选和品质检查。要求：质量合格，原始菌量低。为减少辐射过程中某些成分的微量损失，有时添加微量添加剂，如添加抗氧化剂可减少维生素 C 的损失。

2. 包装 包装是肉品辐射保鲜的重要环节。辐射灭菌是一次性的，因而要求包装能够防止辐射食品的二次污染。同时还要求隔绝外界空气与肉品接触，以防止贮运、销售过程中脂肪氧化酸败，肌红蛋白氧化变色等缺点。包装材料一般选用高分子塑料，在实践中常选用复合塑料膜，如聚乙烯、尼龙复合薄膜。包装方法常采用真空包装、真空充气包装、真空去氧包装等。

3. 辐射 常用辐射源有 ^{60}Co 和 ^{137}Cs 辐照源和电子加速器三种。辐射源释放的 γ-射线穿透力强，设备较简单，因而多用于肉食品辐射。辐射条件根据辐射肉食品的要求决定。在辐照方法上，为了提高辐照效果，经常使用复合处理的方法，如与红外线、微波等物理方法相结合。

4. 辐射质量控制 这是确保辐射工艺完成不可缺少的措施。

（1）根据肉食品保鲜目的、初始菌量等确定最佳灭菌保鲜的剂量。

（2）选用准确性高的剂量仪，测定辐射箱各点的剂量，从而计算其辐射均匀度，要求均匀度愈小愈好，但也要保证有一定的辐射产品数量。

（3）为了提高辐射效率，而又不增大辐射均匀度，在设计辐射箱传动装置时考虑 180°转向、上下换位以及辐射箱在辐射场传动过程中尽可能地靠近辐射源。

（4）制定严格的辐射操作程序，以确保每一肉食品包装都能受到一定剂量的辐照。

五、注意事项

（1）辐照后的保藏肉品辐照后可在常温下贮藏。采用低辐射杀菌处理的肉类结合低温保藏效果较好。肉品辐射处理是一项综合性措施，要把好每一个工艺环节才能保证辐照的效果和质量。

（2）虽然食品辐照可有效减少或去除病原菌和腐败微生物保证食品的卫生和感官品质，但是许多消费者仍不愿接受辐射食品。

六、思考与应用

1. 简述辐照的基本流程。

2. 辐照对肉或肉制品的影响有哪些？

项目四　腌腊制品加工

【能力目标】

1. 能够独立进行腌腊制品的生产；
2. 掌握腌腊肉制品的质量控制方法。

【知识目标】

1. 了解腌腊肉制品的概念与加工原理；
2. 熟悉腌制的材料的种类及其作用；
3. 熟悉腌制过程中的肉的呈色变化和保水变化。

【相关知识】

腌腊肉制品，是指畜禽肉类在农历腊月进行加工制作，通过加盐（或盐卤）和香料进行腌制，并在较低的气温下经过自然风干成熟，形成独特风味。现指原料肉经预处理、腌制、脱水、保藏成熟而成的肉制品，是我国的传统肉制品之一，蕴藏了中国传统肉制品制作的经验和智慧。腌腊肉制品的特点：肉质细致紧密，色泽红白分明，滋味咸鲜可口，风味独特，便于携带和储藏。腌腊肉制品主要包括腊肉、咸肉、板鸭、中式火腿、西式火腿等。

肉的腌制是肉品贮藏的一种传统手段，也是肉品生产长用加工方法。肉品腌制是以食盐为主，并添加其他辅料（硝酸盐、亚硝酸盐、蔗糖、香辛料等）处理肉类的过程为腌制。腌制主要为了改善风味和颜色，以提高肉的品质。近年来，随着食品科学的发展，在腌制时常加入品质改良剂如磷酸盐、异维生素C、柠檬酸等以提高肉的保水性，获得较高的成品率，同时腌制的目的已从单纯的防腐贮藏发展到主要为力改善风味和色泽，提高肉制品的质量，从而使腌制品成为许多肉类制品加工过程中一个重要的工艺环节。

一、腌制成分及其作用

1. 食盐　食盐是肉类腌制最基本的成分，也是必不可少的腌制材料。食盐的作用：

（1）突出鲜味作用。肉制品中含有大量的蛋白质、脂肪等具有鲜味的成分，常常要在一定浓度的咸味下才能表现出来。

（2）防腐作用。盐可以通过脱水作用和渗透压的作用，抑制微生物的生长，延长肉制品的保存期。5%的NaCl溶液能完全抑制厌氧菌的生长，10%的NaCl溶液对大部分细菌有抑制作用，但一些嗜盐菌在15%的盐溶液中仍能生长。某些种类的微生物甚至能够在饱和盐溶液中生存。

（3）食盐促使硝酸盐、亚硝酸盐、糖向肌肉深层渗透。然而单独使用食盐，会使腌制的肉色泽发暗，质地发硬，并仅有咸味，影响产品的可接受性。

肉的腌制宜在较低温度下进行，腌制室温度一般保持在 $2\sim4℃$，腌肉用的食盐、水和溶液必须保持卫生状态，严防污染。

2. 糖 在腌制时常用糖类有：葡萄糖、蔗糖和乳糖。糖类主要作用为：

（1）调味作用。糖和盐有相反的滋味，在一定程度上可缓和腌肉咸味。

（2）助色作用。还原糖（葡萄糖等）能吸收氧气防止肉脱色；糖为硝酸盐还原菌提供能源，使硝酸盐转变为亚硝酸盐，加速 NO 的形成，使发色效果更佳。

（3）增加嫩度。糖可提高肉的保水性，增加出品率；糖也利于胶原膨润和松软，因而增加了肉的嫩度。

（4）产生风味物质。糖和含硫氨基酸之间发生美拉德反应，产生醛类等羰基化合物及含硫化合物，增加肉的风味。

（5）在需发酵成熟的肉制品中添加糖，有助于发酵的进行。

3. 硝酸盐和亚硝酸盐 腌肉中使用亚硝酸盐主要有以下几方面作用：

（1）抑制肉毒梭状芽孢杆菌的生长，并且具有抑制许多其他类型腐败菌生长的作用。

（2）优良的呈色作用。

（3）抗氧化作用，延缓腌肉腐败，这是由于它本身有还原性。

（4）有助于腌肉独特风味的产生，抑制蒸煮味产生。

4. 磷酸盐 磷酸盐在肉制品加工中有增强肉的保水性和黏结性的作用。由于磷酸盐呈碱性反应，加入肉中可提高肉的 pH，使肉的膨胀度增大，从而增强肉的保水性，增加产品的黏着力和减少养分流失，防止肉制品的变色和变质，有利于调味品浸入肉中心使产品有良好的外观和光泽。

目前肉及肉制品加工中使用的磷酸盐，根据《食品添加剂使用卫生标准》（GB 2760—2007）规定有焦磷酸钠、三聚磷酸钠、六偏磷酸钠，通常混合成复合磷酸盐，其保水效果由于单一成分。磷酸盐的添加量一般在 $0.1\%\sim0.3\%$，添加磷酸盐会影响肉的色泽，并且过量使用会影响肉的色泽，并且过量使用有损风味。

5. 抗坏血酸盐和异抗坏血酸盐 在肉的腌制中使用抗坏血酸钠和异抗坏血酸钠主要有以下作用：

（1）抗坏血酸盐可以同亚硝酸发生化学反应，增加 NO 的形成，使发色过程加速。如在法兰克福香肠加工中，使用抗坏血酸盐可使腌制时间减少 1/3。

（2）抗坏血酸盐有利于高铁肌红蛋白还原为亚铁肌红蛋白，因而加快了腌制的速度。

（3）抗坏血酸盐能起到抗氧化剂的作用，因而稳定腌肉的颜色和风味。

（4）在一定条件下抗坏血酸盐具有减少亚硝胺形成的作用。

6. 水 浸泡法腌制或盐水注射法腌制时，水可以作为一种腌制成分，使腌制配料分散到肉或肉制品中，补偿热加工（如烟熏、煮制）的水分损失，且使得制品柔软多汁。

二、腌制过程中的呈色变化

1. 发色机理 首先硝酸盐在肉中脱氮菌（或还原物质）的作用下，还原成亚硝酸盐；然后与肉中的乳酸产生复分解反应而形成亚硝酸；亚硝酸再分解产生一氧化氮；一氧化氮与肌肉纤维细胞中的肌红蛋白（或血红蛋白）结合而产生鲜红色的亚硝基（NO）肌红蛋白（或亚硝基血红蛋白），使肉具有鲜艳的玫瑰红色。反应式如下：

$$NaNO_3（+2H）\longrightarrow NaNO_2+H_2O$$

$$NaNO_2+CH_3CH（OH）COOH（乳酸）\longrightarrow HNO_2+CH_3CH（OH）COONa（乳酸钠）$$

$$2HNO_2\longrightarrow NO+NO_2+H_2O$$

$$NO+肌红蛋白（血红蛋白）\longrightarrow NO 肌红蛋白（血红蛋白）$$

pH 与亚硝酸的生成有很大关系。pH 越低亚硝酸生成量越多，发色效果越好。pH 高时，亚硝酸盐不能生成亚硝酸，不仅发色不好，而残留在肉制品的亚硝酸根也多。据研究，原料肉的 pH 为 5.62 时发色良好，肉制品的亚硝酸残留量为 0.4×10^{-6}，原料肉的 pH 为 6.35 时发色程度约为前者的 70%，亚硝酸残留量为 0.73×10^{-6}。

2. 硝酸盐的用量 硝酸盐的用量应根据肉中肌红蛋白和残留血液中的血红蛋白反应所需要的数量添加，可以根据测定肉中氯化血红素（$C_{34}H_{32}ClFeN_4O_4$）的总量来计算。如经测定牛肉中的氯化血红素的含量为 48×10^{-5}。猪肉中氯化血红素的含量为 28×10^{-5}。氯化血红素的分子量为 652，亚硝酸钠的分子量为 69，1 个分子的氯化血红素需要消耗 1 个分子的 NO，可以计算腌制牛肉时形成所必需的最低亚硝酸钠的数量：

$$x=69\times0.048/652=0.005$$

即 100g 牛肉中加入 5mg 亚硝酸钠就可以保证呈色作用。如由 2 个分子亚硝酸钠生成一个分子的 NO，则加入亚硝酸钠的数量应增加一倍。另外，还应考虑到亚硝酸盐在腌制、热加工和产品贮藏中的损失。

3. 影响腌肉制品色泽的因素

（1）亚硝酸盐的使用量。亚硝酸盐的使用量直接影响肉制品发色程度，用量不足时，颜色淡而不均匀；用量过大时，过量的亚硝酸根的存在又能使血红素物质中的卟啉环的—甲炔键硝基化，生成绿色的衍生物。为了保证肉呈红色，亚硝酸钠的最低用量为 0.05g/kg。

（2）肉的 pH。亚硝酸钠只有在酸性介质中才能还原成 NO，一般发色的最适宜的 pH 范围为 5.6～6.0。pH 高，肉色就淡，特别是为了提高肉制品的持水性，常加入碱性磷酸盐，加入后常造成 pH 向中性偏移，往往使呈色效果不好。pH 低，亚硝酸盐的消耗量增大，又容易引起绿变。

（3）温度。温度影响发色速度，生肉呈色反应比较缓慢，经过烘烤、加热后，则反应速度加快，而如果配好料后不及时处理，生肉就会褪色，特别是灌肠机中的回料，因氧化作用而褪色，这就要求迅速操作，及时加热。

（4）添加剂。抗坏血酸有助于发色，并在贮藏时可起护色作用；蔗糖和葡萄糖由于其还原作用，可影响肉色强度和稳定性；加烟酸、烟酰胺也可形成比较稳定的红色；有些香辛料如丁香对亚硝酸盐还有消色作用。

（5）其他因素。如微生物和光线等影响腌肉色泽的稳定性。因为亚硝基肌红蛋白在微生物的作用下引起卟啉环的变化，在光的作用下，NO-血色原失去 NO，再氧化成高铁血色原，高铁血色原在微生物等的作用下，使得血色素中的卟啉环发生变化，生成绿色、黄色、无色的衍生物。

三、腌制过程中的保水变化

腌制除了改善肉制品的风味，提高贮藏性能，增加诱人的颜色外，还可以提高原料肉的保水性和黏结性。

1. 食盐的保水作用　食盐能使肉的保水作用增强。Na^+和Cl^-与肉蛋白质结合，在一定的条件下蛋白石立体结构发生松弛，使肉的保水性增强。此外，食盐腌肉使用离子强度提高，肌纤维蛋白质数量增多，在这些纤维状肌肉蛋白质加热变性的情况下，将水分或脂肪包裹起来凝固，使肉的保水性提高。

肉在腌制时由于吸收腌制液中的水分和盐分而发生膨胀。对膨胀影响较大的是 pH、腌制液中盐的浓度、肉量与腌制液的比例等。肉的 pH 越高膨润度越大；盐水浓度在 8％～10％时膨润度最大。

2. 磷酸盐的保水作用　磷酸盐有增强肉的保水性和黏结性作用。其作用机理是：

（1）磷酸盐呈碱性反应，加入肉中可提高肉的 pH，从而增强肉的保水性。

（2）磷酸盐的离子强度大，肉中加入少量即可提高肉的离子强度，改善肉的保水性。

（3）磷酸盐中的聚磷酸盐可使肌肉蛋白质的肌动球蛋白分离为肌球蛋白、肌动蛋白，从而使大量蛋白质的分散离子因强有力地界面作用，成为肉中脂肪的乳化剂，使脂肪在肉中保持分散状态。此外，聚磷酸盐能改善蛋白质的溶解性，在蛋白质加热变性时，能和水包在一起凝固，增强肉的保水性。

（4）聚酸盐有除去与肌肉蛋白质结合的钙和镁等碱土金属的作用，从而能增强蛋白质亲水基的数量，使肉的保水性增强。磷酸盐中以聚磷酸盐即焦磷酸盐的保水性最好，其次是三聚磷酸钠、四聚磷酸钠。

四、肉的腌制方法

肉类腌制的方法可分为干腌、湿腌、盐水注射及混合腌制法四种。

1. 干腌法　干腌法是直接将食盐或混合盐涂擦在肉的表面，然后层堆在腌制架上或层装在腌制容器内，依靠外渗汁液形成盐液进行腌制的方法。我国一些地方特产如火腿、咸肉、烟熏肋肉均采用此法腌制。

干腌法腌制时间较长，食盐进入深层的速度缓慢，很容易造成肉的内部变质。但腌制品有独特的风味和质地。

2. 湿腌法　湿腌法是将原料肉浸泡在预先配制好的腌制溶液中，并通过扩散和水分转移，让腌制剂渗入肉内部，并获得比较均匀地分布。常用于腌制分割肉、肋部肉等。

湿腌法一般采用老卤腌制，即老卤水中添加食盐和硝酸盐，调整好浓度后用于腌制新鲜肉。湿腌时有两种扩散：一种是食盐和硝酸盐向肉中扩散，第二种是肉中可溶性蛋白质等向盐液中扩散，由于可溶性蛋白质既是肉的风味成分之一，也是营养成分，所以用老卤腌制就是减少第二种扩散，即减少营养和风味的损失，同时可赋予腌肉老卤特有的风味。湿腌的缺点是其制品的色泽和风味不及干腌制品，腌制时间长，蛋白质流失多，含水分多，不宜保藏，另外卤水容易变质，保存较难。

3. 盐水注射法　盐水注射法是采用针头向原料肉中注射盐水。用盐水注射法可以缩短腌制时间（如 72h 可缩至 8h），提高生产效率，降低生产成本，但是其成品质量不及干腌制品，风味略差。为进一步加快腌制速度和盐液吸收程度，注射后通常采用按摩或滚揉操作，以提高制品保水性，改善肉质。

4. 混合腌制法　利用干腌法和湿腌法互补性的一种腌制方法。用于肉类腌制可先行干腌而后放入容器内用盐水腌制，如南京板鸭、西式培根的加工。

干腌法和湿腌法相结合可以避免湿腌液因食品水分外渗而降低浓度和因干腌及时溶解外渗水分；防止干腌引起肉品表面发生脱水现象和湿腌引起的内部发酵或腐败。

五、肉制品加工常用辅料

生产中所形成的特有性能、风味与口感等，除与原料的种类、质量以及加工工艺有关外，还与食品辅料的使用有极为重要的关系。常用的辅料种类很多，但大体上可分为三类，即调味料、香辛料和添加剂。

1. 调味料　调味料是指为了改善食品的风味，能赋予食品特殊味感（咸、甜、酸、苦、鲜、麻、辣等），使食品鲜美可口、增进食欲而添加入食品中的天然或人工合成的物质。主要包括咸味调味料、甜味调味料、鲜味调味料和天然调味料。

（1）咸味料。

①食盐。在肉品加工中食盐具有调味、防腐保鲜、提高保水性和黏着性等重要作用。但食盐能加强脂肪酶的作用和脂肪的氧化，因此，腌肉的脂肪较易氧化变质。为防止高钠盐食品导致的高血压病，每人每天的食盐用量控制在0～6g。

②酱油。主要由大豆、淀粉、小麦、食盐经过制油、发酵等程序酿制而成的。酱油的成分比较复杂，除食盐的成分外，还有多种氨基酸、糖类、有机酸、色素及香料成分。以咸味为主，亦有鲜味、香味等。酱油一般有老抽和生抽两种：老抽较咸，用于提色；生抽用于提鲜。根据焦糖色素的有无，酱油分为有色酱油和无色酱油。肉品加工中宜选用酿造酱油，相对浓度不应低于1.180（22°），食盐含量不超过18%。酱油的作用主要是增鲜增色，改良风味。在中式肉制品中广泛使用，使制品呈美观的酱红色并改善其口味。在腊肠等制品中，还有促进其发酵成熟的作用。

（2）甜味料。最常用的甜味调味料是蔗糖，此外还有蜂蜜、葡萄糖、麦芽糖、木糖醇、山梨糖醇、怡糖等，这些属于天然甜味料。合成甜味料，有糖精、环烷酸钠等．

①蔗糖。白糖、红糖都是蔗糖，其甜度仅次于果糖。糖比盐更能迅速、均匀地分布于肉的组织中，具缓和盐味的作用，增加渗透压，形成乳酸，降低pH，有保鲜作用，并促进胶原蛋白的膨胀和疏松，使肉制品柔软，当蛋白质与碳水合物同时存在时，微生物首先利用糖类，这就减轻了蛋白质的腐败。我国传统肉制品中糖用量为0.7%～3.0%，烧烤类一般为5%。

②葡萄糖。葡萄糖甜度略低于蔗糖。葡萄糖除可以在味道上取得平衡外，还可形成乳酸，有助于胶原蛋白的膨胀和疏松，从而使制品柔软。另外葡萄糖的保色作用较好，而蔗糖的保色作用不太稳定。肉品加工中葡萄糖的使用量为0.3%～0.5%。

（3）酸味料。肉品加工中添加酸味料，可以给人爽快的刺激，以增进食欲。通过调节pH，使其具有一定的防腐、保水、嫩化和去腥等作用，并有助于钙等矿物质的吸收。

酸味料分为无机酸和有机酸，在同样的pH下，有机酸比无机酸的酸感强，肉品加工中大多数使用有机酸味料。

①食醋。食醋宜采用以粮食为原料酿制而成的食醋，含醋酸3.5%以上。食醋为中式糖醋类风味产品的主要调味料，如与糖按一定比例配合，可形成宜人的甜酸味。因醋酸具有挥发性，受热易挥发，故适宜在产品出锅时添加，否则，将部分挥发而影响酸味。醋酸还可与乙醇生成具有香味的乙酸乙酯，故在糖醋制品中添加适量的酒，可使制品具有浓醇甜味、气

味扑鼻的特点。

②柠檬酸及其钠盐。柠檬酸及其他钠盐不仅是调味料，国外还作为肉制品的改良剂。

（4）鲜味剂。我国国家标准《食品添加剂使用标准》规定允许使用的增味剂有谷氨酸钠、5′-鸟苷酸二钠、5′-肌苷酸二钠、呈味核苷酸二钠四种。最常用的是谷氨酸钠。

谷氨酸钠俗称味精或味素，无色至白色棱柱状结晶或结晶性粉末，无臭，有特有的鲜味，略有甜味或咸味。加热至120℃时失去结晶水，大约在270℃发生分解。在 pH 为 5 以下的酸性和强碱性条件下会使鲜味降低。在肉品加工中，一般用量为 $(0.2\sim1.5)\times10^{-3}$ g/kg。

（5）料酒。黄酒和白酒是多数中式肉制品必不可少的调味料，主要成分是乙醇和少量的脂类。它可以去除膻味、腥味和异味，并有一定的杀菌作用，赋予制品特有的醇香味，使制品回味甘美，增加风味特色。

2. 香辛料　许多植物的种子、果肉、茎叶、根具有特殊的芳香气味、滋味，能给肉制品增添诱人食欲的各种风、滋味，常常具有促进入体胃肠蠕动、加快消化吸收的作用。香辛料还可以矫正或调整原料肉的生、臭、腥、臊、膻味，是肉制品加工过程中不可缺少的重要辅料。

天然香辛料用量通常为 0.3%～1.0%，也可根据肉的种类或人们的嗜好稍有增减。

肉品加工中最常用的天然香辛料主要有葱、姜、蒜、胡椒、花椒、八角、茴香、丁香、桂皮、月桂叶等。

3. 添加剂　食品添加剂是为了改善食品品质和色、香、味，以及为防腐、保鲜和加工工艺的需要而加入食品中的人工合成或者天然物质。肉品加工中使用的添加剂，根据其目的不同大致可分为发色剂、发色助剂、防腐剂、抗氧化剂和其他品质改良剂等。

「任务 1　广式腊肉加工」

一、产品特点

腊肉是我国的一大传统腌腊肉制品，一般是指用食盐配以亚硝酸盐、曲酒等辅料腌制后再经干燥（烘烤或日晒熏制）等工艺加工而成的一类耐贮藏，并具特殊浓郁风味的肉制品。腊肉是我国南方冬季（腊月）长期贮藏的腌肉制品。广东腊肉以色、香、味、形俱佳而享誉中外，不同产品具有不同消费者喜爱的传统腌腊味和独特风味，腊肉制品具有风味好，营养性佳，易于贮存等特点，有较大的开发潜力。

二、材料与配方

猪肋条肉 100kg、白糖 3.75kg、硝酸钾 0.125kg、盐 1.88kg、曲酒（60°）1.56kg、白酱油 6.25kg、麻油（滴珠油）1.5kg。

三、仪器及设备

烘箱、台秤、砧板、刀具、不锈钢盆、细绳。

四、工艺流程

原料选择→修整→剔骨、切肉条→配料→腌制→风干、烘烤或熏烤→包装→成品

五、操作要点

1. 原料选择 选择皮薄肉嫩、肥膘在 1.5cm 以上，经检疫符合卫生标准的新鲜猪肋条肉为原料，修刮净皮上的残毛及污垢。

2. 剔骨、切肉条 将原料肉割去前、后腿。将腰部肉剔去肋骨、椎骨和软骨，修整边缘，按规格切成长 35~40cm，每条重 180~200g 的薄肉条，并在肉的上端用尖刀穿一小孔，系 15cm 长的麻绳，以便于悬挂。将切条后的肋肉浸泡在 30℃ 左右的清水中漂洗 1~2min，以除去肉条表面的浮油、污物，然后取出沥干水分。

3. 配料 不同品种所用的配料不同，同一种品种在不同季节生产配料也有所不同。一般配料为：原料肉 100kg、白糖 3.75kg、硝酸钾 0.125kg、盐 1.88kg、大曲酒（60°）1.56kg、白酱油 6.25kg、麻油（滴珠油）1.5kg。

4. 腌制 腌制方法有干腌法、湿腌法和混合腌制法。

干腌法。将混合均匀的配料直接擦抹在原料肉表面，搓擦要均匀，擦好后按皮面向下，肉面向上的顺序，一层层放叠在腌制缸内，最上一层肉面向下，皮面向上。剩余的配料可撒布在肉条的上层进行腌制。

湿腌。将辅料倒入缸或木盆内，使固体腌料和液体调料充分混合拌匀，完全溶化后，把切好的肉条放进腌肉缸中翻动，使肉条完全浸泡在腌制液中，腌制时间为 15~18h，中间翻缸两次。

混合腌制。即干腌后的肉条，再浸泡腌制液中进行湿腌，使腌制时间缩短，肉条腌制更加均匀。混合腌制时食盐用量不得超过 6%，使用陈的腌制液时，应先清除杂质，并在 80℃ 温度下煮 30min，过滤后冷却备用。

腌制时间视腌制方法、肉条大小、室温等因素而有所不同，腌制时间最短腌 3~4h 即可，腌制周期长的也可达 7d 左右，以腌好腌透为标准。

腌制腊肉无论采用哪种方法，都应充分搓擦，仔细翻缸，腌制室温度保持在 0~10℃。

5. 风干、烘烤或熏烤 冬季家庭自制的腊肉通常放在通风阴凉处自然风干。工厂化生产腊肉常年进行，需进行烘烤，腊肉因肥膘肉较多，烘烤时温度一般控制在 45~55℃，烘烤温度不能过高以免烤焦、肥膘变黄；也不能太低，以免水分蒸发不足，使腊肉发酸。烘房内的温度要求恒定，不能忽高忽低，影响产品质量。

烘烤时间因肉条大小而异，一般 24~72h，至肉表面干燥并有出油现象即可。

6. 包装、成品 冷却后的肉条应进行包装，包装后即为成品，一般成品率为 70% 左右。传统腊肉用防潮蜡纸包装，现多用抽真空包装。

六、注意事项

（1）选料讲究。应该选择新鲜的优质符合卫生标准的肉进行制作，肥瘦层次分明的去骨五花肉，肥瘦比在 5∶5 到 4∶6 较好，否则影响成品风味和形态。

（2）气温选择。一般选择 10℃ 左右的温度。

（3）用盐量的控制。用盐量不宜过高，否则风味过咸，也不易过低，造成制作过程变质腐败。

（4）质量控制。为了延长腊肉贮藏期，应进行适当的包装结合低温进行贮藏。

七、质量标准

1. 广式腊肉感官指标

表 4-1　广式腊肉感官指标

项　目	一级鲜度	二级鲜度
色泽	色泽鲜明，肌肉呈现红色，脂肪透明或呈乳白色	色泽稍暗，肌肉呈暗红色或咖啡色，脂肪呈乳白色，表面可以有霉点，但抹后无痕迹
组织形态	肉身干爽、结实	肉身稍软
气味	具有广东腊肉固有的风味	风味略减，脂肪有轻度酸败味

2. 广式腊肉理化指标

表 4-2　广式腊肉理化指标

项　目	指　标
水分/%	≤25
食盐/%（以 NaCl 计）	≤10
酸价/（10^{-3}mg/g）（脂肪以 KOH 计）	≤4
亚硝酸盐/（10^{-5}mg/100g）（以 $NaNO_2$ 计）	≤20

3. 广式腊肉保质期　腊肉的保存时间比较长，一般可以保存 3 个月，如果密封或放冰箱，则更久。熏制过的腊肉，密封保存一年以上没有问题。

八、思考与应用

1. 广式腊肉加工对原料选择有何要求？
2. 广式腊肉采用哪种腌制方法？
3. 如何对广式腊肉进行烘烤和熏制，温度怎么控制？
4. 简述广式腊肉的加工过程。
5. 结合实训体会，谈谈广式腊肉加工中的注意事项。

「任务 2　咸肉的加工」

一、产品特点

咸肉是以鲜肉为原料，用食盐腌制而成的肉制品。咸肉在我国各地都有生产，品种繁多，式样各异，其中以浙江咸肉、如皋咸肉、四川咸肉、上海咸肉等较为有名。它既是一种简单的肉品贮藏方法，又是一种传统的大众化肉制品。咸肉可分为带骨和不带骨两大类，带骨肉按加工原料的不同，有"连片""段片""小块""咸腿"之分。

二、材料与配方

猪肋条肉 100kg、食盐 15～18kg、花椒微量、硝酸钠最大使用量每 1kg 鲜肉不超过 0.5g。

三、仪器及设备

冷藏柜、熏烤炉、天平、台秤、砧板、刀具、塑料盆、缸、搪瓷托盘。

四、工艺流程

原料选择→修整→开刀门→腌制→成品

五、操作要点

1. 原料选择　咸肉要求以鲜猪肉或冻猪肉都可以作为原料，肋条肉、五花肉、腿肉均可，但需肉色好，放血充分，且必须经过卫生检验部门检疫合格的健康肉，若为新鲜猪肉，必须摊开凉透；若是冻猪肉，必须经解冻微软后再行分割处理。

2. 修整　将原料肉处理除去碎肉、污血、血管、淋巴、碎油及横膈膜等部分。

3. 开刀门　为了加速腌制，使食盐容易进入原料肉内部，在肉表面割出刀口，俗称开刀门。刀口的大小、深浅和多少取决于腌制时的气温和肌肉的厚薄。一般气温在 $10\sim15℃$ 时，为防止腌制时肉的腐败，应开刀门，刀口可大而深，以加速食盐的渗透，缩短腌制时间；气温在 $10℃$ 以下时，少开或不开刀门。

4. 腌制　应在 $3\sim4℃$ 条件下进行腌制，腌制方法如下：

干腌法。以盐、硝混合腌料直接擦抹肉块表面，用盐量为肉重的 $14\%\sim20\%$ ，硝石 $0.05\%\sim0.75\%$ ，肉厚处多擦盐，擦好盐的肉块堆垛腌制。第一层皮面朝下，每层间再撒一层盐，依次压实，最上一层皮面向上，在表面多撒些盐，防止微生物污染，腌制中每隔 $5\sim6d$ ，上下互相调换一次，同时补撒食盐，经 $25\sim30d$ 即可腌成。

湿淹法。用开水配制 $22\%\sim35\%$ 的食盐溶液，再加入 $0.7\%\sim1.2\%$ 的硝石。将肉成排地堆放在腌制容器中，加入配好冷却的澄清盐液，以浸没肉块为度，盐液重为肉重的 $30\%\sim40\%$ 。肉面压以木板或石块，防止上浮，每隔 $4\sim5d$ 上下层翻转一次。 $15\sim20d$ 即成。食盐溶液可以重复利用，并能增进咸肉的色、香、味，减少营养损失。但再次使用时应经过煮沸、过滤并补足硝、盐，保证浓度。

六、注意事项

（1）选料应选择肉色好，放血充分，且经过卫生检验部门检疫合格，新鲜肉须摊开晾凉，冻肉须解冻微软后再分割处理。

（2）开刀门时应根据腌制时的气温高低和原料肉的厚度来决定刀口的大小深浅多少。

（3）掌握好腌制温度：温度高腌制快，但易腐败；温度低腌制慢，但风味好。

（4）包装可以保护咸肉的色泽，还能防止脂肪的过氧化而产生异味。包装时经过抽真空或充氮也能消除光线的影响，包装内有抗氧化剂，则可以将包装内的氧消耗掉以延缓腌肉表面褪色。

（5）咸肉应存放于阴凉干燥处，用纸箱等包装。防止阳光直射、潮湿、高温、霉变、虫蛀以及动物啃食。

七、质量标准

1. 咸肉感官指标

表 4-3　咸肉感官指标

项目	一级鲜度	二级鲜度
外观	外表干燥清洁	外表稍湿润，发黏，有时有霉点
色泽	有光泽，肌肉呈红色或暗红色，脂肪切面白色或微红色	光泽较差，肌肉呈咖啡色或暗红色，脂肪微带黄色
组织形态	质紧密而坚实，切面平整	质稍软，切面尚平整
气味	具有鲜肉固有的风味	脂肪有轻度酸败味，骨周围组织稍具酸味

2. 咸肉理化指标

表 4-4　咸肉理化指标

项　目	一级鲜度	二级鲜度
挥发性盐基氮/（10^{-5} mg/100g）	≤20	≤45
亚硝酸盐/（10^{-5} mg/kg）（以 $NaNO_2$ 计）	≤30	

八、思考与应用

1. 咸肉制作对原料选择有何要求？
2. 咸肉如何进行腌制？
3. 如何提高咸肉的加工质量？
4. 简述咸肉的加工过程。
5. 结合实训体会，谈谈咸肉加工中的注意事项。

「任务 3　南京板鸭加工」

一、产品特点

板鸭又称贡鸭，是我国传统禽肉腌腊制品。著名的产品有南京板鸭和南安板鸭。南京板鸭分为腊板鸭和春板鸭两种。腊板鸭是从小雪到立春时段加工的产品，这种板鸭腌制透彻，能保藏 3 个月之久；春板鸭是从立春到清明时段加工的产品，这种板鸭保藏期没有腊板鸭时间长，一般只有 1 个月左右。南京板鸭外形方正、宽阔、体肥、皮白、肉红、肉质细嫩、紧密、风味鲜美。

二、材料与配方（以每 150kg 新鲜光鸭计算）

干腌辅料：食盐 9.4kg、八角 46.9g。
湿腌辅料：洗鸭血水 150kg、食盐 50kg、生姜 100g、八角 50g、葱 150g。

三、仪器及设备

冷藏柜、腌制缸、烧锅、台秤、砧板、刀具、不锈钢盆。

四、工艺流程

选料→宰杀及前处理→擦盐干腌→制备盐卤→入缸卤制→滴卤叠坯→排坯晾挂→成品

五、操作要点

1. 选料　板鸭要求选择体长身高、胸腿肉发达、两翅下有核桃肉、体重在 1.75kg 以上的活鸭做原料。宰杀前要用稻谷饲养 15～20d 催肥，使膘肥、肉嫩、皮肤洁白。这种鸭脂肪熔点高，在温度高的情况下也不容易滴油、发哈。经过稻谷催肥的鸭，称为"白油"板鸭，是品质最好。若以糠麸、玉米为饲料则体皮肤淡黄，肉质虽嫩但较松软，制成板鸭后易收缩和滴油变味，影响气味。

2. 宰杀　肥育好的鸭子宰杀前停食 12～24h，充分饮水。用麻电法（60～70V）将活鸭致昏，采用颈部或口腔宰杀法进行宰杀放血。宰杀后 5～6min，用 65～68℃的热水浸烫脱毛，之后用冰水浸洗三次，时间分别为 10min、20min 和 1h，以除去皮表的污垢，使鸭皮洁白，同时降低鸭体温度，达到"四挺"，即头、颈、胸、腿挺直，外形美观。去除翅、脚，在右翅下开一约 4cm 长的直形口子，摘除内脏，然后用冷水清洗，至肌肉洁白。压折鸭胸前三叉骨，使鸭体呈扁长形。

3. 擦盐干腌　将鸭体沥干水分，人字骨压扁，使鸭体呈扁长方形。食盐必须炒熟、磨细，炒盐时每百千克食盐加 200～300g 茴香。擦盐要均匀，遍及体内外，一般用盐量为鸭重的 1/15。擦盐后叠放在缸中腌制 20h 左右即可。

4. 制备盐卤　盐卤由食盐水和调料配制而成。因使用次数多少和时间长短的不同而有新卤和老卤之分。新卤的制法是采用浸泡鸭体的血水，加盐配制，每 100kg 血水，加食盐 75kg，放大锅内煮成饱和溶液，撇去血污与泥污，用纱布滤去杂质，再加辅料，每 200kg 卤水放入大片生姜 100～150g、八角 50g、葱 150g，使卤具有香味，冷却后成新卤。新卤经过腌鸭后多次使用和长期贮藏即成老卤。盐卤越陈旧腌制出的板鸭风味更佳。盐卤腌制 4～5 次后需要重新煮沸，煮沸时可适当补充食盐，使卤水保特咸度，通常为 22～25 度。

5. 抠卤　擦腌后的鸭体逐只叠入缸中，经过 12h 后，把体腔内盐水排出，这一工序称抠卤。抠卤后再叠大缸内，经过 8h，进行第二次抠卤，目的是腌透并浸出血水，使皮肤肌肉洁白美观。

6. 复卤　抠卤后进行湿腌，从开口处灌入老卤，叠入腌制缸内，并在上层鸭体表层稍微施压，将鸭体压入卤缸内距卤面 1cm 下，使鸭体不浮于卤汁上面，这即为复卤，经 24h 出缸，从泄殖腔处排出卤水，挂起滴净卤水。

卤的配制：卤有新卤和老卤之分。新卤配制时每 50kg 水中加炒制的食盐 35kg，煮沸成饱和溶液，澄清过滤后加入生姜 100g、茴香 25g、葱 150g，冷却后即为新卤。用过一次后的卤俗称老卤，环境温度高时，每次用过后，盐卤需加热煮沸杀菌；环境温度低时，盐卤用 4～5 次后需重新煮沸；煮沸时要撇去上浮血污，同时补盐，维持盐卤相对密度为 1.180～1.210。

7. 滴卤叠坯　鸭体在卤缸中经过规定时间腌制后，将鸭体取出挂起，滴净水分，然后放入缸中，盘叠 2～4d。这一工序称为叠坯。

8. 排坯晾挂　叠坯后，将鸭体由缸中提出，挂在木架上，用清水洗净，擦干，称其为排坯。排坯的目的在于使鸭体外形肥大美观，同时使鸭子内部通风。排坯后进行整形：拉平鸭颈，拍平胸部，挑起腹肌。然后挂于通风处风干。晾挂间需通风良好，不受日晒雨淋，鸭体互不接触，经过2～3周即为成品。

六、注意事项

（1）原料选择一定要严格选择，并按照科学的屠宰程序进行屠宰，只有优质的原料加上优良的工艺才能做出美味的板鸭。

（2）腌制鸭子的盐要用香辛料炒制后才能使用。

（3）注意老卤的杀菌和补充盐分保持一定的盐度。

（4）制作过程中要注意对鸭子的形状进行整形，形成特有的板鸭形状。

七、质量标准

1. 板鸭感官指标

表 4-5　板鸭感官指标

项　目	一级品	二级品
外观	呈扁平状或扁圆形，腿硬，头足完整；体表光洁无小毛，表皮完整无破损，呈黄白色、白色或该类板鸭正常的颜色，腹腔内壁干燥，肌肉切面呈玫瑰红色	呈扁平状或扁圆形，腿硬，桃形，头足完整；体表有部分小毛，表皮略有破损，黄白色、乳白色或该类板鸭正常的颜色，腹腔内壁略有湿润，肌肉切面呈深红色
组织状态	肌肉切面紧密，有光泽	肌肉切面较紧密，略有光泽
气味	具有板鸭特有的香味	板鸭固有的香味略淡，无异味
煮沸后肉汤及肉味	清澈、芳香，液面有大片团聚的脂肪，肉嫩味鲜	汤略混、有香味，液面有少量团聚的脂肪，肉味较鲜

2. 板鸭理化指标

表 4-6　板鸭理化指标

项　目	单位	指　　标	
		一级品	二级品
水分	％	＜35	35～45
食盐	％	＜6	6～8
酸价	mg/g（以 KOH 计）	＜1.6	1.6～3.0
过氧化值	g/100g（以脂肪计）	＜1.8	1.8～2.5
亚硝酸盐	mg/kg	≤30	
铅	mg/kg	≤0.5	
砷	mg/kg	≤0.5	
铜	mg/kg	≤10.0	
汞	mg/kg	≤0.05	
六六六	mg/kg	≤0.2	
滴滴涕	mg/kg	≤0.2	

3. 板鸭的保质期　小雪后、大雪前加工的板鸭，能保存1～2个月；大雪后加工的腊板鸭，可保存3个月；立春后、清明前加工的春板鸭，只能保存1个月。通常品质好的板鸭能保存到4月底以后，存放在0℃左右的冷库内，可保存到6月底或更长时间。

八、思考与应用

1. 南京板鸭加工对原料选择有何要求？

2. 叙述鸭子的宰杀程序。

3. 如何配制盐卤？

4. 简述南京板鸭的加工过程。

5. 结合实训体会，谈谈南京板鸭加工中的注意事项。

「任务4　金华火腿加工」

一、产品特点

金华火腿产于浙江金华地区，最早在金华、东阳、义务、兰溪、浦江、永康、武义、汤溪等地加工，这8个县属当时金华府管辖，故而得名。金华火腿相传起源于宋代，距今已有800余年的历史，由于火腿名贵，当时大都作为官礼，因此有贡腿之称。早在清朝光绪年间，本品畅销日本、东南亚和欧美等地，1915年在巴拿马国际商品博览会上荣获一等优质大奖，1985年又荣获中华人民共和国金质奖。金华火腿皮色黄亮，肉色似火，素以造型美观，做工精细，肉质细嫩，味淡清香而著称于世。

二、材料与配方

鲜猪后腿100kg、食盐9～10kg、硝酸钠或硝酸钾（加水溶解）20～25g。

三、仪器及设备

冷藏柜、发酵间、天平、台秤、砧板、刀具、塑料盆、搪瓷托盘。

四、工艺流程

原料选择→截腿坯→修整→上盐腌制→洗腿2次→晒腿→整形→发酵→修整→堆码→成品

五、操作要点

1. 原料选择　选择金华"两头乌"猪的鲜后腿。皮薄骨细，腿心股骨部饱满，精多肥少，膘厚适中，肩、腰结合处膘厚以0.5～3.0cm最好，腿坯重5.5～6.0kg为好。

2. 截腿坯　从倒数2～3腰椎间横劈断椎骨，垂直切断腰部。

3. 修整　先用刮刀刮去皮面上的残毛和污物，使皮面光滑整洁。再用削骨刀削平耻骨，修整坐骨，除去尾椎，斩去脊骨，使肌肉外露，把过多的脂肪和附在肌肉上的浮油割去，将腿边修成弧形，腿面平整，修后的荐椎仅留两节荐椎体的斜面，腰椎仅留椎孔侧沿与肉面水平，防止造成裂缝，最后用手挤出大动脉内的瘀血。

4. 腌制　修整好腿坯后，即进入腌制过程。金华火腿腌制是采用干腌堆叠法，用食盐和硝石进行腌制，腌制时需擦盐和倒堆 6～7 次，总用盐量占腿重的 9%～10%，需 40d 左右。根据不同气温，适当控制加盐次数、腌制时间、翻码次数，是加工金华火腿的技术关键。腌制火腿的最佳温度在 0～10℃，其具体加工步骤如下：

第一次上盐称小盐，用盐量占总用盐量的 15%～20%，将鲜腿露出的全部肉面上均匀地撒上一薄层盐，敷盐要均匀，敷盐后堆叠时必须层层平整，上下对齐，堆码的高度应视气候而定。在正常气温下，以 12～14 层为宜，天气越冷，堆码越高。目的是使肉中的水分、瘀血排出。

第二次上盐称大盐。在第一次上盐 24h 后进行，加盐的数量最多，占总用盐量的 50%～60%。在上盐以前用手压出血管中的瘀血。必要时在三签头上放些硝酸钾，把盐从腿头撒至腿心，在腿的下部凹陷处用手指蘸盐轻抹，用盐后将腿整齐堆叠。

第三次上盐称复三盐。第二次上盐 3d 后进行第三次上盐，根据鲜腿大小及三签处余盐情况控制用盐量。盐用量一般在 15% 左右。对鲜腿较大、脂肪层较厚、三签处余盐少者适当增加盐量。

第四次上盐在第三次上盐后再过 7d 左右，进行复四盐。第四次上盐用盐量少，一般占总用盐量的 5% 左右。目的是防止三鉴头处脱盐，并检验三签头处盐溶化程度，如大部分已溶化需再补盐，并抹去腿皮上粘的盐，以防止腿的皮色发白无亮光。

第五次或第六次上盐的间隔时间也都是 7d 左右。目的主要是检查火腿盐分是否用得适当，盐分是否全部渗透。

经过六次上盐后（人腿坯可进行第七次上盐），当火腿肌肉颜色由暗红色变成鲜艳的红色，小腿部变得坚硬呈橘黄色，在翻倒几次后，经 30～35d 即可结束腌制。

5. 洗腿 将腌好的火腿放入清水中浸泡一定的时间，其目的是减少肉表面过多的盐分和污物，使火腿的含盐量适宜。浸泡的时间 10℃ 左右约 10h，如果火腿浸泡后肌肉颜色发暗，说明火腿含盐量小，浸泡时间需相应缩短；如肌肉面颜色发白而且坚实，说明火腿含盐量较高，浸泡时间需酌情延长，如用流水浸泡，则应适当缩短时间。浸泡后进行洗刷，除去腿面上残留的粘浮杂物及污秽盐渣，经洗腿后可保持腿的清洁，有助于火腿的色、香、味。

浸泡洗刷后的火腿要进行吊挂晾晒，将腿挂在硒架上，用刀刮去剩余细毛和污物，约经 4h，待肉面无水微干后打印商标，再经 3～4h，腿皮微干时肉面尚软开始整形。整形就是在晾晒过程中将火腿逐渐校成一定形状。整形要求做到小腿伸直，腿爪弯曲，皮面压平，腿心丰满和外形美观，而且使肌肉经排压后更加紧缩，有利于贮藏发酵。整形晾晒适宜的火腿，腿形固定，皮呈黄色或淡黄，皮下脂肪洁白，肉面呈紫红色，腿面平整，肌肉坚实，表面不见油迹。整形之后继续晾晒。气温在 10℃ 左右时，晾晒 7 个晴天。在平均气温 10～15℃ 条件下，晾晒 80h 后减重 10% 是最好的晾晒程度。

6. 发酵 经过腌制、洗腿、晒腿、整形等工序的火腿，在外形、颜色、气味、坚实度等方面尚没有达到应有的要求，特别是没有产生火腿特有的芳香味，必须经过发酵过程，一方面使水分继续蒸发，另一方面便肌肉中蛋白质、脂肪等发酵分解，使肉色、肉味、香气更好。将腌制好的鲜腿晾挂于宽敞通风、地势高而干燥库房的木架上，彼此相距 5～7cm，进行 2～3 个月发酵鲜化，肉面上逐渐长出绿、白、黑、黄色霉菌（或腿的正常菌群），这时发酵基本完成，火腿逐渐产生香味和鲜味。

7. 修整 发酵完成后，腿部肌肉干燥而收缩，腿骨外露。为使腿形美观，要进一步修整。修整工序包括修平耻骨、修正股骨、修平坐骨，达到腿正直，两旁对称均匀，腿身呈柳叶形。

8. 堆码 经发酵整形后的火腿，视干燥程度分批落架。按腿的大小，使其肉面朝上，皮面朝下，层层堆叠于腿床上，堆高不超过15层。每隔10d左右翻倒1次，结合翻倒将流出的油脂涂于肉面，使肉面保持油润光泽而不显干燥。

六、注意事项

（1）鲜腿腌制应根据先后顺序，依次按顺序堆叠，标明日期、只数，便于翻堆用盐时不发生错乱、遗漏。

（2）4kg以下的小火腿应当单独腌制堆叠，避免和大、中火腿混杂，以便控制盐量，保证质量。

（3）在腿上擦盐时要用力而均匀，腿皮上切忌擦盐，避免火腿制成后皮上无光彩。

（4）堆叠时应轻拿轻放，堆叠整齐，以防脱盐。

（5）如果温度变化较大，要及时翻堆更换食盐。

七、质量标准

1. 金华火腿感官指标

表4-7 金华火腿感官指标

项 目	要 求		
	特级	一级	二级
香气	三签香	三签香	二签香，一签无异味
外观	腿心饱满，皮薄脚小，白蹄无毛，无红斑，无损伤，无虫蛀、鼠伤，无裂缝，小蹄至髋关节长度40cm以上，刀工光洁，皮面平整，印签标记明晰	腿心较饱满，皮薄脚小，无毛，无虫蛀、鼠伤，轻微红斑，轻微损伤，轻微裂缝，刀工光洁，皮面平整，印签标记明晰	腿心稍薄，但不露股骨肉，腿脚稍粗，无毛，无虫蛀、鼠伤，刀工光洁，稍有红斑，稍有损伤，稍有裂缝，印签标记明晰
色泽	皮色黄亮，肉面光滑油润，肌肉切面呈玫瑰色，脂肪切面白色或微黄色，有光泽，蹄壳灰白色		
组织状态	皮与肉不脱离，肌肉干燥致密，肉质细嫩，切面平整，有光泽		
滋味	咸淡适中，口感鲜美，回味悠长		
爪弯	蹄壳表面与脚骨直线的延长线呈直角或锐角		呈直角或略大于直角

2. 金华火腿理化指标

表4-8 金华火腿理化指标

项 目	要 求		
	特级	一级	二级
瘦肉率/%	≥65		≥60
水分（以瘦肉计）/%	≤42		
盐分（以瘦肉中的氯化钠计）/%	≤11		

（续）

项　目	要　求		
	特级	一级	二级
质量/（kg/只）	3.0～5.0	3.0～5.5	2.5～6.0
过氧化值(以脂肪计)/(g/100g)	≤0.25		
酸价(以脂肪计)(KOH)/(mg/g)	≤4.0		
三甲胺氮/(mg/100g)	≤2.5		
铅(Pb)/(mg/kg)	≤0.2		
无机砷/(mg/kg)	≤0.05		
镉(Cd)/(mg/kg)	≤0.1		
总汞(以 Hg 计)/(mg/kg)	≤0.05		
亚硝酸盐残留量	按 GB 2760 的规定执行		

八、思考与应用

1. 金华火腿加工对原料选择有何要求？

2. 如何提高金华火腿加工质量？

3. 简述金华火腿的加工过程。

4. 结合实训体会，谈谈金华火腿加工中的注意事项。

项目五　肠类制品加工

【能力目标】

1. 掌握广式香肠、川味腊肠、青岛香肠等产品的生产加工；
2. 掌握肠类肉制品生产配方设计及质量控制方法。

【知识目标】

1. 了解肠类制品的概念、分类及其原辅材料；
2. 知道肠类制品加工中经常出现的问题及解决方法；
3. 掌握肠类制品加工工艺和操作要点。

【相关知识】

肠类制品是以畜禽肉为原料，经细切、斩拌或绞碎而使肉成为块状、丁状或肉糜状态，再配上其他辅料，经搅拌或滚揉后灌入天然肠衣或人造肠衣内制成，或经烘烤、熟制和烟熏等加工过程后的肉制品。其品种繁多，各具独特风味。无论是腊肠还是灌肠，其英文名字都称为"sausage"，即香肠的意思。习惯上把用我国传统加工方法制成的肠制品称"香肠"，又因过去大多在农历12月（腊月）生产，所以又称其为"腊肠"，把用膀胱包装的肉制品称香肚或小肚，把用西方传入的方法加工制成的肠制品称灌肠。

一、肠类制品的分类

灌肠在欧洲是非常受欢迎的肉制品，它具有食用方便，营养丰富，便于运输和携带的特点。灌肠制品的品种繁多，仅法国就有1 550多种，德国仅热烫肠就有240多种，瑞士的Bell萨拉米加工厂常年生产750多个萨拉米品种。欧洲一般的肉类加工厂常年都有50多个肠类品种生产。由于品种繁多，至今全世界还没有统一的分类方法。通常的分类方法是：

（1）按原料肉切碎的程度，可分为绞肉型和肉糜型肠。
（2）按原料肉腌制程度，可分为鲜肉型和腌肉型肠。
（3）按制品加热程度，可分为生肠和熟肠。
（4）按烟熏程度，可分为烟熏和不烟熏肠。
（5）按发酵程度，可分为发酵和不发酵肠。
（6）按添加填充料程度，可分为纯肉和非纯肉肠。
（7）按所用原料肉，可分为猪肉肠、牛肉肠、兔肉肠、混合肉肠等。

二、肠类制品的原辅材料

1. 原料　生产肠类制品的原料范围很广，除猪肉、牛肉外，羊肉、兔肉、禽肉、鱼肉及其内脏、头肉、血液等均可作为香肠制品的原料。生产肠类制品所使用的原料肉必须是经检疫确认为安全卫生的肉，严禁使用不新鲜的肉和病、死畜肉作为肠类制品的原料，而且原料肉的挥发性盐基氮含量应小于 15mg/100g。

2. 辅助材料和肠衣

（1）植物性辅料。在香肠生产中常添加一些植物性辅料，其中以淀粉应用最为广泛。研究表明，淀粉加入肉制品中，对肉制品的保水性和其组织结构均有良好的影响。淀粉的这种作用是由于在加热过程中淀粉颗粒吸水膨胀、糊化造成的。淀粉颗粒的糊化温度比肉蛋白质的变性温度高，淀粉糊化时肌肉蛋白的变性作用已经基本完成并形成了网状结构，此时淀粉颗粒夺取存在于网状结构中结合不够紧密的水分，并将其固定，因而使制品的保水性提高；同时淀粉颗粒因吸水而变得膨润而富有弹性并起黏合剂的作用，可使肉馅黏合、填塞孔洞，使产品富有弹性，切面平整美观，具有良好的组织形态。另外在加热煮制时，淀粉颗粒可以吸收熔化成液态的脂肪，减少脂肪流失，提高成品率。肉品工业中常用的淀粉有马铃薯淀粉、玉米淀粉、小麦淀粉等。通过淀粉对肉制品食用品质的影响研究，结果发现，马铃薯淀粉最适于做香肠制品的添加剂。

（2）肠衣。肠衣是和肉馅直接接触的一次性包装材料，也是流通过程中的容器，因此肠衣在肠类制品生产中占有重要的位置。肠衣必须有足够的强度以容纳内容物，且能承受在充填、打结和封口时的机械力。在肠类制品加工和贮藏过程中肉馅随着温度的变化有收缩和膨胀的现象，要求肠衣也应具有收缩拉伸的特性。

肉类工业常用的肠衣包括天然肠衣和人造肠衣两大类。

①天然肠衣。也称动物肠衣，是由猪、牛、羊的消化器官和泌尿系统的脏器除去黏膜后腌制或干制而成的。常用牛的大肠、小肠、盲肠（俗称拐头）和食管；猪的大肠、小肠；羊的小肠、盲肠（拐头）和猪、牛、羊的膀胱等。天然肠衣具有良好的韧性和坚实度，能够承受加工过程中热处理的压力，并有和内容物同样收缩和膨胀的性能，具有透过水气和熏烟的能力，而且食用安全，因此是理想的肠衣。但其缺点是直径不一，厚薄不均，多成弯曲状，需要在专门的条件下贮藏等。

②造肠衣。是用人工方法把动物皮、塑料、纤维、纸或铝箔等材料加工成的片状或筒状薄膜占按照原料的不同有胶原肠衣、纤维素肠衣、塑料肠衣和玻璃纸肠衣等。

胶原肠衣：是用皮革制品的碎屑抽提出胶原纤维蛋白，然后在碱液中挤压成型制成的管状肠衣，分可食和不可食两种。一般在使用前用温水泡湿备用。

纤维肠衣：又分为纤维素肠衣和纤维状肠衣两种。前者是单纯地用纤维黏胶挤压而成，其原料取自天然的纤维如棉花、木屑、亚麻或其他纤维等。纤维状肠衣是用马尼拉麻等高强度纤维做纸基，制成连续的筒形后再渗透纤维素黏胶而成。这两种肠衣都能透过水分和水蒸气，亦可烟熏，还可染色和印刷，但都不能食用。

塑料肠衣：这种肠衣无通透性，因此只能煮，不能熏，目前国内应用较多的是聚偏二氯乙烯（PVDC），用这种肠衣制作的肠制品一经蒸煮加热，肠衣就会收缩并紧紧包住充填物，产品的外观较好，但是冷却后肠衣会出现皱褶，可在80℃左右的热水中浸泡10～15s，皱褶即可消退。

玻璃纸肠衣：又称透明纸，是一种再生胶质纤维素薄膜，其纵向强度大于横向强度，吸水性大。具有不透过油脂、干燥时不透气、强度高等特点。

三、肠类制品的乳化

肠类制品生产的成功与否，取决于肌肉蛋白质的功能特性，具体地说就是取决于肌肉蛋白质的凝胶性、保水性和乳化性。肠类制品加工中的乳化问题很重要，乳化效果好，不但可以防止脂肪在制品中的分离，还可以改善产品的组织状态和品质。因此，找到一种比较适合肠类制品加工的乳化剂具有很大的意义。在肠类制品加工中，借助于斩拌机对肉进行斩拌也有利于乳化的形成。目前，肠类制品加工中普遍存在脂肪过剩问题，经过乳化以后就能增加肉对脂肪的吸附力并增加肉的保水性。常用的肠制品乳化剂主要包括乳粉、大豆蛋白、血粉等。因此，原辅料的质量直接影响到灌肠制品的品质。

1. 肉乳化的概念　乳化剂具有亲水基和亲油基两种基团，肉中的蛋白质本身就是一种乳化剂，在蛋白质分子的氨基酸侧链上，一些基团为亲水基，另一些为亲油基，因而蛋白质具有乳化性。

在肠制品生产中，经常会提到肉类乳化，但如果严格按乳化定义，肉类乳化不是真正的乳化。肉类乳化的定义为：它是由脂肪粒子和瘦肉组成的分散体系，其中脂肪是分散相，可溶性蛋白、水、细胞分子和各种调味料组成连续相。

胶原蛋白的乳化能力很低或几乎没有乳化性，这是由于它本身很稳定，并无可溶性，因而如果用胶原蛋白高的肉进行乳化，所得的乳化将不稳定，并易发生分离。

2. 影响乳化的因素　影响肉乳化能力的因素很多，除了与蛋白质种类、胶原蛋白含量有关外，还与斩拌程度和时间、脂肪颗粒的大小、pH、可溶性蛋白质的数量和类型、乳化物的黏度和熏蒸烧煮等过程有关。

（1）乳化时的温度。原料肉在斩拌或乳化过程中，由于斩拌机和乳化机内的摩擦产生了大量的热量。适当地升温可以帮助盐溶性蛋白的溶出，加速腌制色的形成，增加肉糜的流动性。但是如果乳化时的温度过高，一是导致盐溶性蛋白变性而失去乳化作用；二是降低乳化物的黏度，使分散相中相对密度较小的脂肪颗粒向肉糜乳化物表面移动，降低乳化物稳定性；三是使脂肪颗粒溶化而在斩拌和乳化时容易变成体积更小的微粒，表面积急剧增加，以至于可溶性蛋白不能把其完全包裹，即脂肪不能被完全乳化。这样香肠在随后的热加工过程中，乳化结构崩溃，造成产品出油。

斩拌温度对提取肌肉中盐溶性蛋白有很重要的作用，肌球蛋白最适提取温度为 $4\sim8℃$。当肉馅温度升高时，盐溶性蛋白的萃取量显著减少，同时温度过高易使蛋白质受热凝固。在斩拌机中斩拌时，会产生大量的热量，所以必须加入冰或冰水来吸热，防止蛋白质过热，这样有助于蛋白质对脂肪的乳化。

（2）斩拌的时间。斩拌时间要适当，不能过长。适宜的斩拌时间对于增加原料的细度、改善制品的品质是必需的，但斩拌过度，易使脂肪粒变得过小，这样会大大增加脂肪球的表面积，导致蛋白质溶液不能在脂肪颗粒表面形成完整的包裹状，未包裹的脂肪颗粒凝聚形成脂肪囊，使乳胶出现脂肪分离现象，从而降低了灌肠的质量。

（3）原料肉的质量。为了稳定乳化，对原料肉的选择相当重要，对黏着性低的蛋白质应限定使用。在低黏着性蛋白质中，胶原蛋白的含量高，而肌纤维蛋白质含量低。胶原纤维蛋白在斩拌中，能吸收大量水分，但在加热时会发生收缩，当加热到75℃时，胶原纤维蛋白会收缩到原长的1/3，继续加热将会变成凝胶。当使用瘦肉蛋白和胶原蛋白比例失调时，肌球蛋白含量少，这样在乳化过程中，脂肪颗粒工部分被肌球蛋白所包裹形成乳化，另一部分被胶原蛋白包裹。在加热过程中，胶原蛋白发生收缩，失去吸水膨胀能力，并使其包裹的脂肪颗粒游离出来，形成脂肪团粒或一层脂肪覆盖物，从而影响了灌肠的外观与品质。改进方法是调整配方，增加瘦肉的用量。

尸僵前的热鲜肉中能提出的盐溶性蛋白质（主要是肌原纤维蛋白）数量比尸僵后的多50％，而盐溶性肌原纤维蛋白的乳化效果要远远好于肌浆蛋白，在原料肉质量相同的情况下，热鲜肉可乳化更多的脂肪，但工厂完全使用热鲜肉进行生产有一定的难度。如果工厂只能使用尸僵后的肉进行生产，则应在乳化之前将原料肉加冰盐、腌制剂进行斩拌，然后在 $0\sim4℃$ 放置 12h，这样可使更多的蛋白质被提出。

（4）脂肪颗粒的大小。在乳化过程中，要想形成好的乳化肉糜，原料肉中的脂肪必须被斩成适当大小的颗粒占当脂肪颗粒的体积变小时，其表面积就会增加。例如，一个直径为 $50\mu m$ 的脂肪球，当把它斩到直径为 $10\mu m$ 时，就变成了 125 个小脂肪球，表面积也从 7 850 μm^2 增加到 39 250 μm^2。这些小脂肪球就要求有更多的盐溶性蛋白质来乳化。

在乳化脂肪时，被乳化的那部分脂肪是由于机械作用从脂肪细胞中游离出的脂肪，一般来说，内脏脂肪（如肾周围脂肪和板油）由于具有较大的脂肪细胞和较薄的细胞壁，因而易破裂放出脂肪，这样乳化时需要的乳化剂的量就较多，因而在生产乳化肠时，最好使用背膘脂肪。如果脂肪处于冻结状态，在斩拌或切碎过程中，会有更多的脂肪游离出来，而未冻结的肉游离出的脂肪较少。

（5）盐溶性蛋白质的数量和类型。在制作肉糜乳化物时，由于盐可帮助瘦肉中盐溶性蛋白的提取，因此应在有盐的条件下先把瘦肉进行斩拌，然后再把脂肪含量高的原料肉加入斩拌。提取出的盐溶性蛋白越多，肉糜乳化物的稳定性越好，而且肌球蛋白越多，乳化能力越大。提取蛋白质的多少直接与原料肉的 pH 有关，pH 高时，提取的蛋白质多，乳化物稳定性好。

（6）加热条件。如果香肠配方和工艺条件都适合，在熏蒸烧煮时加热过快或温度过高，也会引起乳化液脂肪的游离。在快速加热过程中，脂肪周围的可溶性蛋白质凝固变成固体，而在连续加热中，脂肪颗粒膨胀，蛋白质凝固受热趋于收缩，这样脂肪颗粒外层收缩而内部膨胀，导致凝固蛋白囊的崩解，脂肪滴游离，使产品肠衣油腻，灌肠表面也会有一些分离的脂肪。

3. 乳化中常出现的问题及解决办法

（1）斩拌时温度过高。为了防止在乳化过程中温度过高而造成蛋白质变性，就必须吸收掉产生的热量。一种方法是在斩拌过程中加冰。加冰的效果远远优于加冰水，因为冰在融化成冰水时要吸收大量的热。1kg 冰变成水时大约要吸收 334.4kJ 热量，而 1kg 水温度升高 1℃，吸收 4.18kJ 热量，因此 1kg 冰转化成 1kg 水所吸收的热量足可使 1kg 的水温度上升 80℃。加冰除了可以吸热外，还可使乳化物的流动性变好，从而利于随后进行的灌装。降低温度的另一种方法是在原料肉斩拌时加固体的二氧化碳（干冰）或在斩拌时加部分冻肉。总之，要保证在斩拌结束时肉糜的温度不高于 12℃。

（2）斩拌过度。乳化结构的崩溃主要是分散的脂肪颗粒又聚合成大的脂肪球所致。如果所有的脂肪都完全被盐溶性蛋白包裹，则聚合现象就很难发生。但斩拌过度时，溶出的蛋白质不能把所有脂肪球完全包裹住，这些未被包裹或包裹不严的脂肪球在加热过程中就会熔化，而溶化后的脂肪更容易聚合，造成成品肠体油腻，甚至在肠体顶端形成一个脂肪包。如果发生这种情况，就要对斩拌工艺和参数进行调整。

（3）瘦肉量少、盐溶性蛋白提取不足。瘦肉量少主要指原料肉中肌球蛋白和胶原蛋白的组成不平衡，或是原料中瘦肉的含量太低，被肌球蛋白和胶原蛋白包裹住的脂肪球大小一样。然而在加热过程中，胶原蛋白遇热收缩，进一步加热则生成明胶液滴，从脂肪球表面流走，使脂肪球裸露，这样最终的成品香肠顶端会形成一个脂肪包，而底部则形成一个胶冻块。生产中如果出现这种情况，就需要对原料肉的组成进行必要的调整，增加瘦肉含量，并应在斩拌时适当添加一些复合磷酸盐以提高肉的 pH，促进盐溶性蛋白的提取，同时还可适当添加一些食品级非肉蛋白，如组织蛋白、血清蛋白、大豆分离蛋白等以帮助提高肉的乳化效果。

（4）加热过快或蒸煮温度过高。即使原料肉的组成合理，前段加工过程处理得当，如果加热过快或温度过高，也会产生脂肪分离现象。在快速加热过程中，脂肪球表面的蛋白质凝固并包裹住脂肪球。继续加热，脂肪球受热膨胀，而包裹在其表面的蛋白膜则有收缩的趋势，这一过程继续下去，则凝固的蛋白质膜被撑破，内部的脂肪流出。法兰克福香肠生产中遇到这种情况时，会使肠体表面稍显油腻，并在烟熏棒上产生油斑。这种情况虽不如斩拌过度或瘦肉不足造成的问题严重，但也应对烟熏和蒸煮的参数进行适当调整。

（5）乳化物放置时间过长。乳化好的肉糜应尽快灌装，因为乳化物的稳定时间大约是几小时，时间过长则乳化好的肉糜结构崩溃，在随后的加热过程中出现出油等现象。

总之，只要掌握了乳化香肠的乳化原理，当生产中出现问题时，就很容易找出原因，加以解决，避免给企业造成更大的损失。

4. 乳化剂应用原理　灌肠加工中使用的乳化剂一般为植物性蛋白质、血粉和乳粉等，它们和肌肉中的蛋白质一样，也由氨基酸组成，并带有各种亲水和亲油基的侧链。

灌肠加工中，在原料中的脂肪含量为 20%～25% 时，所制得的产品的质量是比较好的。这种原料比例不需要添加任何乳化剂，就能充分利用肌肉蛋白质中的可溶性蛋白质的乳化性能。若原料中脂肪含量超过 30% 以上，在不添加任何乳化剂的情况下，制品质量不好，甚至恶劣，此时必须添加理想的乳化剂才能达到理想的质量。

肉类在加工过程中，质量的变化是比较复杂的。从比较有代表性的加工方法看，肉在煮熟过程中，温度升到 35～45℃ 时，肌肉中蛋白质开始凝固，继续加热到 60℃ 以上时，肌肉开始收缩，使水分含量下降体积变小、质量减轻。这种现象产生是由于肌肉蛋白质受热的作用而变性的结果，这使得肌肉蛋白质持水性下降，蛋白质中的部分结合水和自由水渗出肌肉组织外部，由于水分失去，而使肌肉失去弹性变硬，这使得肌肉中的蛋白质也失去了本身具有的乳化性和持水性。因此必须找到一种乳化剂，使肌肉中蛋白质不因加热的变化而受到质的影响，即肌肉中的蛋白质加热后仍然有良好的保水性和保油性，以及肌肉仍然具有良好弹性。在常态，脂肪细胞内的脂肪液滴是不会流出的，但在加热煮熟过程中，温度达到 80～85℃，因细胞壁受高温作用而破坏，脂肪以微滴形式流出，致使产品质量受到很大影响。这是香肠加工中必须解决的问题，所以必须找到一种能耐高温，既有保水性又有保油性，而且适合香肠加工工艺要求的乳化剂。

选择乳化剂应注意以下几点：

（1）首先要保证乳化液的稳定性和耐高温性。

（2）食用后对人体健康无害和无任何不良反应。

（3）不会明显地影响灌肠制品的味道、颜色、气味和口感。

（4）使用方便，不显著增加产品成本。

（5）不影响脂肪化学性质，不与其他配料有不良反应。

「任务 1　广式香肠加工」

一、产品特点

广式香（腊）肠是以鲜（冻）肉为原料，加入辅料，经腌制、灌肠、晾晒、烘烤等工序加工而成，具有广式特色的生干腊肠。其外形美观，色泽鲜亮，香醇可口。

二、材料、仪器及设备

1. 材料与配方　以每 100kg 原料计算（瘦肉占 70%，肥肉占 30%）；食盐 2.8～3kg、白糖 9～10kg、50°以上的白酒 3～4kg、一级生抽酱油 2～3kg、硝酸钠（加水溶解，分级混合）50g、口径 20～30mm 的猪小肠衣适量、清水 14～20kg。

2. 仪器及设备　冷藏柜、绞肉机、灌肠机、拌馅机、排气针、台秤、砧板、刀具、塑料盆、细绳。

三、工艺流程

选料与修整→原料整理→拌馅→灌肠→晾晒与烘烤→成品

四、操作要点

1. 选料与修整　选用经卫生检验合格的新鲜或冻猪前、后腿肉为原料。

2. 原料整理　将选好的猪前、后腿肉，分割后整理，去除筋、腱等结缔组织，分别切成 10～12mm 的瘦肉丁和 9～10mm 的肥肉丁，用温水冲洗抽渍、杂物，使肉粒干爽。

3. 拌馅　将瘦、肥肉丁倒入拌馅机中，按配方要求加入辅料和清水，搅拌均匀。

4. 灌肠　拌好的肉馅用灌肠机灌入猪的小肠肠衣中，每隔一定间距打结，然后针刺肠身，将肠内空气和多余的水分排出，再用温水清洗表面油腻、余液，使肠身保持清洁。

5. 晾晒与烘烤　将灌好的肠坯挂在晾棚上，在日光下晾晒 3h 后翻转一次，约晾晒半天后转入烘房，在 44～45℃条件下烘烤 24h 左右，包装即为成品。

五、注意事项

（1）肥膘丁一定要用温水清洗，使其互相不粘连，并使肉丁柔软滑润，便于拌馅时与瘦肉料和各种配料混合均匀。

（2）拌馅的目的在于"匀"，拌匀为止，要防止搅拌过度，使肉中的盐溶性蛋白质溶出，影响产品的干燥脱水过程。拌好的肉馅不要久置，必须迅速灌制，否则瘦肉丁会变成褐色，影响成品色泽。

（3）灌制时要掌握松紧程度，不能过紧或过松，过紧会胀破肠衣，过松影响成品的饱满结实度。

（4）烘烤时必须注意温度的控制。温度过高脂肪易融化，同时瘦肉也会烤熟。这不仅降低了成品率，而且色泽变暗，有时会使肠衣内起空壁或空肠，降低品质；温度过低又难以干燥，易引起发酵变质。

六、质量标准

1. 感官指标 参见表 5-1。

表 5-1 广式香肠感官指标

项 目	指 标
组织及形态	肠体干爽，呈完整的圆柱形，表面有自然皱纹，断面组织紧密
色泽	肥肉呈乳白色，瘦肉鲜红、枣红或玫瑰红色，红白分明，有光泽
风味	咸甜适中，鲜美适口，腊香明显，醇香浓郁，食而不腻，具有广式腊肠的特有风味
长度及直径	长度 150～200mm，直径 17～26mm
内容物	不得含有淀粉、血粉、豆粉、色素及外来杂质

2. 理化指标 见表 5-2。

表 5-2 广式香肠理化指标

项 目	优级	一级	二级
蛋白质含量/%	≥22	≥20	≥17
脂肪含量/%	≤35	≤45	≤55
水分含量/%	≤25		
食盐（以 NaCl 计）含量/%	≤8		
总糖（以葡萄糖计）含量/%	≤20		
酸价（以 KOH 计）含量/（mg/g）	≤4		
亚硝酸盐（以 $NaNO_2$ 计）含量/（mg/kg）	≤20		

3. 保质期 见表 5-3。

表 5-3 广式香肠保质期（单位：d）

包装方式	25℃以下	0～5℃
散装	15	90
普通包装	30	120
真空包装	90	180

七、思考与应用

1. 广式香肠加工对原料选择有何要求？

2. 广式香肠灌肠时有何要求？

3. 如何提高广式香肠加工质量？

4. 简述广式香肠的加工过程。

5. 结合实训体会，谈谈广式香肠加工中的注意事项。

「任务 2　川式腊肠加工」

一、产品特点

腊肠俗称香肠，川式腊肠是我国传统的生干香肠，加工中经过很长时间的晾挂成熟过程，风味独特，是四川地区农家婚贺、过节、待客等宴席上必不可少的食品，其外表色泽红亮，切开后颜色红白相间，色泽鲜亮，味道鲜美，香味浓郁，回味悠久。

二、材料、仪器及设备

1. 材料与配方

(1) 配料标准。瘦肉 80kg、肥肉 20kg、精盐 3.0kg、白糖 1.0kg、酱油 3.0kg、曲酒 1.0kg、硝酸钠 0.005kg、花椒 0.1kg、混合香料 0.15kg（八角：山奈：桂皮：甘草：荜拔＝1：1：3：2：3）。

(2) 天然肠衣准备。用干制或盐渍的猪小肠衣，要求色泽洁白，厚薄均匀，不带花纹，无沙眼等，在清水中浸泡柔软，洗去盐分后备用。肠衣用量，每 100kg 肉馅，约需 300m 猪小肠肠衣。

2. 仪器及设备　冷藏柜、绞肉机、灌肠机、排气针、台秤、砧板、刀具、塑料盆、细绳、烘烤房。

三、工艺流程

选料与修整→配料→拌馅、腌制→灌制→排气→捆线结扎→漂洗→晾晒和烘烤→成品

四、操作要点

1. 选料与修整　四川腊肠的原料肉以猪肉为主，要求新鲜。瘦肉以腿臀肉为最好，肥膘以背部硬膘为好，腿膘次之。加工其他肉制品切割下来的碎肉亦可做原料。原料肉经过修整，去掉筋腱、骨头和皮。瘦肉先切成小块，再用绞肉机以 0.8～1.0cm 的筛板绞碎，肥肉切成 0.6～1.0cm 大小的肉丁，用温水清洗 1 次，以除去浮油及杂质，捞入筛内，沥干水分待用，肥瘦肉要分别存放。

2. 配料　按配方称取各种辅料，混合均匀，加入 6%～10% 的温水，搅拌，使辅料充分溶解。

3. 拌馅、腌制　把瘦肉丁、肥肉丁和辅料混合均匀，腌制约数分钟，即可灌制。

4. 灌制　将肠衣套在灌嘴上，使肉馅均匀地灌入准备好的肠衣中。

5. 排气　用排气针排打湿肠两面，以便排出肠内空气和多余的水分。切忌划破肠衣。

6. 捆线结扎　每隔 10～20cm 用细线结扎一道，不同品种、规格要求长度不同。

7. 漂洗　将湿肠用 35℃ 左右的清水漂洗 1 次，除去表面污物，然后依次分别挂在竹竿上晾晒、烘烤。

8. 晾晒和烘烤　将悬挂好的肠放在日光下暴晒 2～3d，阳光强时每隔 2～3h 转动竹竿一次，阳光不强时每隔 4～5h 转一次。在日晒过程中，肠体有胀气处应针刺排气。晚间送入烘烤房内烘烤，温度保持在 40～60℃。一般经过 3 昼夜的烘晒即完成。然后再晾挂到通风良

好的场所风干 10～15d 即为成品。

9. 成品　在 10℃以下可保存一个月以上，也可挂在通风干燥处保存，还可进行真空包装。

五、注意事项

（1）肥膘丁一定要用温水清洗，使其互相不粘连，并使肉丁柔软滑润，便于拌馅时与瘦肉和各种配料混合均匀。

（2）拌好的肉馅不要久置，必须也速灌制，否则瘦肉丁会变成褐色，影响成品色泽。另外，加工时最好一次用 30kg 左右，这样很快可以灌完，如配料过多，还容易调味不均，先灌的味淡，最后灌的味咸。

（3）灌制时要掌握松紧程度，不能过紧或过松，过紧会涨破肠衣，过松影响成品的饱满结实度。

（4）烘烤时必须注意温度的控制。温度过高脂肪易熔化，同时瘦肉也会烤熟。这不仅降低了成品率，而且色泽变暗，有时会使肠衣内起空壁或空肠，降低品质；温度过低又难以干燥，易引起发酵变质。

六、质量标准

1. 感官指标　川味腊肠外表色泽红亮，切开后颜色红白相间，色泽鲜亮，味道鲜美，香味浓郁，无黏液、无霉点、无异味、无酸败味。

2. 理化指标　参见表 5-4。

表 5-4　腊肠理化指标

项　目	指标
过氧化值（以脂肪计）/（g/100g）	≤0.50
酸价（以脂肪计）（KOH）/（mg/g）	≤4.0
铅（Pb）含量/（mg/kg）	≤0.2
无机砷含量/（mg/kg）	≤0.05
镉（Cd）含量/（mg/kg）	≤0.1
总汞（以 Hg 计）含量/（mg/kg）	≤0.05
亚硝酸盐含量（以 $NaNO_2$ 计）/（mg/kg）	≤30

七、思考与应用

1. 川式腊肠加工时对原料选择有何要求？
2. 如何判断川式腊肠的原料肉是否腌制好？
3. 川式腊肠灌制后为何要进行排气？
4. 简述川式腊肠的加工过程。
5. 结合实训体会，谈谈川式腊肠加工中的注意事项。

「任务 3 如皋香肠加工」

一、产品特点

如皋香肠历史悠久,始产于清代同治年间,以选料严格,讲究辅料,成品肉质紧密,肉馅红白分明,香味浓郁,口味鲜美而著称,是我国的著名香肠之一,百余年来,一直畅销海内外。

二、材料、仪器与设备

1. 材料与配方 按 100kg 原料肉计算,猪后腿肉 100kg、白糖 5~6kg、精盐 4~5kg、60°曲酒 1kg、酱油 2kg,另加适量葡萄糖代替硝酸钠作发色剂。

2. 仪器及设备 冷藏柜、绞肉机、灌肠机、排气针、台秤、砧板、刀具、塑料盆、细绳。

三、工艺流程

原料选择→修整→拌馅→灌肠→晾晒→成品

四、操作要点

1. 原料选择 如皋香肠选料较严,猪肉都具有一定的膘度,过度瘠瘦的从不采用,坚持以后腿精肉为主,夹心为辅。膘以硬膘为主,腿膘为辅,肥瘦比例一般为 1:4 或 1:3。

2. 修整 去净肉坯中的皮、骨、筋腱、衣膜、瘀血和伤斑,将肥膘、精肉分别切成 1~2cm 见方小粒。

3. 拌馅 将精肉粒置于拌料机下层,白膘丁置于上层,将食盐撒在肉面上,先将膘丁揉开,再上下翻动,使膘丁与肉粒充分拌和。腌 30min 后,再加入糖、酱油等其他辅料并充分搅拌,稍停片刻,再翻动 1 次即可灌馅。

4. 灌肠 灌装前先用清水将肠衣内外漂洗干净,利用灌肠机将肉馅均匀地灌入肠衣内,用针在肠身上戳孔放出空气,用手挤抹肠身使其粗细均匀、肠馅结实,两端用花线扎牢,最后用清水洗去肠外的油污、杂质,串挂在竹竿上晾晒。

5. 晾晒 将吞肠置于晾晒架上晾晒,肠与肠间须保持一定距离,以利通风透光。晾晒时间应根据气温高低灵活掌握,冬季一般晾晒 10~12d,夏季 6~8d,晾晒至瘦肉干,肠衣皱,即可入库保管。成品 70% 左右。

五、注意事项

(1) 搅拌时每盘不得超过 50kg,拌匀即可,多搅会搅成糊状。肉馅放置时间不宜过久。

(2) 灌肠时要掌握松紧程度,肠要装满,不能有空心或花心。过紧会涨破肠衣,过松影响成品的饱满结实度。

(3) 用针板在肠衣上刺孔时,下针要平,用力不可过猛,刺一段移一段,不可漏刺,否则肉馅会受热膨胀,使肉馅与肠衣"脱壳",为空气的进入和肉馅的氧化创造了条件。

(4) 晾晒时要避免烈日暴晒,热天中午要盖芦席遮挡阳光,以免出油影响品质。

(5) 如皋香肠晒干后不宜立即食用,还得再存放 20~30d,才能完全成熟,成熟的香肠芳香四溢，风味更佳。

六、质量标准

肠衣干燥完整且紧贴肉馅，无黏液及霉点，切面坚实、肉馅有光泽，肌肉灰红至玫瑰红色，脂肪白色或微红，具有香肠固有的风味。

七、思考与应用

1. 如皋香肠加工时对原料选择有何要求？

2. 如皋香肠灌制工序有何要求？

3. 如皋香肠灌制后针刺排气有何要求？

4. 简述如皋香肠的加工过程。

5. 结合实训体会，谈谈如皋香肠加工中的注意事项。

「任务 4 熏干肠加工」

一、产品特点

熏干肠是用猪肉和牛肉的混合制馅充填成的生食香肠，正因为这种香肠是生吃的，所以，在原料选择上特别严格。球品呈红褐色，存放久后有盐霜。肉馅红润，质地干而柔，切断面光润，略带胡椒香味和辣味，食之别具风味，比红肠略咸，味甘且鲜美，无异味，富有营养。

二、材料

1. 材料与配方 按 50kg 原料肉计算，猪瘦肉 7.5kg、猪肥肉 12.5kg、牛瘦肉 30kg、精盐 1.75～2.5kg、白糖 1kg、味精 100g、胡椒面 75g、胡椒粒 75g、优质白酒 500g、硝酸钠 25g、猪或牛的小肠肠衣适量。

2. 仪器及设备 冷藏柜、绞肉机、灌肠机、排气针、台秤、砧板、刀具、塑料盆、细绳、烤炉。

三、工艺流程

原料选择与修整→腌制→绞碎→拌馅→灌制→烘干→成品

四、操作要点

1. 原料选择与修整 必须选用经卫生检验合格的新鲜特等原料，特别是不能用老牛肉，也不能带筋和肥肉，猪肥肉也需要选择优质的。将原料肉清洗后，切成大小均匀、5～6cm 的小块。

2. 腌制 将盐和硝酸钠与肉块拌匀后，放在漏眼容器内腌制。让盐将血水及时腌制流出，使肉质干柔，贮存腌制间约 7d。

3. 绞碎 将瘦肉装入算孔直径 2～3mm 的绞肉机里，绞成肉泥状为止。

4. 拌馅 搅拌前，猪肥肉切成 0.5～0.8cm 小方丁，在淀粉中加入 25％～30％的清水将淀粉浆倒入瘦肉泥中搅拌均匀，再把肥肉丁和味精、胡椒粒等一起倒入馅内搅拌均匀。

5. 灌制 把肠衣内外洗净，控去水分，用灌肠机将肉馅灌入肠衣内，用棉线绳扎紧。灌好馅后，要拧出节来，并在肠上刺孔放气。

6. 烘干 使用烤炉烘烤至肠皮干爽为止（60min 左右），出成品 30～35kg。

五、注意事项

（1）原料肉修整时，切块不能大小不一，避免在腌制过程中出现渗透不均的现象。

（2）在绞瘦肉时必须注意防止在绞碎过程中由于机器转速过快，使肉馅温度升高，影响肉馅质量。

（3）在拌馅时，由于老猪肉的吃水量比一般猪肉多，淀粉浆中可适当多加点水，同时在肉馅内再加 2% 的精盐，因为在腌制过程中盐水流失，需要补充一部分盐。

（4）拌馅后，馅的质量标准应达到：有 80% 以上的瘦肉泥变红，并有充分的弹力。馅的加水量要适当，不能成为乳浆状，肥肉小方块分布均匀，肉馅温度 10℃ 左右，并有充分的黏性。

（5）由于肠衣在整个加工过程中，有 15% 左右的收缩率，因此，灌肠后在切断肠衣时，必须留出可能收缩的部分。灌好馅后，要拧出节来，并在肠上刺孔放气，使红肠煮熟后不至于产生空馅之处。

（6）为了提高熏干肠的质量，烘干时可用木柴烘烤代替烤炉烘烤，使用的木柴要不含或少含树脂，以硬杂木为宜。如用桦木一定要去皮，主要为了避免产生黑烟，将红肠熏黑。烤时，肠与肠之间的距离为 3～4cm 较为合适，太挤了就烤不均匀；肠挂在炉内，与火苗距离应掌握在 60cm 以上，与火的距离太近，会使肠尖端的脂肪烤化而流失，甚至还会把肠尖端的肉馅烤焦，每隔 5～10min，要把炉内的肠从上到下和离火远近调换一下位置，避免烘烤不匀。温度要保持在 65～85℃，烤 1h 左右，使肠衣干燥，呈半透明状，没有黏湿感，肉馅初露红润色泽，肠头附近无油脂流出，就算烤好。

六、质量标准

熏干肠的表面呈红褐色，存放久后有盐霜。肉馅红润，切片亮光下观看较为透明。形状为直柱形，有条状皱纹，质地干而柔，肉馅充填均匀，无气孔，切断面光润，略带胡椒香味和辣味。

七、思考与应用

1. 熏干肠成品有何特点？
2. 熏干肠加工时对原料选择有何要求？
3. 熏干肠加工拌馅时加水量如何控制？
4. 简述熏干肠的加工过程。
5. 结合实训体会，谈谈熏干肠加工中的注意事项。

「任务 5 南京香肚加工」

一、产品特点

南京香肚，久负盛名，距今已有 120 多年历史。在 1910 年举行的南洋劝业会上，南京香肚同南京板鸭一起荣获优质奖，从此名扬四海，畅销各地。南京香肚形同苹果，小巧玲珑，肥瘦红白分明。香肚外皮虽薄，但弹性很强，不易破裂，便于贮藏和携带。食时香嫩可口，肉质板实，略带甜味，有独特风味，既是宴席上的名菜，也是日常的佐餐佳品。

二、材料、仪器及设备

1. 材料与配方 每100kg肉馅中，加入精盐4～4.5kg、白糖3kg、香料25g。

香料：花椒100kg、八角5kg、桂皮5kg，在铁锅中焙炒至发黄起脆，粉碎过筛后即成。

2. 仪器及设备 冷藏柜、绞肉机、切丁机、打气筒、排气针、台秤、砧板、刀具、塑料盆、细绳、竹扦。

三、工艺流程

整修膀胱→浸泡膀胱→打气晾晒→裁剪缝制→盐渍膀胱加工→选料与配料→装肚→晾晒→成品

四、操作要点

1. 整修膀胱 把膀胱中的尿液挤净，用温水将膀胱泡软，剪去脂肪、油筋及过长的膀胱颈，切勿将膀胱体剪破，适当保留膀胱颈两侧的两根输尿管，以便充气。

2. 浸泡膀胱 用氢氧化钠溶液（即烧碱水）浸泡修剪好的膀胱，溶液的浓度和浸泡的时间视气候情况而定。按每100kg修整好的膀胱，夏季用氢氧化钠6kg，其他季节用9kg，加清水180kg的比例，先把溶液配好并搅拌均匀，然后将膀胱放入其中搅拌。浸泡时间，夏季5～6h，春秋季10h，冬季18h左右。如气温在0℃左右，时间还要长一些。泡至膀胱颈呈紫红色时取出滤净，转入清水缸中浸泡10d左右，每天换水1次，搅拌3～4次，直到肚皮变白为止。

3. 打气晾晒 把浸泡好的膀胱捞出，除尽水分，用打气筒或空气压缩机充气，使膀胱呈气球形或鸭蛋形，随即用铁夹子夹紧膀胱颈，不使漏气，挂在竹竿上晾晒或烘干。

4. 裁剪缝制 将晾晒或烘烤过的膀胱颈剪去，叠平晒干，分别按大小香肚的模型板裁剪：大皮子高18cm，直径9.5cm，下弧最宽处12.5cm；小皮子高16.5cm，直径9.3cm，下弧最宽处12cm，然后大小分开用缝纫机拼成香肚皮子。50个为1扎，以利随时清点取用。

5. 盐渍膀胱加工 选用次品（主要是漏气）膀胱加水浸泡，让其自然发酵。夏季用凉水，每半天换水一次，换3～4次水；冬季用温水，一般每天换水一次，浸泡3d，春秋季浸泡2d，换水时将每只膀胱翻洗一遍。经过水泡发酵及清洗，膀胱色白、无异味，污浊、臊臭之味全部清除。

6. 泡肚 不论缝制好的干肚皮或是盐渍膀胱，都要进行浸泡（3h到几天不等）。浸泡后换清水清除杂质，挤沥水分，每万只膀胱用明矾0.375kg先干搓，再放清水里搓洗2～3次，每处都要翻洗干净，沥干即可。

7. 选料与配料 最好是选用当天宰杀的经卫生检验合格的新鲜猪腿，去除皮、骨、黏膜、肌腱、瘀血、伤斑、病变、淋巴等，按瘦肉80%、肥肉20%的比例搭配（也可根据当地群众消费习惯，适当调整肥瘦比例），用30号切肉机把肉切成条，粗细如筷子，长3cm

左右。先将香料、精盐及肉馅充分拌匀，然后加蔗糖腌渍 15min，待精盐、白糖完全溶解后灌装。

8. 装肚 用特制漏斗从膀胱颈口将肉馅灌入，每只大香肚装 250g，小香肚装 175g，然后用针板在表皮均匀刺孔，将肚内空气挤出。再用右手紧握肚皮上部，在砧板上把香肚搓揉成坚实的苹果形圆球，最后拴一个活结套在封口处收紧，成为香肚坯。

若是用盐渍肚皮灌制，用竹扦尖端沿肉馅上端像缝棉被样别起香肚，一般别 5～7 道，别得褶起来，用绳打结收紧，先将绳索套一圆圈，系于竹扦两端收紧，然后绳索另一端可用同法再扎一个香肚，割去上面的肚皮，缝制后再用。

9. 晾晒 刚灌好的肚坯内部有很多水分，须通过日晒和晾挂使之蒸发。初冬晒 3～4d，农历 1、2 月份晒 2～3d 即可。如阳光不足，需适当延长，直到外表变干，再移入通风干燥的库房内晾挂。香肚之间相距 10cm，便于通风，离地面至少 80cm，不使受潮。晾挂 1 个月以后，即为成品（这 1 个月，正是香肚的成熟期，成熟后味道方佳）。

五、注意事项

（1）膀胱有强烈尿味，必须细致加工，除去臊味，软化皮质，使它成为既有弹性，又不易破裂的良好外衣，才能适合加工要求。

（2）膀胱加工有两种，一种是干制香肚皮，另一种是盐渍保存。前者只能作一般所谓"大路货"香肚，不能用竹扦别起，因而并不认为是传统的具有特点的南京正宗香肚；后者可用竹扦别，属正统的南京香肚。

（3）浸泡膀胱时，即使浸泡天数已达到，但如果颜色发灰，仍需继续浸泡到肚皮发白，浸泡时如遇天热，每天须换水 2 次。

（4）装肚后搓揉的目的是让肉馅内蛋白质液流出，使肉粒之间及肉馅与肚皮间连接起来，没有空隙，这样不但使风味增加，也不致产生"空心""花心"，改善内在质量。

（5）用盐渍膀胱装肚时，注意竹扦尖端要锋利，别时千万不要使肉馅中肉粒上串，一定要做到不漏不跑馅，无红、白现象（即瘦肉粒、肥肉丁出现）出现。割肚皮时要沿竹扦平行割，切不可留得太长，否则影响商品，也为蝇蛆藏匿留下场所，影响保存质量。

（6）晾晒过程中如遇雨或阴天应适当延长晾晒时间，以瘦肉干足为标准，如果晾晒或晾挂不足，整个香肚尚未成熟，切面不成形，所谓"散了"，也无风味，严格说灌制 45d 后才完全成熟。

（7）香肚从农历 10 月到次年 2 月均可生产，由于生产季节不同，因而有"春货"和"冬货"之分。从立春到清明生产的称"春货"，因此期间气温较高，产品不宜久存。从大雪到立春生产的称"冬货"或"正冬货"，品质最佳，香味最浓，可存放 8 个月。超过 8 个月的，内部干结，发酵变味，甚至失去食用价值。

（8）入夏前可将香肚晾挂在通风干燥的库房里，为了便于清点，可将 4 个香肚系成 1 扎，5 扎 1 串，串与串间适当隔开。

（9）为保证香肚安全过夏，可采用植物油浸渍的方法保管，按每 100 只香肚用菜油 500g 的比例，从顶层浇下去。每隔 2d 用长柄勺子将沉积在缸底的菜油捞起，复浇在顶层香肚上，使每只香肚的表皮经常涂满菜油，起到保护层作用，可防止霉菌生长和脂肪氧化。

六、质量标准

1. 感官指标 外衣干燥完整，紧贴内容物，坚实而有弹性，无黏液或霉斑，切面紧实无空隙，肉均匀滋润，精肉呈玫瑰红色，肥膘呈白色，具有浓郁的醇香味道。感官指标见表 5-5。

表 5-5 香肚感官指标

项 目	一级鲜度	二级鲜度
外观	肚皮干燥完整且紧贴肉馅，无黏液及霉点，坚实或有弹性	肚皮干燥完整且紧贴肉馅，无黏液及霉点，坚实或有弹性
组织状态	切面坚实	切面齐，有裂隙，周缘部分有软化现象
色泽	切面肉馅有光泽，肌肉灰红至玫瑰红色，脂肪白色或稍带红色	部分肉馅有光泽，肌肉深灰或咖啡色，脂肪发黄
气味	具有香肚固有的风味	脂肪有轻微酸味，有时肉馅带有酸味

2. 理化指标 见表 5-6。

表 5-6 香肚理化指标

项 目	指标
水分/%	≤25
食盐（以 NaCl 计）含量/%	≤9
酸价（以脂肪计）（KOH）/（mg/g）	≤4
亚硝酸盐（以 $NaNO_2$ 计）含量/（mg/kg）	≤20

七、思考与应用

1. 南京香肚加工时香肚外衣如何加工？
2. 干肚皮与盐渍膀胱在灌馅、扎肚操作时有何区别？
3. 南京香肚加工中灌馅后为何要进行搓揉？
4. 简述南京香肚的加工过程。
5. 结合实训感受，谈谈南京香肚加工中的注意事项。

项目六　干肉制品加工

【能力目标】

1. 能够独立进行肉干、肉松、肉脯等产品的生产加工；
2. 掌握干肉制品的生产配方设计及加工中质量控制方法；
3. 掌握干肉制品加工的新工艺。

【知识目标】

1. 理解干肉制品的概念、分类及加工原理；
2. 知道肉品干制的方法。

【相关知识】

干肉制品也称脱水肉制品，是以新鲜的畜禽瘦肉作为原料，经熟制、成型、脱水干制而成的一种在常温下保藏的干燥风味肉制品。畜禽瘦肉在自然条件或人工控制条件下促使肉中水分蒸发的一种工艺过程。干制肉品因营养丰富、美味可口，重量轻、体积小、食用方便、质地干燥、便于保存携带等优点颇受大众的喜爱。

一、干制的基本原理

肉品干制即是肉类食品一种古老的贮藏手段，也是一种加工方法。肉中的水分含量约为70％，通过干制脱去肉品中的一部分水分，不仅缩小了肉产品的质量和体积，易于运输。而且抑制了微生物的活动和酶的活力，提高肉品的保藏性，扩大了肉制品的流通半径。

肉与肉制品中大多数微生物都只有在较高水分活度条件下才能生长，只有少数微生物需要低的水分活度。水分是微生物生长发育所必需的营养物质，每一种微生物生长，都有所需的最低水分活度值。一般来说，霉菌需要的水分活度为0.80以上，酵母菌为0.88以上，细菌生长为0.89~0.91。因此，通过干制使肉中的水分活度降低，使肉中的微生物失去获取营养物质的能力，就可以抑制肉制品中大多数微生物的生长，延长了肉制品的贮藏期。

同时利用自然条件干燥，并不能使肉制品中的微生物完全致死，因为各种不同状态的微生物对脱水作用的抵抗程度是不同的，只是抑制其活动。若以后环境适宜，微生物仍会继续生长繁殖。因此，肉类在干制前必须要进行适当的加工处理，以减少肉制品中各类微生物数量；干制后也要采用合适的包装材料和包装方法对肉制品进行处理，防止二次污染；从而使肉干制品不仅保持肉的组织结构和营养成分不发生变化，而且提升了肉制品的风味，添加适量水后立即能恢复原料原来的状态。

二、干制方法

肉品干制方法的选择，根据被干制食品的种类、品质及干制成本的合理程度加以综合考虑选择合适的干制方法。肉类脱水干制方法一般分为自然干制和人工干制两种。

1. 自然干制 主要包括晒干、风干等，该法是古老的干制方法。其设备要求简单、加工成本费用低，但受自然条件的限制，温度、湿度条件较难控制，在大规模的生产加工中很难采用，只是对某些产品的辅助工序采用，如风干香肠的干制等。

2. 人工干制 通过人工干预，在常压或减压环境中以热传导、对流、微波等传热方式在加热过程中人工控制工艺条件下干制食品的方法称人工干制。包括烘房干燥、烘炒干燥、真空干燥、低温升华干燥、微波加热干燥等。

（1）烘炒干制。烘炒干制也称热传导干制，由于被干制的食品与加热的介质（载热体）不是直接接触，靠间壁的导热将热量传给与壁面接触的食品，又称为间接加热干燥法。传热干燥的热源可以是热水、热空气、水蒸气、燃料等，在常压或者真空下进行干制。肉干制品中的肉松加工经常采用此方法。

（2）烘房干制。烘房干燥也称热风对流干燥。是以高温的热空气为热源，借对流将热量传给物料，故称为直接加热干燥法。热空气既是热载体又是湿载体，一般对流干燥多在常压下进行。因为在真空干燥情况下，由于是处于低压，热容量很小，不能直接以空气为热源，必须采用其他热源。热力来源为直接火（木柴、木炭、煤、煤气、蒸汽等）。烘房干制是干制肉制品应用最为广泛的一种干制方法。除肉松外，大多数肉干制品大规模加工都采用此法。

（3）微波干制。微波干制是指采用一定波长的电磁波（频率范围为300～3 000MHz）透过需要干制的肉类，使肉品中的水分随着微波的极性变化而产生高频率震动产生摩擦热，从而使肉品中的水分减少达到干制的目的。此方法干制的肉类干制速度快、里外受热均匀、色泽和风味变化小，但是干制的成本高，微波干燥的设备投资成本高。

（4）低温升华干制。低温升华干制是指将需要干制的肉类冻结后，在低温真空状态下，使肉品中的水分直接从冰升华为水蒸气流失，从而使肉品中的水分减少达到干制的目的。此方法干制的肉类干制速度快、能最大限度地保持肉类原有的营养成分、干制效果好。但是干制的设备成本高，投资大。

「任务1　肉干加工」

一、产品特点

肉干是用牛、猪等动物的瘦肉经预煮后，经切分、配料、复煮、干制等工序加工而成的一种肉制品。由于原料、辅料、形状等不同，其品种较多。如根据形状分为片状、条状、颗粒状肉干；根据原料肉不同有牛肉干、猪肉干、羊肉干等；根据辅料不同有五香肉干、麻辣肉干、咖喱肉干等。但各种肉干的加工方法大同小异。现就一般的加工方法介绍如下：

二、材料与配方

以100kg精瘦肉为原料计算：

1. 咖喱肉干 食盐3.0kg、白糖6kg，酱油3.0kg、黄酒2.0kg、味精500g、咖喱粉

650g、抗坏血酸钠 50g。

2. 麻辣肉干 食盐 3.0kg、白糖 500g、酱油 3.0kg、黄酒 7509、味精 500g、花椒粉500～750g、八角 200g、桂皮 150g、辣椒粉 1 000～1 500g、苯甲酸钠 50g、抗坏血酸钠 50g。

3. 五香肉干 食盐 2.7kg、白糖 600g、酱油 3.5kg、料酒 500g、味精 700g、姜粉 500g 五香粉 1 000～1 500g、八角 500g、桂皮 250g、苯甲酸钠 50g。

三、仪器及设备

加热设备、冷藏柜、台秤、砧板、刀具、盆子、煮锅、纱布、研磨器、干燥箱。

四、工艺流程

原料肉选择与整理→初煮→切坯→煮制汤料→复煮收汁→脱水→成品

五、操作要点

1. 原料肉选择与整理 经过卫生检验合格后，选用新鲜的猪后腿肉或无粗大筋腱的新鲜牛肉，剔除皮、骨、筋、腺、肥膘等，逆着肌纤维方向切成 0.5～1kg 大小的肉块。

2. 初煮 坯料倒入锅内，并放满水，用旺火煮制，煮制过程需清除水面上浮物，煮沸腾 20min 左右至肉切开中间无血水时便可出锅。

3. 切坯 将煮好的肉块根据喜好切成长 1.5cm、宽 1.1cm 的肉丁或者差不多大小的肉条、肉片都行。

4. 煮制汤料 除酒和味精外，将其他颗粒状的辅料用纱布打结包好后，与清煮时的肉汤拌和煮制。

5. 复煮收汁 将切好的肉丁或者肉片放入煮料锅中复煮，煮制过程不断翻动，待肉汤快要熬干时，倒入料酒、味精等，翻动数次，一直煮至汁干后才出锅。

6. 脱水 将出锅后的肉水分沥干，将肉丁或者肉片摊在铁盘或者铁筛子上，要求均匀，然后放入 55～65℃的烤炉或烘房内烘烤 6～7h。为了均匀干燥，防止烤焦，在烘烤时应每隔 30min 左右就要翻动一次。当产品表里均干燥时即为成品。

六、注意事项

（1）在初煮之前将切好的肉块放入冷水中浸泡 1h 左右，脱出血水后，捞出沥干水分，这样加工出的肉干制品没有腥膻气味。

（2）肉在初煮过程中要随时清除肉汤面上的浮油沫，如果泡沫不及时的除掉会附着在肉块上面，影响到肉的颜色。

（3）切坯时不论切分成什么形状，同一批肉的形状大小要均匀一致，如果肉的大小不一样，脱水后的成品水分含量有差异，不利于成品贮藏，食用的口感变差。

（4）肉在煮制过程中要不断地搅拌，不能焦粘锅底，以免影响肉的食用价值。

七、质量标准

成品外表深黄色，里面酱红色，呈均匀的颗粒状或者片状、条状，入口肉香浓郁，咀嚼柔韧甘美，咸甜适中，味鲜可口。成品率一般为 40%～45%。

八、思考与应用

1. 肉干加工对原料有什么要求？
2. 肉干加工中肉煮制时有什么要求？
3. 简述肉干的加工过程。
4. 结合实训体会，谈谈五香牛肉干加工中的注意事项。

「任务 2 肉松加工」

一、产品特点

肉松是用新鲜的猪、牛、鸡、鱼等动物的瘦肉为原料，将肉煮烂入味后，经过炒制、揉搓成绒毛状的一种入口即化、易于贮藏的脱水肉制品。根据所用的原料不同，可分为猪肉松、牛肉松、鸡肉松及鱼肉松等。根据其成品形态不同，可分为肉绒松和油松两类，肉绒成品金黄或淡黄，细软蓬松如柳絮；油松成品呈团粒状，色泽红润，它们的加工方法前期一样，后期有差异。我国最有名的传统产品是太仓肉松和福建肉松等。

1. 太仓肉松　太仓肉松是江苏省的著名产品，创始于江苏省太仓县，历史悠久，闻名中外。

2. 福建肉松　福建肉松为福建著名传统产品，创始者是福州市人，据传在清代已有生产，历史悠久。

福建肉松的加工方法与太仓肉松的加工方法基本相同，只是在配料上有区别，加工方法上最后增加油炒工序，制成颗粒状肉松，但产品因油含量偏高导致贮藏期缩短。

现在食用和流通的肉松以太仓式肉松居多，现就太仓式肉松加工方法介绍如下：

二、材料与配方

以猪瘦肉 100kg 计：猪瘦肉 100kg、食盐 3.0kg、料酒 1.5kg、酱油 2.0kg、白糖 2.0kg、味精 500～750g、鲜姜 1000g、葱 2.0kg、八角 300g。

三、仪器及设备

加热设备、冷藏柜、台秤、砧板、刀具、盆子、煮锅、纱布、炒锅。

四、工艺流程

原料肉选择与整理→初煮→煮制汤料→煮制→炒制→成品

五、操作要点

1. 原料选择和整理　经过卫生检验合格后，选用新鲜猪后腿瘦肉、鸡肉、鱼肉、牛肉等为原料，剔去骨、皮、肥膘、筋膜及各种结缔组织后，顺着肌纤维的方向将肉切成 0.3kg 左右大小的肉块（鱼肉的大小视情况而定）。

2. 初煮　将原料肉倒入沸水锅内（鱼肉除外），用旺火煮制，煮制过程需清除水面上浮油沫，不断翻动，使肉受热均匀，煮沸 15min 左右至肉切开中间无血水时便可。

3. 煮制汤料　除酒和味精外，将其他颗粒状的辅料用纱布打结包好后，料酒和酱油直接倒入锅中，与清煮时的肉汤拌和煮制。

4. 煮制　将瘦肉块放入汤料锅中用中火煮制，不断翻动，约煮 3h，煮制稍加压力，肉纤维可自行分离，汤快煮干为止。

5. 炒制　取出装有香辛料的纱布包，将肉放入炒锅中，采用小火，勤炒勤翻，用锅铲一边压散肉块，一边翻炒，操作轻快且均匀，当肉丝全部炒松散、水分明显减少、颜色由灰棕色变为金黄色的疏松状、肌纤维均匀蓬松即为成品。

六、注意事项

（1）将原料肉切分时一定要顺着肌纤维的方向分割，成品的肌纤维才能够均匀一致。

（2）肉在初煮时一定要用沸水，这样能够保持肉营养保留最大化、并且肉的嫩度好。

（3）初煮过程中要随时清除肉汤面上的浮油沫，如果泡沫不及时的除掉会附着在肉块上面，影响到肉的颜色。

（4）肉在煮制过程中要不断地搅拌，不能焦粘锅底，以免影响肉的食用价值。

（5）炒松时一定要用小火，勤炒勤翻，以免肉丝焦锅，影响肉的成品率和食用口感。

七、质量标准

成品外表色泽金黄，有光泽，呈柳絮丝绒状，纤维蓬松，入口肉香浓郁，鲜香可口，无杂质，无焦锅现象。水分含量≤20%。

八、思考与应用

1. 肉松加工对原料肉切分有什么要求？
2. 肉松加工中肉煮制时有什么要求？
3. 简述肉松的加工过程。
4. 结合实训，谈谈肉松加工中的注意事项。

「任务 3　肉脯加工」

一、产品特点

肉脯是一种美味可口，耐贮藏、易运输、销售极广泛的一种方便食品。也称为烘干的肌肉薄片，从原料到加工工序与肉干相似，与肉干的加工不同之处在于不经过煮制，经腌制调味后直接烤制脱水。全国各地均有生产，加工方法大同小异，但成品一般均为长方形酱红色薄片，厚薄均匀，干爽香脆。

在食用和流通过程中，于猪、兔、牛、禽等瘦肉原料各有千秋。禽肉脯是以禽类的胸部和腿部肌肉作为加工的主要原料而制作加工。

现以猪肉脯为例制作方法介绍如下：

二、材料与配方

以猪瘦肉 100kg 计：猪瘦肉 100kg、食盐 3.0kg、料酒 1.0kg、酱油 4.0kg、白糖

5.0kg、味精 500g、胡椒粉 300g、鸡蛋 3.0kg。

三、仪器及设备

冷藏柜、台秤、砧板、刀具、盆子、烘箱、打蛋器、肉片机、竹盘或者筛筐、烤炉。

四、工艺流程

原料肉选择与整理→冷冻→切片、拌料→烘干→烤熟→切片→成品

五、操作要点

1. 原料选择与整理　选用新鲜猪后腿瘦肉为原料，剔除骨骼、肥膘、筋膜及碎肉，顺肌纤维方向将肉分割成 2kg 左右的大块肉，用温水洗去油腻杂质，沥干水分。

2. 冷冻　将沥干水的肉块送入冷库速冻，冷冻至肉中心温度达到－4℃时，肉块完全冻结即可出库。

3. 切片、拌料　把经过冷冻后的肉块快速装入肉片机内将肉切成 1.5～1.8mm 厚的薄片。将辅助材料先充分混合溶解后，加入到切好的肉片中，充分混合并搅拌均匀，腌制20min 左右。

4. 烘干　把混合已经腌制入味的肉片平摊于特制的竹盘、筛筐上或其他容器内（不要上下堆叠），然后迅速送入 65～70℃ 的烘房或者烤箱内烘烤 3～4h，当肉片大部分水分蒸发干制成胚时，将肉片从烘箱内取出，经自然冷却后出筛即为半成品。

5. 烤熟　将半成品放入 180～200℃ 的高温烤炉内烘烤，使半成品高温烤制后收缩至出油，当肉片的颜色呈现棕红色即可，然后迅速出炉用压平机或者平板重压，使肉脯平展。

6. 切片　为了便于包装、销售和贮存，将压平冷却后的肉脯切成 12cm×8cm 或者 4cm×6cm 规格的小片即为成品。

六、注意事项

（1）将原料肉切分后一定要用 35～40℃ 的温水漂洗一下，除去肉块表面的油污杂质才不会影响到加工成品肉脯的颜色。

（2）冷冻的目的主要使肉块硬化，便于更好的切片。使肉快速冻结，肉的中心温度一定要达到－4℃，这样才能保证肉完全被冻结起来，切片时肉的厚度才会均匀一致。如果肉的中心没有完全冻结，整个肉块外硬里软，不能很好地切片。

（3）准备烘干的肉片在平摊时一定不能重叠或者上下堆叠，如果重叠在一起，烘干后肉片就紧紧的叠加黏结在一起就不能分开，影响到后面烤制和切分工序。

（4）烤熟后一定要快速、在肉脯热的时候赶紧用压平机或者平板重压使肉脯平展，如果烤熟出炉没有趁热压平，肉脯冷却后再压平会导致肉脯破碎，不容易压平整。

（5）切分好的肉脯在包装前一定要放在无菌室里充分冷却 1～2h，肉脯充分冷凉后才能进行塑料袋真空包装或者听装。如果没有完全冷却，肉脯包装后水分含量高，会影响到肉脯的保质期缩短。

七、质量标准

成品颜色棕红色，有光泽，形状完整，呈片状，厚薄均匀，规格一致，香脆适口，甜咸

适中，无异味，肉质松脆，味道鲜美。

八、思考与应用

1. 肉脯加工前为什么要用温水漂洗肉块而不用自来水冲洗？

2. 肉脯加工前肉块为什么要快速冻结？

3. 简述肉脯的加工过程。

4. 结合实训，谈谈肉脯加工中的注意事项。

5. 肉干、肉松及肉脯在加工工艺上有何显著不同？

项目七　西式肉制品加工

【能力目标】

1. 能够独立进行高温火腿肠、去骨火腿、盐水火腿、培根、发酵香肠、红肠等产品的生产加工；
2. 掌握西式肉制品生产配方设计及品质控制方法。

【知识目标】

1. 掌握西式肉制品的概念；
2. 了解西式肉制品的分类及特点；
3. 掌握西式肉制品加工的关键步骤（斩拌、滚揉）。

【相关知识】

西式肉制品又称为低温肉制品，是指以欧美地区为代表的采用较低温度进行巴氏杀菌[1]的肉制品。理论上讲，这样的杀菌程度致病微生物可被完全杀灭，保证了产品食用的安全、可靠，同时最大限度地保留了肉制品的营养价值，因此是科学合理的加工方式。

低温肉制品与高温肉制品相比有其明显优势：它仅使蛋白质适度变性，从而获得较高的消化率，且肉质鲜嫩适口；低温杀菌营养成分损失少，为人体提供了较高的有效营养成分；低温肉制品的加工过程使得肉类原料可以与多种调料、辅料和其他种类食品配合，从而产生多种受人欢迎的风味；低温肉制品品种非常丰富，适应各种饮食习惯人群的需求。

但是，低温肉制品的加工特点决定了它在生产销售中也存在一些缺陷：由于杀菌温度低，虽然可以杀灭所有致病菌，但是不能杀灭形成孢子的细菌，因此对原料肉的质量要求高，只有品质好、无污染的原料肉才能生产出合格的低温肉制品，并且应加强防止在生产加工过程中各环节的污染；由于低温杀菌不完全，要求销售过程中采用冷藏保存，因此相应增大了成本。

1. 西式肉制品的分类　目前引入我国的西式肉制品主要品种有火腿类（如盐水火腿、熏制火腿）、灌肠类（如蒸煮肠、火腿肠）、发酵肠类（如色拉米）等。

（1）西式火腿类。传统的西式火腿加工与中式火腿相似，原料肉经腌制、烟熏工艺加工的称为培根类，其中以猪后腿肉为原料加工的称为火腿。现在，根据原料肉的部位不同，又分为带骨火腿、去骨火腿、通脊火腿、肩肉火腿、组合火腿、蒸煮火腿等。

（2）西式灌肠类。灌肠是以鲜猪肉、牛肉、鸡肉、鸭肉、兔肉及其他原料，经腌制、绞碎、斩拌后，灌装到肠衣中，再经烘烤、水煮、烟熏等工艺加工而成。灌肠又分为很多种，按加工方法可分为生香肠、生熏肠、熟熏肠、干制或半干制香肠等，引入我国的主要是熟熏灌肠。

（3）发酵肠类。以牛肉或猪肉为主要原料，经过绞碎或粗斩成颗粒，与盐、香辛料及添加剂混合，加入适当发酵剂后，灌入肠衣，在适当的温度和空气湿度下，发酵和干燥一定时间，直接食用的肉制品。发酵肠类有图林根香肠、色拉米香肠等。

2. 西式肉制品加工的关键工艺　西式肉制品的加工具有工艺标准化、产品标准化、工业化程度高、可以规模生产的特点。一般生产设备有盐水注射机、滚揉机、斩拌机、灌装机、烟熏蒸煮设备以及各种肉品包装设备等，这些设备自动化程度高，操作方便，适合大规模自动化生产。腌制、滚揉、斩拌、烘烤、烟熏、蒸煮、冷却是西式肉制品加工的重要步骤，因腌制（详见模块五项目一腌腊肉制品加工）、烟熏（详见模块五项目四熏烤肉制品加工）在前面模块已作介绍，这里只重点学习嫩化、滚揉、斩拌、烘烤、蒸煮、冷却工艺等内容。

（1）嫩化。肉块注射盐水之后，还要用特殊的刀刃对其切压穿刺，以扩大肉的表面积，破坏筋和结缔组织及肌纤维等，以改善盐水的均匀分布，增加盐溶性蛋白质的提出和提高肉的黏着性，这一工艺过程称为肉的嫩化。其原理是将多排列特殊的角钢型刀插入肉里，使盐溶性蛋白质不仅从肉表面提出，亦能从肉的内层提出来，以增加产品的黏合性和持水性，增加出品率。

（2）滚揉按摩。滚揉按摩是块状类西式肉制品生产中最关键的一道工序。将注射盐水、嫩化后的原料肉，放在容器里通过转动的圆筒或搅拌轴的运动进行滚揉。通过滚揉使注射的盐水沿着肌纤维迅速向细胞内渗透和扩散，同时使肌纤维内盐溶性蛋白质溶出，从而进一步增加肉块的黏着性和持水性，加速肉的 pII 回升，使肌肉松软膨胀，结缔组织韧性降低，提高制品嫩度。通过滚揉还可以使产品在蒸煮工序中减少损失，使产品切片性好。

①滚揉或按摩的作用。

a. 破坏肉的组织结构，使肉质松软：因为腌制后、滚揉前的肉块质地较硬（比腌制前还要硬），可塑性差，肉块间有间隙，黏结不牢。滚揉后，原组织结构受破坏，部分纤维断裂，肌肉松弛，质地柔软，可塑性强，肉块间结合紧密。

b. 加速盐水渗透和发色。滚揉前肌肉质地较硬，在低温下很难达到盐水的均匀渗透，通过滚揉，肌肉组织破坏，非常有利于盐水的渗透。

c. 加速蛋白质的提取和溶解。盐溶性蛋白的提取是滚揉的最重要目的，肌肉纤维中的蛋白质-盐溶性蛋白（主要指肌球蛋白）具有很强的保水性和黏结性，只有将它们提取出来，才能发挥作用。尽管加工时在盐水中加入很多盐类，提供了一定离子强度，但只是极少数的小分子蛋白溶出，而多数蛋白分子只是在纤维中溶解，但不会自动渗透出肉体，通过滚揉才能快速将盐溶性蛋白提取出来。

②滚揉过度与滚揉不足的影响。

a. 滚揉不足。滚揉时间短，肉块内部肌肉还没有松弛，盐水还没有被充分吸收，蛋白质萃取少，以致肉块里外颜色不均匀，结构不一致，黏合力、保水性和切片性都差。

b. 滚揉过度。滚揉时间太长，被萃取的可溶性蛋白出来太多，在肉块与肉块之间形成一种黄色的蛋白脒（即变质的蛋白质），从而影响产品整体色泽，使肉块黏结性、保水性变差。

③滚揉好的标准和要求。

a. 肉的柔软度。手压肉的各个部位无弹性，手拿肉条一端不能将肉条竖起，上端会自动倒垂下来。

b. 肉块表面被凝胶物均匀包裹，肉块形状和色泽清晰可见。肌纤维破坏，明显有"糊"状感觉，但糊而不烂。

④滚揉的技术参数。

a. 滚揉时间。滚揉时间并非所有产品都是一样的，要根据肉块大小，滚揉前肉的处理情况，滚揉机的具体情况分析再制定。

b. 适当的载荷。滚揉机内盛装的肉一定要适当，过多或过少都会影响滚揉效果。一般设备制造厂都给出罐体容积，建议按容积的 60% 装载。

c. 滚揉期和间歇期。在滚揉过程中，适当的间歇是很有必要的，使肉在循环中得到"休息"。一般采用开始阶段 10～20min 工作，间歇 5～10min，至中后期，工作 40min，间歇 20min。根据产品种类不同，采用的方法也各不相同。

d. 转速。建议转速 5～10r/min。

e. 滚揉方向。滚揉机一般都有正、反转功能。在卸料前 5min 反转，以清理出滚筒翅片背部的肉块和蛋白质。

f. 真空。"真空"状态可促进盐水的渗透，有助于清除肉块中的气泡，防止滚揉过程中气泡产生，一般真空度控制在 60～90kPa。若真空度太高，肉块中的水反而会被抽出来。

g. 温度控制。较理想的滚揉间温度为 0～4℃。当温度超过 8℃时，产品的结合力、出品率和切片性等都会显著下降。在滚揉过程中，由于肉在罐内不断的摔打、摩擦，使罐内肉品的温度比滚揉间温度高 3～5℃。

h. 呼吸作用。有些先进的滚揉机还具有呼吸功能，就是通过间断的真空状态和自然状态转换，使肉处于松弛和收紧，达到快速渗透的目的。

（3）斩拌。斩拌即斩切、拌和，是通过斩拌机来完成。在肉糜类（肠类）产品加工中，斩拌起着极为重要的作用。

①斩拌原理。肌动蛋白和肌球蛋白是具有结构的丝状蛋白体，外面由一层结缔组织膜包裹着，不打开这层膜，这层蛋白就只能保持本体的水分，不能保持外来水分，因此斩拌就是为了打开这层结缔组织膜，使蛋白质游离出来，这些游离出来的蛋白质吸收水分，并膨胀形成网状蛋白质胶体。这种蛋白质胶体具有很强的乳化性，能包裹住脂肪颗粒，从而达到了保油的目的。

②斩拌作用。破坏结缔组织薄膜，使肌肉中盐溶性蛋白释放出来，从而提高吸收水分的能力及乳化作用，增加肉馅的保水性和出品率，减少油腻感，提高嫩度；改善肉的结构状况，使瘦肉和肥肉结合更牢固，防止产品热加工时"走油"。

③斩拌时的加料顺序。原料肉适当细切或绞制（温度 0～2℃），斩拌时应先斩瘦肉，然后逐渐加入部分冰水，斩拌一段时间后，加入脂肪和调味料、香辛料、剩余的冰水等，斩拌结束肉馅温度不得超过 15℃（一般要求 8℃左右）。

④检验斩拌程度的方法。斩拌是一项技术含量相对较高的工作，在某种程度上说，含有很多经验性成分，如斩拌速度的调整，各种成分添加的时机等。如果用手用力拍打肉馅，肉馅能成为一个整体，且发生颤动，从肉馅中拿出手来，分开五指，手指间形成良好的蹼，说明斩拌比较成功。斩拌时各种辅料的添加要均匀地撒在斩拌机锅的周围，以达到拌和均匀的目的。

（4）烘烤。

①烘烤的作用。

a. 使肉馅和肠衣紧密结合在一起，增加牢固度，防止蒸煮时肠衣破裂；

b. 表面蛋白质变性，形成一层壳，防止内部水分和脂肪等物质流出，香料的散发；

c. 便于着色，且使上色均匀。

②烘烤成熟的标志。

a. 肠衣表面干燥、光滑，无黏湿感，肠衣之间摩擦，发出丝绸摩擦的声音；

b. 肠衣呈半透明状，且紧贴肉馅；

c. 肠衣表面不出现"走油"现象。

（5）蒸煮。

①煮制过程肉的变化。20～30℃时，肉的硬度、保水性等几乎没有变化；30～40℃时，肉的保水性缓慢下降，35℃开始凝固，硬度增加；40～50℃时，肉的保水性急剧下降，硬度也随温度上升急剧增加，等电点向碱性方向移动，羧基减少；50～55℃时，保水性、硬度和pH等暂时停止变化；55～80℃时，保水性又开始下降，硬度增加，酸性又开始减少，并随着温度的上升各有不同程度的加深。但变化的程度不像40～50℃范围那样急剧。肉加热至60～70℃时热变化基本结束；80℃以上开始形成硫化氢，影响肉的风味。在加热过程中，肉的pH离蛋白质的等电点越远，保水性越大。

②蒸煮的目的。

a. 促进发色和固定肉色。

b. 使肉中的酶灭活。肉组织中有许多种酶，比如蛋白质分解酶在57～63℃时，短时间就能失活。

c. 杀灭微生物。在低温肉制品加热过程中，只是杀灭了大部分微生物，达到了食用要求，并没有将微生物灭绝（只有加热至121℃、15min以上才能灭绝）。加热杀死微生物的数量与加热时间、温度、加热前细菌数、添加物、pH及其他各种条件有关。

d. 蛋白质热凝固（肉的成熟）。

e. 降低水分活度。

f. 提高风味。肉的熟制使其风味提高，其变化是复杂的，而且是多种物质发生化学变化的综合反应。比如氨基酸与糖的美拉德反应；多种羧基化合物的生成；盐腌成分的反应。

③蒸煮的方法。

a. 用蒸汽直接蒸煮（通常在熏蒸炉内进行）。

b. 用水浴蒸煮。

具体采用哪种方法要根据产品特点、工艺要求而定。

④蒸煮时的注意事项。

a. 产品若采用水浴煮制，一般采用方锅而不采用圆夹层锅，特别是肠类产品，因夹层锅加热不均匀，容易爆肠。无论什么产品用水浴锅煮制，一定要让产品全部没入水中。

b. 因水的传热比蒸汽快，在相同温度下，水浴加热比蒸汽加热时间要稍短。

c. 烘烤后的产品应立即煮制，不宜搁置太长，否则容易酸败。

d. 蒸煮不熟的产品应立即回锅加热，不得待其冷却后再加热，因淀粉的缘故，造成产品再也煮不熟，即夹生。

⑤检验产品是否熟制的方法。

a. 检测产品中心温度。若产品中心温度达到 72℃以上，只要再保持 15min，即可成熟。

b. 手捏。用手轻轻捏一捏，感到硬实，有弹性，为煮熟。若产品软弱，无弹性，为不熟。

c. 刀切。产品从中心切开后，里外色泽一致，且内部发黏、松散，为不熟。

（6）冷却。产品的冷却就是产品热加工结束后从较高的温度降至贮存的温度的能量传递过程。

①产品冷却要求。

a. 冷却要快，特别是要快速降至安全温度线 20℃以下。

b. 冷却要彻底，中心温度要低于 10℃。

c. 尽可能减少冷却过程的污染（要采用合适的冷却方法，减少冷却介质的污染）。

②冷却方法。可采用冷水喷淋冷却、冷水浸泡冷却、自然冷却或冷却间冷却等不同方法。如用全自动烟熏室进行煮制后，可用喷淋冷却水冷却，水温要求 10~12℃，冷却至产品中心温度 27℃左右，送入 0~7℃冷却间内冷却到产品温度至 1~7℃。

采用哪种冷却方法好，应根据产品的特点和各生产厂家自身条件而定，目的是为了提高产品的贮藏性，利用模具成型的产品应连同模具一起进行冷却。

「任务 1　高温火腿肠加工」

一、产品特点

高温火腿肠是以鲜或冻畜、禽、鱼肉为主要原料，经腌制、斩拌、灌入塑料肠衣、高温杀菌加工而成的乳化型香肠。该产品是近十几年来发展较快的一大类肉制品，特别是用 PVDC 薄膜作肠衣，经高温高压杀菌的火腿肠生产目前达到了前所未有的程度。

二、材料、仪器及设备

1. 材料与配方　按原料肉 50kg 用量计算（猪瘦肉、猪肥肉 7：3）：精盐 1.75kg、味精 50g、蒜 0.9kg、干淀粉 3kg、硝酸钠 12.5g、胡椒粉 36g。

2. 仪器及设备　台秤、刀具、搪瓷盆、切肉机、绞肉机、斩拌机、灌肠机、高温灭菌锅。

三、工艺流程

原料解冻→修整→绞肉→斩拌
　　　　　　↗　　　　　　　├一次滚揉→静腌→二次滚揉→填充→
配料→盐水配制　　　　　　高压杀菌→冷却→包装→质检→入库

四、操作要点

1. 原料肉的处理

（1）原料的解冻。

①地面清洁卫生，无血污积水。

②选用新鲜的冻结 2 号、4 号猪肉，经自来水解冻，水温为 15～20℃，时间为 10～12h。肉中心温度为 0～4℃。

（2）原料的修整。

①每个工作人员必须按照卫生要求进行消毒，操作前对工作台、生产用具必须清洗消毒（备注：修整刀每 30min，消毒一次）。

②按照 2 号、4 号肉的自然纹路修去筋膜、骨膜、血膜、血管、淋巴、淤血、碎骨等，剔除 PSE 肉，修去大块脂肪（如三角脂肪），允许保留较薄的脂肪层，必须将猪毛及其他异物挑出（修整完的 2 号、4 号肉立即送 0～4℃库，备用）。

③环境温度：10℃以下。

2. 腌制 按配方要求将辅料与肉拌匀，送入（2±2）℃的冷库内腌 16～24h。

3. 绞肉 用 ϕ12mm 的孔板绞制（肉馅为 2～6℃）。冻脂肪切片过后用 ϕ12mm 的孔板绞制（肉馅温度为 -6～3℃）。禁止绞肉机空转。

4. 斩拌

（1）斩拌前要检查刀是否锋利，是否有裂纹。

（2）原料肉斩拌：启用 200r/min，将原料肉缓慢倒入斩拌机中，再启用 1 850r/min，斩 3～4 圈，观察肉馅颗粒 6～7mm 即可出馅（肉馅最终温度为不能超过 8℃），肉馅立即入滚揉间。

（3）基础馅斩拌：启动 200r/min，将绞好的猪肉倒入斩拌机中，添加磷酸盐，用 1 850r/min，斩拌 3～4 圈；再启用 3 850r/min，斩拌 7～8 圈；启用 200r/min，加入食盐、脂肪缓慢加入 1/3 冰片，启用 3 850r/min，斩 3～4 圈；等斩成肉糜状时，转低速加入蛋白、1/3 冰水，提中速（1 850r/min）连续斩 3～4 圈后，再启动 200r/min 加入淀粉和剩余的 1/3 冰水，提高速（3 850r/min），斩肉糜成黏稠的乳化馅。斩好的肉馅及时入滚揉机，整个斩拌过程中注意测量温度，发现异常现象及时通知当班主任。

①基础馅质量标准：

a. 肉馅的最终温度不能过 13℃，最好是 8～10℃。

b. 黏稠肉馅晶莹，有光泽。

c. 色泽淡黄。

②斩拌结束后，切断电源，打开斩拌机后盖，清除内部残留肉馅，用干净的容器剩放，入冷库作为回肉馅处理。

③清洗斩拌机，特别要注意把刀轴上、下部位清洗干净。

5. 滚揉

（1）要求滚揉桶内壁清洁卫生，无肉糜及辅料黏附，桶底无积水，无异味。

（2）将原料肉、基础馅、盐水投入滚揉机中，将盖盖好。

（3）真空度。-0.08MPa。

（4）一次滚揉。3h（每滚揉 50min，停 10min），再静腌 8h 以上。

（5）二次滚揉。将剩余的淀粉加入滚揉机，抽真空后，滚揉 1h。

（6）环境温度。0～4℃。出馅温度为 2～6℃为最佳，滚揉好的肉馅要在 4h 灌装完毕，确保不让肉馅温度升高。

6. 充填

（1）40g/支，使用宽度为 65mm 的片状红色 PVDC 彩印复合肠衣膜，肠衣收缩率：横向，20%；纵向，26%～27%。充填长度（两扣之间）173mm，折叠宽度为 10mm（使用周长 60mm 的充填管），卡扣 $\phi=2.1$mm。

（2）5g/支，使用宽度为 80mm 的片状青金 PVDC 彩印复合肠衣膜，肠衣收缩率：横向，20%；纵向，26%～27%。充填长度（两扣之间）192mm，折叠宽度为 8～10mm，卡扣 $\phi=2.1$mm。

（3）40g/支，计量 41～43g/支；75g/支，计量 77～78g/支。

（4）灌装时要按照长度进行灌装，重量准确，封焊要牢固，卡扣要牢固。

（5）日期字迹要清晰，无误。

（6）机器设备在生产时要加油润滑。

（7）工作结束后应把机器内的残馅清理出来，地面的肉馅捡起，用水把设备冲洗干净，清洗机器部件时注意保护所有部件不受损伤。

（8）灌装完的半成品不能在常温下存放，要及时杀菌，杀菌前肉馅温度不得超过 9℃，灌装间的环境温度在 15℃以下。

7. 灭菌

（1）要保持杀菌锅内，周围环境清洁卫生。

（2）操作工要严格按照工艺要求执行，不得擅自更改。

（3）杀菌前要认真检查、校正各环节、阀门、温度、记录仪是否正常（蒸气、冷水、压缩空气等）。

（4）40g/支。杀菌公式为：升温不超过 15min，保温 10min、121℃，水冷至 25℃（中心温度）出锅。水冷肠体中心温度小于 15℃时开始包装。

注：进热水温度为 85℃，压强 0.1MPa；100℃、压强为 0.2MPa；121℃、压强为 0.25MPa，降温 80℃以上，压强保持 0.25MPa；80℃以下压强，保持 0.2MPa。

（5）75g/支。杀菌公式为：升温 15min，保温 13min、121℃，水冷至 25℃（中心温度）出锅。水冷肠体中心温度小于 15℃时开始包装。

注：杀菌过程与 40g/支相同。

五、注意事项

（1）肉块是否能腌制均匀、透彻与肉块的大小、是否均匀有很大的关系，因此要把肉切成均匀的长条。腌制时冷风机不要直接对腌制的肉块吹风，以免造成原料肉表皮干缩和原料肉中的水分散发，使产品风味和出品率不稳定。

（2）斩拌时为了避免肉温升高，所加冰屑数量应计入加水总量内。斩拌时注意加料顺序，以保证成品具有鲜嫩细腻的特点。

（3）充填是采用自动充填结扎机完成的，在每班工作结束后，要及时清理地面、泵及各种输料管道中残存的肉糜，避免引起细菌感染而发酵变质。每次开机后要特别注意开始启动的 3～5min 运行不稳定期，及时检查焊缝是否偏移、焊缝强度是否牢靠，结扎是否严密等，因为焊缝漏气、结扎扣松动都容易造成产品在很短时间内变质，失去 PVDC 薄膜的保鲜意义。

（4）整个杀菌过程中操作人员要注意观察电脑控制盘的变化，不可离岗造成失控。

六、质量标准

1. 感官指标 参见表 7-1。

表 7-1 高温火腿肠感官指标

项 目	指 标
外观	肠体均匀饱满，无损伤，表面干净、完好，结扎牢固，密封良好，肠衣的结扎部位无内容物渗出
色泽	具有产品固有的色泽
组织状态	组织致密，有弹性，切片良好，无软骨及其他杂质，无密集气孔
风味	咸淡适中，鲜香可口，具固有风味，无异味

2. 理化指标 参见表 7-2。

表 7-2 高温火腿肠理化指标

项 目		指 标			
		特级	优级	普通级	无淀粉产品
水分/%	≤	70	67	64	70
食盐含量（以 NaCl 计）/%	≤		3.5		
蛋白质含量/%	≥	12	11	10	14
脂肪含量/%			6~16		
淀粉含量/%	≤	6	8	10	1
亚硝酸盐含量（以 $NaNO_2$ 计）/（mg/kg）	≤		30		

3. 微生物指标 参见表 7-3。

表 7-3 高温火腿肠微生物指标

项 目	指 标
菌落总数/（CFU/g）	≤50 000
大肠菌群/（MPN/100g）	≤30
致病菌（沙门氏菌、金黄色葡萄球菌、志贺氏菌）	不得检出

七、思考与应用

1. 火腿肠加工对原料肉的预处理有何要求？
2. 火腿肠加工中斩拌的主要作用是什么？
3. 火腿肠腌制工序的质量判定标准如何？
4. 简述火腿肠的加工过程。
5. 结合实训体会，谈谈火腿肠加工中的注意事项。

「任务 2　去骨火腿加工」

一、产品特点

去骨火腿是用猪后大腿经整形、腌制、去骨、包扎成型后，再经烟熏、水煮而成。因此，去骨火腿是熟制品，具有肉质鲜嫩的特点，但保藏期较短。近来加工去骨火腿较多。在加工时，去骨一般是在浸水后进行。去骨后，以前常连皮制成圆筒形，而现在多除去皮及较厚的脂肪，卷成圆柱状，故又称为去骨成卷火腿（boneless rolledham）。亦有置于方形容器中整形者。因一般都经水煮，故又称其为去骨熟火腿（boneless boiled ham）。

二、材料、仪器及设备

1. 材料与配方　腌制液配方见表 7-4。

表 7-4　不同口味的腌制液配比（单位：%）

辅料	湿腌		注射
	甜味时	咸味时	
水	100	100	100
食盐	15～18	21～23	22
硝石	0.1～0.5	0.1～0.5	0.1
亚硝酸盐	0.05～0.08	0.05～0.08	0.1
砂糖	2～7	0.5～1.0	2.5
香料	0.3～1.0	0.3～1.0	0.3～1.0
化学调味品	—	—	0.2～0.5

2. 仪器及设备　冷藏室、台秤、刀具、盐水注射机、滚式按摩机、烟熏炉、棉布、蒸煮锅。

三、工艺流程

选料整形→去血水→腌制→去骨、整形→卷紧→干燥、烟熏→水煮→冷却、包装→贮藏

四、操作要点

1. 选料整形　长形火腿是自腰椎留 1～2 节将后大腿切下，并自小腿处切断。短形火腿则自耻骨中间并包括荐骨的一部分切开，并自小腿上端切断。除去多余脂肪，修平切口使其整齐丰满。

2. 去血水　取肉量 2%～4% 的食盐与 0.2%～0.3% 的硝酸盐，混合均匀涂布在肉的表面，堆叠在略倾斜的操作台上，上部加压，在 2～4℃ 下放置 1～3d，使其排除血水。

3. 腌制

（1）干腌法。按原料肉重量计，一般用食盐 2%～5%，硝酸钾 0.2%～0.25%，亚硝酸

钠 0.03%，砂糖 1%～3%，调味料 0.3%～1.0%，常用的调味料有月桂叶、胡椒等。

腌制时将腌制混合料分 1～3 次涂擦于肉上，堆于 5℃左右的腌制室内尽量压紧，但高度不应超过 1m。每 3～5d 倒垛一次。腌制时间随肉块大小和腌制温度及配料比例不同而异。小型火腿 5～7d，5kg 以上较大火腿需 20d 左右，10kg 以上需 40d 左右。腌制温度较低，用盐量较少时可适当延长腌制时间。

（2）湿腌法。将洗净的去血肉块堆叠于腌制槽中，并将预冷至 2～3℃的腌制液，按肉重的 1/2 量加入，使肉全部浸泡在腌制液中，然后在腌制室（2～3℃）腌制，一股腌制 5d 左右。如腌制时间较长，需 5～7d 翻检一次，检查有无异味，保证腌制均匀。

（3）注射法。用专用的盐水注射机把已配好的腌制液通过针头注射到肉中进行腌制。注射带骨肉时，在针头上装有弹簧装置。有滚揉机时，腌制时间可缩短至 12～24h，这种腌制方法不仅能大大缩短腌制时间，而且可以通过注射前后称重而严格控制盐水注射量，保证产品质量的稳定性。

4. 去骨、整形　去除两个腰椎，拔出骨盘骨，将刀插入大腿骨上下两侧，割成隧道状，去除大腿骨及膝盖骨后，卷成圆筒形，修去多余瘦肉及脂肪。

5. 卷紧　用棉布将整形后的肉块卷紧，包裹成圆筒状后用绳扎紧，但大型的原料一定要扎成枕状，有时也用模具进行整形压紧。

6. 干燥、烟熏　30～35℃下干燥 12～24h，因水分蒸发，肉块收缩变硬，须再度卷紧后烟熏。烟熏温度在 30～50℃。时间随火腿大小而异，为 10～24h。

7. 水煮　水煮时以火腿中心温度达到 62～65℃保持 30min 为宜。若温度超过 75℃，则肉中脂肪大量融化，常导致成品质量下降。一般大型火腿煮 5～6h，小型火腿煮 2～3h。

8. 冷却、包装、贮藏　水煮后略加整形，快速冷却后除去包裹棉布，用塑料膜包装，在 0～1℃的低温下贮藏。

五、注意事项

（1）去血水时操作台要有一定的倾斜度，以便渗出的血水及时流走。

（2）去骨时应尽量减少对肉组织的损伤。有时去骨在去血前进行，可缩短腌制时间，但肉的结着力较差。去骨最好在腌制后进行，可增强肉的结着力。

（3）如果贮存，宜用白蜡纸或薄尼龙袋包装。若不包装、吊挂或平摊，一般可保存 1～2 个月，夏天 1 周。

六、质量标准

1. 感官指标　无骨火腿可按外观、色泽、香味以及肉质不同分为三级。

一级：形态和烟熏状态良好，没有损伤和污染，色泽、香味、肉质俱佳，没有肉汁析出，瘦肉和脂肪比例适当。

二级：形态和烟熏状态较好，没有明显损伤和污染，色泽较好，香味与肉质稍好，肉汁几乎没有析出，瘦肉和脂肪比例大致相当。

三级：形态和烟熏状态稍微不良，损伤和污染明显，色泽和香味较差，肉质不良，肉汁分离明显，脂肪过多。

2. 理化指标　参见表 7-5。

表 7-5 去骨火腿理化指标

项　目		指　标		
		特级	优级	普通级
水分/%	≤		75	
食盐含量（以 NaCl 计）/%	≤		3.5	
蛋白质含量/%	≥	18	15	12
脂肪含量/%	≤	10		
淀粉含量/%	≤	2	4	6
亚硝酸盐含量（以 NaNO₂ 计）/(mg/kg)	≤		70	
苯并芘含量/（μg/kg）	≤		5	
铅（Pb）含量/（mg/kg）	≤		0.2	
无机砷含量/（mg/kg）	≤		0.05	

3. 微生物指标　参见表 7-6。

表 7-6 去骨火腿微生物指标

项　目	指　标
菌落总数/（CFU/g）	≤30 000
大肠菌群/（MPN/100g）	≤90
致病菌（沙门氏菌、金黄色葡萄球菌、志贺氏菌）	不得检出

七、思考与应用

1. 比较去骨火腿与金华火腿加工的异同点。
2. 腌制方法有哪些？各有哪些优缺点？
3. 如何控制去骨火腿加工中的煮制工序？
4. 简述去骨火腿的加工过程。
5. 结合实训体会，谈谈去骨火腿加工中的注意事项。

「任务 3　盐水火腿加工」

一、产品特点

盐水火腿与中国的传统火腿截然不同。盐水火腿是用大块肉经整形修割（剔去骨、皮、脂肪和结缔组织）、盐水注射腌制、嫩化、滚揉、充填，再经熟制、烟熏（或不烟熏）、冷却等工艺制成的熟肉制品。其主要特点是：

①生产周期短，从原来的 7～8d 缩短到 2d。

②成品率高，从原来的 70% 左右提高到 110% 左右。

③盐水火腿由于选料精良，且只用纯精肉，加工细腻，辅料中又添加了品质改良剂磷酸盐和维生素 C、葡萄糖、植物蛋白等辅料，所以营养价值高，质量好，切面呈鲜艳的玫瑰红色，色质鲜嫩可口，咸淡适中，风味好。

④由于对原料采用滚揉按摩，使肌肉内部的蛋白质外渗，所以成品的黏合性强。

⑤成品可直接食用，可切成片或丁，与其他食品混合烹调。

⑥成品率高，降低了成本，具有方便食品的优点。

二、材料、仪器及设备

1. 材料与配方 按猪后腿肉 10kg 计，腌制液配方：精盐 500g、水 5kg、硝石 10g、味精 300g、砂糖 300g、白胡椒粉 10g、复合磷酸盐 30g、生姜粉 5g、苏打 3g、肉豆蔻粉 5g。经溶解、拌匀过滤，冷却到 2~3℃备用。

2. 仪器及设备 冷藏柜、刀具、台秤、蒸煮锅、加热灶、真空滚揉机、盐水注射机、烟熏炉、火腿模具。

三、工艺流程

原料解冻→修整 注射→嫩化→切丁→滚揉→灌装→烘烤→烟熏→蒸煮→

配料→盐水配制 冷却→包库→二次杀菌→冷却→贴标签箱→质检→入库

四、操作要点

1. 原料选择 选用新鲜的冻结 4 号猪肉，采用空气自然解冻，环境温度为 15℃，时间为 10~12h。肉的中心温度为 0~4℃。按照 4 号肉的自然纹路修去筋膜、骨膜、血膜、血管、淋巴、淤血、碎骨等，剔除 PSE 肉，修去大块脂肪（如三角脂肪），必须将猪毛及其他异物挑出（修整完的肉立即送 0~4℃库，备用）。

2. 盐水注射 将称量好的冰水加入盐水配制器。将亚硝、红曲米粉用 0.5kg 热水充分溶解均匀，加入盐水配制器，先加入蛋白粉，搅拌均匀，充分溶解，再加磷酸盐搅拌 1~2min。将防腐剂、食盐、白糖、维生素 C、卡拉胶、味精逐步加入混合溶液中，充分搅拌均匀。将冰片加入，保证温度≤5℃。盐水注射：共注射两遍，注射率为 40%。

3. 嫩化滚揉 将切好的肉加入滚揉机中，再加入葡萄糖、胡椒粉、五香粉、色素，最后将盖盖上，密封好（注意检查密封圈是否有漏气现象）。真空度：-0.08MPa。转速：10r/min。滚揉方式：间歇滚揉，正转 10min，反转 10min，间歇 10min；时间，10h。加入淀粉、香精后，再滚揉 120min。出馅温度为 2~6℃。环境温度：0~4℃。

4. 灌装成型 烟熏火腿：用 90 号可烟熏复合肠衣膜，两端打扣，计量灌装。菠萝火腿：a. 将双层玻璃纸提前一天，按要求的折宽糊好、阴干、备用；b. 灌装时套上 85 号网套定量灌装，底部打卡，上面用线绳系紧吊挂。挂杆人员应注意每架上的每根肠，两根之间保持 10cm 左右，不能互相挤靠在一起。灌好后，若不能立即烟熏，应推入腌制库。将挂好的肠冲洗干净，肠体表面不能带肉馅。机器如出现故障，不能灌制时，修理时间超过半小时，应及时把料斗中的肉馅倒出，放入腌制库，并对机器进行一般清理。工作结束后应把机器内的残馅清理出来，地面的肉馅捡起，用水把设备冲洗干净，清洗机器部件时注意保护所有部件不受损伤。

5. 烘烤 40min、65℃。

6. 烟熏 20min、60℃。①注意观察色泽是否正常，若有异常现象应及时通知当班主任；②烟熏炉每天清洗一次。

7. 蒸煮 菠萝火腿，折径 110 号玻璃纸灌装，2h、恒温 83℃。烟熏火腿，90min、恒温 83℃。

8. 冷却 自来水喷淋 3～5min 后，再进冷却间风冷 2～3h，待肠体中的温度≤10℃，再包装。

9. 包装

（1）班前准备

①工作服穿戴整齐后进入车间。

②工作开始前必须用消毒液洗手（切片操作工的工器具及手应每隔 30min 消毒一次，确保清洁卫生）。

③操作人员套一次性手套操作。

（2）下杆

①烟熏火腿，剪去两端卡扣，装入包装袋。

②菠萝火腿，剪去卡扣、线绳，剥去网套，装入包装袋。

（3）真空包装

①按要求计量包装。

②真空度：－0.01MPa。

③注意焊接牢固。

10. 二次杀菌

（1）菠萝火腿，恒温 15min/90℃。

（2）烟熏火腿，恒温 10min/90℃。

11. 冷却 循环水冷却至肠体中心温度≤10℃。

12. 包装入库 产品包装完成后应及时入库，库温确保在 0～4℃冷藏库中贮藏。

五、注意事项

（1）对原料肉进行修整时应尽可能少地破坏肌肉的纤维组织，刀痕不能划得太大太深，并尽可能保持肌肉的自然生长块型。

（2）盐水的组成（添加剂浓度配比）与注射量是相互关联的两个因素，一般盐水的注射量在 10%～40%。

（3）盐水注射的关键在于确保按照配方要求，将所有的添加剂均匀准确地注射到肌肉中。

（4）应严格控制滚揉强度，过度滚揉将降低组织的完整性，并导致温度升高，因此滚揉必须在 0～5℃的环境下进行。

六、质量标准

1. 感官指标 参见表 7-7。

表 7-7　盐水火腿感官指标

项　　目	指　　标
色泽	切片呈自然粉红色或玫瑰红色，有光泽
质地	组织致密，有弹性，切片完整，切面无密集气孔且没有直径大于 3nm 的气孔，无汁液渗出，无异物
风味	咸淡适中，滋味鲜美，具固有风味，无异味

2. 理化指标　参见表7-8。

表7-8　盐水火腿理化指标

项　目		指　标		
		特级	优级	普通级
水分/%	≤		75	
食盐含量（以 NaCl 计）/%	≤		3.5	
蛋白质含量/%	≥	18	15	12
脂肪含量/%	≤		10	
淀粉含量/%	≤	2	4	6
亚硝酸盐含量（以 $NaNO_2$%计）/（mg/kg）	≤		70	

3. 微生物指标　参见表7-9。

表7-9　盐水火腿微生物指标

项　目	指　标
菌落总数/（CFU/g）	≤30 000
大肠菌群/（MPN/100g）	≤90
致病菌（沙门氏菌、金黄色葡萄球菌、志贺氏菌）	不得检出

七、思考与应用

1. 盐水火腿具有哪些优点？
2. 如何控制加工中的盐水注射工序？
3. 盐水火腿加工中滚揉按摩的目的是什么？
4. 结合实训体会，谈谈盐水火腿加工中的注意事项。

「任务4　培根加工」

一、产品特点

培根（Bacon），其原意是烟熏肋条肉（即方肉）或烟熏咸背脊肉。其风味除带有适口的咸味外，还具有浓郁的烟熏香味，培根外皮油润呈金黄色，皮质坚硬，瘦肉呈深棕色，切开后肉色鲜艳。培根有大培根（也称丹麦式培根）、排培根、奶培根三种，制作工艺相近。

二、材料、仪器及设备

1. 材料与配方　原料猪肉100kg、盐8kg、硝酸钠50g。

（1）"盐硝"的配制。盐4kg、硝酸钠25g，将硝酸钠溶于少量水中制成液体，再加盐拌和均匀即为盐硝。

（2）"盐卤"的配制。盐4kg、硝酸钠25g，将盐、硝倒入缸中，加入适量清水，用木棒不断搅拌，至盐卤浓度为15°Bé。

2. 仪器及设备　冷藏柜、烟熏炉、台秤、刀具、陶瓷缸、木棒、细绳、瓷盆。

三、工艺流程

原料选择→剔骨→整形→配料→腌制→浸泡、清洗→剔骨、修刮、再整形→烟熏

四、操作要点

1. 选料　选择经兽医卫生检疫检验合格的中等肥度猪，经屠宰后吊挂预冷。

（1）选料部位。

大培根原料。取自猪的白条肉中段，即前始于第 3～4 根肋内，后止于荐椎骨的中间部分，割去奶脯，保留大排，带皮。

排培根原料。取自猪的大排，有带皮、无皮两种，去硬骨。

奶培根原料。取自猪的方肉，即去掉大排的肋条肉，有带皮、无皮两种，去硬骨。

（2）膘厚标准。大培根最厚处以 3.5～4.0cm 为宜；排培根最厚处以 2.5～3.0cm 为宜；奶培根最厚处约 2.5cm。

2. 剔骨　做到骨上不带肉，肉中无碎骨，肋骨脱离肉体。

3. 整形　经整形后，每块长方形原料肉的重量，大培根要求 8～11kg，排培根要求 2.5～4.5kg，奶培根要求 2.5～5.0kg。

4. 腌制

（1）干腌。将配制好的盐硝敷于坯料上，并轻轻搓擦，坯料表面必须无遗漏地搓擦均匀，待盐粒与肉中水分结合开始溶化时，将坯料逐块抖落盐粒，装缸置冷库（0～4℃）内腌制 20～24h。

（2）湿腌。缸内先倒入盐卤少许，然后将坯料一层一层叠入缸内；每叠 2～3 层，须再加入盐卤少许，直至装满。最后一层皮向上，用石块或其他重物压于肉上；加盐卤至淹没肉的顶层为止，所加盐卤总量和坯料重量约为 1:3。因干腌后的坯料中带有盐料，入缸后盐卤浓度会增高；如浓度超过 16°Bé，须用水冲淡。在湿腌过程中，须每隔 2～3d 翻缸一次，湿腌期一般为 6～7d。

5. 浸泡、清洗　腌好的肉坯浸泡时间一般为 30min，如腌制后的坯料咸味过重，可适当延长浸泡时间。夏天用冷水，冬天用温水，可以割取瘦肉一小块，用舌尝味，也可煮熟后尝味评定。

6. 再整形　把不成直线的肉边修割整齐，刮去皮上的残毛和油污。然后在坯料靠近胸骨的一端距离边缘 2cm 处刺 3 个小孔（排培根刺 2 个小孔），穿上线绳，串挂于木棒或竹竿上，每棒 4～5 块，块与块之间保持一定距离，沥干水分，6～8h 后即可进行烟熏。

7. 烟熏　用硬质木先预热烟熏室。待室内平均温度升至所需烟熏温度后，加入木屑，挂进肉坯。烟熏室温度一般保持在 60～70℃，烟熏时间约 10h，待坯料肉皮呈金黄色，表面烟熏完成，自然冷却即为成品，出品率约 83%。

8. 保藏　宜用白蜡纸或薄尼龙袋包装。若不包装，吊挂或平摊，一般可保存 1～2 个月，夏天 1 周。

五、注意事项

（1）预整型即修整坯料，使四边基本各呈直线，同时修去腰肌和横膈肌。

（2）培根的剔骨要求较高，只允许用刀尖划破骨表的骨膜，而后用手将骨轻轻扳出，刀尖不得刺破肌肉，否则因生水进入而不耐保藏。

（3）培根是西式早餐的重要食品，一般切片蒸食或烤熟食用。培根切片涂上蛋浆后油炸，即谓"培根蛋"，清香爽口，食之留芳。

六、质量标准

1. 感官指标　无黏液、无霉点、无异味、无酸败味

大培根：成品为金黄色，割开瘦肉内色泽鲜艳，每块重 7～10kg。

奶培根：成品为金黄色，无硬骨，刀工整齐，不焦苦。带皮每块重 2～4.5kg，无皮每块重不低于 1.5kg。

排培根：成品为金黄色，带皮无硬骨，刀工整齐，不焦苦，每块重 2～4kg。

2. 理化指标　参见表 7-10。

表 7-10　培根理化指标

项　目	指　标
过氧化值（以脂肪计）/（g/100g）	≤0.50
酸价（以脂肪计）（KOH）/（mg/g）	≤4.0
苯并芘含量/（μg/kg）	≤5
铅含量（Pb）/（mg/kg）	≤0.2
无机砷含量/（mg/kg）	≤0.05
亚硝酸盐含量（以 $NaNO_2$ 计）/（mg/kg）	≤30

七、思考与应用

1. 培根肉制品的主要特点有哪些？如何分类？

2. 培根加工对原料选择有何要求？

3. 如何控制培根加工中的腌制、烟熏工序？

4. 简述培根的加工过程。

5. 结合实训体会，谈谈培根加工中的注意事项。

「任务 5　发酵香肠加工」

一、产品特点

发酵香肠肠体干爽结实，有弹性，指压无明显凹痕，切片性好，酸甜适中，香味清新，口感细腻，具有产品固有色泽和风味。

二、材料、仪器及设备

1. 材料与配方　猪瘦肉 70kg、脂肪 30kg、食盐 2.8kg、蔗糖 1.2kg、葡萄糖 0.8kg、磷酸盐 300g、维生素 C 80g、硝酸钠 120g、亚硝酸钠 15g、味精 100g、白胡椒粉 250g、大蒜 100g、豆蔻 100g、冰水适量。

发酵剂：植物乳杆菌与啤酒片球菌1∶2，发酵剂菌数含量为10^7CFU/g。

2. 仪器及设备 冷藏室、台秤、切肉刀、搪瓷盆、绞肉机、搅拌机、灌肠机、烤炉。

三、工艺流程

原料处理→腌制→绞碎、拌料→灌肠→接种→发酵→烘烤→真空包装→成品

四、操作要点

1. 原料处理 将背脂微冻后切成1～2mm小肉丁，入冷藏室（6～8℃）微冻24h。

2. 腌制 将瘦肉修整后，加入配方中的食盐、葡萄糖、磷酸盐、亚硝酸钠等腌制剂，在0～4℃下腌制24h，使其充分发色。

3. 绞碎、拌料 将腌制好的瘦肉通过6mm孔板绞肉机绞碎，倒入搅拌盘内，加入发酵剂、其他辅料和适量冰水进行搅拌，搅拌好后与微冻后的肥肉丁充分混合。搅拌时间根据产品要求的肉颗粒粒度及产品最佳出锅温度（2℃）进行调节。

4. 灌肠 接种后的肉料，充填于纤维素肠衣、猪肠衣或合适规格的胶原肠衣内。灌制时要求充填均匀，肠坯松紧适度。整个灌制过程中肠馅的温度维持在0～1℃。为了避免气泡的混入，最好利用真空灌肠机灌制。

5. 接种拌料 先将植物乳杆菌和啤酒片球菌的菌种分别接种在固体斜面MRS培养基上活化两次后，转入MRS液体培养基中，经30～32℃，培养20～24h后，分别接种于斩拌好的肉糜中。接种量按肉糜重的1%进行接种。接种后，搅拌均匀。

6. 发酵 将香肠吊挂在30～32℃、相对湿度80%～90%环境中，至pH下降到5.3以下即可终止，发酵时间16～18h。

7. 烘烤 终止发酵后以65～70℃，烘烤1～2h为宜，成品pH控制在4.7～4.9，水分含量30%～40%。一般小直径肠衣加热1h即可。

8. 包装 香肠烘烤结束后，稍冷，进行真空包装。

五、注意事项

（1）发酵香肠所需的肉馅必须满足三个要求：①保证香肠在干燥过程易于失水。②保证肉馅具有较高的脂肪含量。③保证发酵香肠成品切片性好，有弹性。因此，在搅拌过程要防止肉馅"成泥"现象，阻碍干燥过程中的脱水。

（2）搅拌和灌肠过程应保持低温，一般要求温度在0～2℃。

（3）发酵剂是生产发酵肉制品的关键，应注意其选择与配比，配置接种菌液的容器应当是无菌的，以避免二次污染。

（4）发酵过程中的温度与湿度控制直接影响产品品质，应注意针对性控制，一般要求做到既能保证香肠缓慢稳定地干燥，又能避免香肠表面形成一层干的硬壳，对于接种霉菌和酵母菌香肠还要预防表面霉菌和酵母菌的过度生长。

六、质量标准

1. 感官指标 肠体干爽结实，有弹性，指压无明显凹痕，切片性好，酸甜适中，香味清新，口感细腻，具有产品固有色泽。

2. 理化指标　参见表 7-11。

表 7-11　发酵香肠理化指标

项　目	指　标
铅含量（Pb）/（mg/kg）	≤0.5
无机砷含量/（mg/kg）	≤0.05
镉含量（Cd）/（mg/kg）	≤0.1
汞含量（以 Hg 计）/（mg/kg）	≤0.05
亚硝酸盐含量/（以 $NaNO_2$ 计）/（mg/kg）	≤30
过氧化值（以脂肪计）/（g/100g）	≤0.25

七、思考与应用

1. 简述发酵香肠的加工过程。

2. 发酵香肠与普通香肠的主要区别是什么？

3. 发酵香肠加工的关键技术是什么？

4. 发酵香肠所需的肉馅有哪些要求？

「任务 6　红肠加工」

一、产品特点

红肠表面呈枣红色，熏烟均匀，内部肉馅呈均匀的粉红色，脂肪块呈乳白色；肠衣干爽完整，肠衣紧贴在肉馅上，无气泡，表面有皱纹，无裂痕，不流油，切断面光润，具有红肠特有的熏制香气，肉质鲜嫩，味美适口。

二、材料、仪器及设备

1. 材料与配方　猪瘦肉 37.5kg、猪肥肉 9.5kg、干淀粉 3kg、精盐 1.75～2kg、味精 50g、大蒜（去皮净蒜）150g、胡椒面 50g、硝酸钠 25g、猪或牛的小肠肠衣。如用湿淀粉、其比例为每 500g 干淀粉折合 850g 湿淀粉。

2. 仪器及设备　冷藏柜、绞肉机、灌肠机、排气针、台秤、刀具、塑料盆、烤箱、烟熏炉。

三、工艺流程

原料选择→腌制→绞碎→拌馅→灌制→烘烤→煮制→熏烤→成品

四、操作要点

1. 原料选择　选用经卫生检验合格的鲜、冻猪肉和牛肉（一般在肉上盖有检验戳记的）。将原料清洗干净，沥干水分后切块，切出的每块应掌握在 5～6cm。

2. 腌制　将混合盐与肉拌匀后迅速装入容器，运往 2～4℃的腌制间里存放。经 72h 左右，肉块表面和切断面全部变成鲜艳的色泽，并且达到坚实，有弹力，无黑心，即腌制成熟。

对肥肉腌制，一般用带皮大块肥肉膘，也可腌去皮的脂肪块，把混合好的精盐和硝酸钠（50kg肥肉用硝酸钠25g左右，精盐不限）的细末，用手揉擦在脂肪上，使其表面各处都均匀地布满结晶状的盐层时，立即移入2～4℃的腌制间内，一层层地堆垛压实。3～5d后脂肪变坚实，不绵软，切开检查深层和外表的色泽一致，即可使用。

3. 绞碎　把瘦肉装入算孔直径2～3mm的绞肉机里，绞成肉泥状为止。

4. 拌馅　把大蒜切成或用机器绞成碎末，把肥肉块切成1cm左右的小方块。在淀粉中加入25%～30%的清水，清除浮起和沉于底部的杂质；将淀粉浆倒入瘦肉泥内搅拌均匀。把肥肉小方块和味精、胡椒面等一起倒入馅内，搅拌均匀。馅的质量应该是：有80%以上的瘦肉泥变红，并有充分的弹力，肉馅温度10℃左右。

5. 灌制　把肠衣内外洗净，控去水分，消除异味。肉馅灌入肠衣内以后，用棉线绳扎紧。灌好馅后，要拧出节来，并在肠上刺孔放气，使红肠煮熟后不至于产生空馅之处。

6. 烘烤　红肠在煮熟前需经烘烤，一般都用木柴烘烤，也可用焦炭，无烟煤烘烤。烘烤时，把红肠挂在木杆上，肠与肠之间的距离为3～4cm较为合适；以下层红肠底端附近的温度为准，要经常保持在65～85℃，烤1h左右，使肠衣干燥，呈半透明状，没有黏湿感，肉馅初露红润色泽，肠头附近无油脂流出，就算烤好。

7. 煮制　下锅前，水温必须达到85～90℃。下锅后，锅内恒温要保持在80～83℃，下锅25～30min，每根红肠中心温度达到72℃以上，一般用手捏肠体，感到肠体挺硬，弹力很足，说明已经煮熟，可以出锅。

8. 熏烤　先用木柴垫底，上面覆盖一层锯末（即木屑），木柴和锯末的比例是1∶2，即500g木柴加1kg锯末。将煮熟晾凉的红肠装入炉内，点燃木柴堆后，关严熏炉的门，使其焖烧生烟，炉内保持35～45℃，熏12h左右出炉，即为成品。

按照上述投料标准和生产工艺，出品率一般能达到47～50kg。

五、注意事项

（1）原料选择时，注意所选的瘦肉不能带肥肉，每块瘦肉中不能带有明显的筋络，切出的肉块不能大小不一，避免在腌制过程中出现渗透不匀的现象。

（2）在腌制瘦肉时，精盐和硝酸钠必须磨细拌匀；精盐和硝酸钠的混合剂投入肉块中，应逐渐添加，随加随拌，力求均匀，否则不仅腌透的快慢不一，还会造成肉质腐败。

（3）在瘦肉绞碎过程中，要注意防止由于机器转速过快，使肉馅温度升高，影响肉馅质量。

（4）在拌馅时老猪肉的吃水量比一般猪肉多，可适当多加点水；馅的加水量要适当，不能成为乳浆状，肥肉小方块分布均匀，并有充分的黏性。

（5）脂肪和肌肉应分别腌制，因为脂肪能阻碍肌肉的腌制速度和盐溶性蛋白的溶出。

（6）由于肠衣在整个加工过程中，有15%左右的收缩率，因此，灌肠后在切断肠衣时，必须留出可能收缩的部分。

（7）烘烤时，使用的木柴要不含或少含树脂，以硬杂木为宜。如用桦木一定要去皮，避免产生黑烟，将红肠熏黑。烘烤时从下垂的一端算起，与火苗距离应掌握在60cm以上，若与火距离太近，会使红肠尖端的脂肪烤化而流失，甚至还会把红肠尖端的肉馅烤焦，每隔

5～10min 把炉内的红肠从上到下和离火远近调换一下位置，避免烘烤不匀。

（8）红肠煮熟后，肠衣湿软，色淡无光，存放时表面易生黏液或霉。通过熏烤，可使产品水分降低，肠衣变干，表面产生光泽，透出肉馅的鲜艳红色，增加美观，并获得熏制的香味和一定的防腐能力。木柴和锯末也要选择无树脂的硬杂木，烟熏时切不能用明火烤。

（9）挂在阴凉通风干燥处，一般能贮藏 1～2 周。

六、质量标准

1. 感官指标 红肠表面呈枣红色，熏烟均匀，内部肉馅呈均匀的粉红色，脂肪块呈乳白色；肠衣干爽完整，肠衣紧贴在肉馅上，无气泡，表面有皱纹，无裂痕，不流油，切断面光润，具有红肠特有的熏制香气，肉质鲜嫩，味美适口，无酸味和异味。

2. 理化指标 参见表 7-12。

表 7-12　红肠理化指标

项　目	指　标
水分	50%～55%
食盐含量（以 NaCl 计）	3%～5%
亚硝酸盐含量（以 $NaNO_2$ 计）/（mg/kg）	≤30

3. 微生物指标 参见表 7-13。

表 7-13　红肠微生物指标

项　目	指　标
菌落总数/（CFU/g）	≤30 000
大肠菌群/（MPN/100g）	≤40
致病菌（沙门氏菌、金黄色葡萄球菌、志贺氏菌）	不得检出

七、思考与应用

1. 红肠斩拌过程中加水量如何控制？

2. 如何控制红肠的烘烤工序？

3. 红肠加工中烟熏的作用是什么？

4. 简述红肠的加工过程。

5. 结合实训体会，谈谈红肠加工中的注意事项。

项目八 酱卤制品的加工

【能力目标】

1. 能够独立进行典型酱卤制品的生产加工；
2. 掌握酱卤制品生产配方设计及质量控制方法。

【知识目标】

1. 掌握酱卤制品的概念；
2. 知道酱卤制品的主要种类及其特点；
3. 掌握调味的概念、作用及方法；
4. 掌握煮制的概念、作用及方法；
5. 掌握肉在煮制过程中的变化。

【相关知识】

酱卤制品是我国传统的一大类大众风味熟肉制品，在全国各地均有加工生产销售，其制作方法以我国传统的烹调技术为基础，比较简单，操作方便。即先把原料用盐或者酱油腌制，再经过白煮或油炸，然后加入糖、酒、及各种调味料制好的酱卤汁中，先用旺火烧开，再用文火长时间煮制，使锅内的汁液被吸收到原料中，从而使酱卤制品的外部都粘有酱红色卤汁，色泽光亮鲜艳、肉烂皮酥、入口即化、香味浓郁。

这类制品主要有两大特点：一是成品均为熟的，可以直接食用；二是产品酥润，含水量较高，不易包装和贮藏，适于就地生产，短时间供应。但由于包装技术的更新与发展，有些产品已销售全国，如河南道口烧鸡、苏州的酱汁肉、镇江的肴肉、德州的扒鸡等。

酱卤制品几乎随处可见，但风味根据地方传统和喜好不同有一定的差异，总的归纳起来，酱卤制品的加工主要有两个过程，即调味和煮制（酱制）。

一、调味及其种类

1. 调味概念　调味就是根据各地区消费习惯，不同品种、不同口味加入不同种类或数量的调料，加工成具有特定风味的产品。如南方人喜爱甜味稍浓，在制品中多加些糖，北方人喜爱咸则多加点盐，广州人注重醇香味则多放点酒。通过调味，对肉制品起到很好的增鲜增色、调味和增加花色品种的作用。

2. 调味种类　根据加入调料的作用和时间大致分为基本调味、定性调味和辅助调味三种。

（1）基本调味。在加工原料整理后未加热前，经过加食盐、酱油或其他辅料进行腌制，奠定产品的咸味称为基本调味。

（2）定性调味。原料下锅加热时，随同加入的主要辅料如酱油、食盐、料酒、香辛料等一起加热或红烧，决定产品的风味称为定性调味。

（3）辅助调味。加热煮熟后或即将出锅时加入味精、白糖等辅料，以增加产品的色泽、鲜味称为辅助调味。

所有的酱卤制品通过调味，赋予肉制品特殊的风味、增加花色品种，但是定性调味是制作酱卤制品的关键，对肉制品的风味起到决定性的作用，所以必须严格掌握调料的种类、数量以及投放的时间。

二、酱卤制品的分类

酱卤制品种类繁多，根据加入调味料的种类、数量又有很多品种，按照加工时加入辅料的多少将其分成酱制品和卤制品两大类，按照加工成品风味差异又大体可以分为如五香（或红烧）制品、糖醋制品、酱汁制品、卤制品、白煮制品、蜜汁制品、糟制品等。

其中五香（或红烧）肉制品是酱卤制品中最广泛的一类。无论是品种上，还是产销量都是最多的。这类产品的特点是在制作中使用较多的酱油，所以有的也称为红烧，另外同时加入八角、桂皮、丁香、花椒、小茴香等五种香料，故又称为五香制品。这类产品的特点是色深、味浓。

如果在红烧的基础上加入红曲米为着色剂，并在肉制品煮制肉汤将干，肉制品已酥烂准备出锅时，把糖熬成汁用刷子刷在肉上，产品为樱桃红色，鲜艳夺目、稍带甜味且油酥水润，称为酱汁肉制品。

在五香基础上，在辅料中加入多量的糖分，有的还多加一道油炸工序，使肉制品色浓味甜，称为蜜汁肉制品。

在辅料中同时加入多量的糖和醋，赋予肉制品酸甜的滋味，称为糖醋制品。

先将辅料调制成卤汁或加入陈卤（陈卤使用时间越长，香味和鲜味越浓），然后将原料肉放入卤汁中，以卤煮为主，开始用大火，煮沸后改用小火慢慢卤制，使卤汁逐渐浸入原料，直至煮烂的肉制品称为卤制品。产品特点是酥烂，香味浓郁。

白煮肉类制品是在加工煮制过程中，只加食盐一种辅料，产品加工后保持原料肉的本色。

糟肉制品则是在白煮的基础上，用"香糟"糟制调味的一种冷食熟肉制品。

三、煮制（酱制）

煮制即酱制，是酱卤制品加工中主要的工艺环节，是用水、蒸汽、油等方式，在调味的基础上对原料肉实行热加工的过程。通过加热，使肌肉收缩变形，降低肉的硬度，改变肉的感官性质，提高肉的风味，达到熟制的作用。生产上通常多采用水加热煮制。

1. 煮制方法　在酱卤制品加工中煮制方法包括清煮和红烧。

（1）清煮。又称预煮、白煮等。是将整理后的原料肉投入沸水中，不加任何调料，用较多的清水进行煮制。清煮的目的主要是去掉肉中的血水和肉本身的腥味或气味，在红烧前进行。清煮的时间因原料肉的形态和大小不同有异，一般为 15～40min。清煮猪肉的白汤可作为红烧时的汤汁基础再使用，红烧出的肉制品味更好，但清煮牛肉及内脏的白汤除外。

（2）红烧。又称酱制、红锅。是将清煮后的肉放入加有各种调味料、香辛料的汤汁中进行烧煮，是酱卤制品加工的关键性工序。红烧不仅可使肉制品加热至熟，更重要的是使产品的色、香、味及产品的化学成分有较大的改变。红烧的时间随产品和肉质不同而异，一般为1～4h。红烧后剩余的汤汁称为老汤或红汤，保存以后可以重复使用。制品加入老汤进行红烧，风味更佳。例如烧鸡加工就有这样一种说法"若要烧鸡香，入味加老汤"，煮制烧鸡的配料讲究，卤汤陈老、加工精细、火候适宜，烧鸡吃起来肉香、味浓、爽口不腻。

同时，根据不同酱卤制品的加工差异，油炸也是某些酱卤制品的一道制作工序，如烧鸡等。油炸的目的可使原料肉蛋白质凝固，排除多余的水分，肉质紧密，使制品造型定型，在酱制时不易变形，使肉制品色泽金黄，肉质酥软油润。油炸的时间，一般为5～15min，大多数在红烧之前进行。但有的制品则需要在清煮、红烧后再进行油炸，如北京月盛斋烧羊肉等。

2. 煮制火候 在煮制过程中，火候对酱卤制品的风味及质量有一定的影响，酱卤制品煮制遵循"大火煮熟，小火煮烂"的原则，除个别品种外，一般煮制初期用大火，将汤汁烧沸，使原料初步煮熟，后期用小火慢慢地烧煮，在长时间煮制过程中料液充分渗透到肉制品中，使肉制品变得酥润可口（大火的火焰高强而稳定，锅内汤汁剧烈沸腾；小火火焰很弱而摇晃不定，锅内汤汁微沸或缓缓冒气）。

四、肉在煮制过程中的变化

在煮制过程中，无论是采用什么样的加热方式，在加热过程中，原料肉都会发生一系列的变化。

1. 物理性变化 肉类在煮制过程中最明显的变化就是水分减少，重量减轻。在加工上，为了减少原料肉在煮制过程中的营养损失，提高成品率，在原料加热前多经过预煮的过程。即将原料肉加工前放入沸水中经过短时间预煮，使产品表面的蛋白质立即凝固，形成保护层，减少营养成分流失，提高出品率。同样用150℃以上的高温油炸，也可减少有效成分的流失。

肉类加热时颜色也会发生改变，受加热的方法、时间、温度的影响而呈现不同的颜色。例如，肉加热温度在60℃以下时，肉的颜色变化不大，保持肉的鲜红色；温度升高到60～70℃，肉色变为粉红色；温度提高到70～80℃以上时，变为浅灰色。这主要是由于肌肉中的肌红蛋白热变性引起的。

所以，肉在煮制时，一般都以沸水下锅为好，一方面使肉表面蛋白质迅速凝固，阻止了可溶性蛋白质溶入汤中；同时可以减少大量的肌红蛋白溶入汤中，保持肉汤的清澈透明。

2. 化学性变化 肉经过加热煮制，各种化学成分也发生相应的变化。如加热至60℃以上时，肌肉中的蛋白质就会变性凝固，结缔组织蛋白软化，肉的体积缩小，肉中的脂肪熔化分解，汁液从肉中分离出来，汁液中浸出物溶于水中，易分解，并赋予肉特殊的香气和风味。因为鲜肉的香味是很弱的，但加热以后，由于肉中各种化学成分的变化赋予不同种类的动物肉产生很强的特有风味。

「任务1 酱汁肉加工」

一、产品特点

酱汁肉又名五香酱肉，该制品加工技术精细，肉产品的皮呈金黄色，瘦肉略红，肥膘洁白晶莹，具有鲜美醇香，肥而不腻，入口即化，色、香、味、形俱全的美誉。

二、材料、仪器及设备

1. 材料与配方　以 100kg 原料肉计：100kg 肉、食盐 2.0kg、白糖 2kg、酱油 3.0kg、料酒 2.0kg、味精 500g、八角 200g、桂皮 150g、红曲米适量、生姜 1.5kg。

2. 仪器及设备　冷藏柜、台秤、砧板、刀具、盆子、煮锅、纱布、油炸炉、竹片。

三、工艺流程

原料选择及整理→腌制→清煮→酱制→调制酱料→成品

四、操作要点

1. 原料选择及整理　选用皮薄、肉质鲜嫩、肥膘不超过 2cm 的带皮猪肋条肉为原料，刮净毛、血污等，切去乳头，切成 5cm² 左右的块肉；或者牛肉去除较粗的筋腱或结缔组织，用 35℃左右温水洗除肉表面血液和杂物，顺着肌纤维走向切成 0.5kg 左右的肉块。

2. 腌制　将食盐洒在肉坯上，反复揉搓，然后放入盆内腌制 8～24h（夏季时间短）。腌制过程需翻动多次，使肉块变硬，腌制均匀。

3. 清煮　将腌制好的肉坯用清水冲洗干净，放入沸水锅中，用旺火加热烧沸腾，并撇除浮沫和杂物，约煮 15min，捞出肉块，放入清水中漂洗干净。

4. 酱制　锅内先放入清水或者老汤（老汤味更加好），烧开后把纱布打包的香辛料放入，然后取竹片垫锅底，把经过清煮的肉块放入锅内，加入适量肉汤（以汁液将肉全部浸泡过来为宜），用旺火烧开，加入料酒、红曲米水，加盖，用小火煮 2h 左右，煮制过程需翻锅 3～4 次。

5. 调制酱汁　出锅后余下的酱汁中加入 2kg 白糖，用小火熬煎，不断搅拌，以防烧焦粘锅底。待调料形成胶状即成酱汁，去渣后装入容器内，食用时浇在肉上就是酱汁肉了。如遇气温低，酱汁冻结，须加热熔化后再用。

五、注意事项

（1）如果原料肉是猪肉，就一定要选择带皮的肉做出来口感好。

（2）肉腌制时为了腌制均匀，要每隔 3h 左右就翻动一次。

（3）酱制过程中火候很重要，直接影响到肉的香气，只要用旺火将汤烧开后就一直用小火慢慢地煮制，煮制过程中不能焦锅，不然会影响肉的食用品质。

（4）调制酱汁时要用小火慢慢熬，熬出的酱汁不能太稀也不能太浓稠，太稀会影响肉的颜色和风味，太浓会导致肉的甜度太甜。

六、质量标准

成品为成形的小方块，樱桃红色，皮糯肉烂，入口即化，甜中带咸，肥而不腻，出品率为 65%～70%。

七、思考与应用

1. 酱汁肉加工对原料有什么要求？

2. 酱汁肉加工中肉酱制时对火候有什么要求?

3. 简述酱汁肉的加工过程。

4. 通过实训加工酱汁肉,总结酱汁肉和五香卤肉加工过程有什么差别?

「任务 2 烧鸡加工」

一、产品特点

烧鸡不仅造型美观,色泽鲜艳,肉酥皮红,食用方便,而且味香独特,肉嫩易嚼,香而不腻,余味绵长,食后口有余香,有浓郁的五香佳味。备受大众消费者的青睐。最出名的河南省道口镇的烧鸡,开创于清朝顺治十八年,至今已有 300 多年的历史。

二、材料、仪器及设备

1. 材料与配方 以 100 只鸡计:100 只鸡、砂仁 50g、丁香 30g、肉桂 100g、陈皮 200g、白芷 60g、肉豆蔻 150g、草果 800g、良姜 150g、食盐 2～3kg、酱油 1kg、蜂蜜 3kg、冰糖 2kg、葱 4kg、生姜 3kg、八角 800g、植物油 15kg、料酒 500g。

2. 仪器及设备 台秤、天平、砧板、刀具、盆子、煮锅、纱布、油炸炉、刷子、禽类脱毛机、烧水器。

三、工艺流程

原料选择→屠宰煺毛→开膛取内脏→造型→烫皮、上色→油炸→煮制→成品

四、操作要点

1. 原料选择 选择鸡龄在 6～10 个月龄以内,活重为 2～2.5kg 的健康鸡,相同条件下健康母鸡最好。

2. 屠宰煺毛 采用颈下"切断三管"宰杀,为了方便造型,宰杀的刀口尽量往下一点。充分放血后,用 70～75℃热水浸烫 2～3min 后即进行煺毛,煺毛采用脱毛机脱毛,人工煺毛的顺序一般是:头颈—两翅→背部→腹部→两腿。

3. 开膛取内脏 首先将嗉囊剥离,在腹部离肛门前 2cm 处开 3～4cm 长的横切口,用两手指伸入,剥离鸡油,取出鸡的全部内脏,用冷水清洗鸡体内部及全身。

4. 造型 将鸡两脚爪交叉从腹部开口处插入腹腔内,把左翅从放血开口处伸进去,从嘴里面抽出来,再将左小翅转向别在左大翅上,这样就把鸡头和左翅固定了,最后将右小翅反过来别在右大翅上,造型结束后,整只鸡看上去像在睡觉一样。

5. 烫皮、上色 将整形后的鸡放入 90℃左右的热水中浸烫 1～2min 捞出,配制 4:6 的蜂蜜水(4 份蜂蜜加 6 份纯净水混合均匀),待鸡体上水分晾干后,用刷子将配制好的蜂蜜水均匀的涂膜在造型后的鸡体表面,晾干表面水分。

6. 油炸 将上好糖液的鸡放入加热至 150～170℃的植物油中翻炸 3～5min,待鸡体表面呈深黄色时即可捞出,然后在每只鸡的肚子里放入一根葱和一块姜,以除去鸡体内的腥味。

7. 煮制 将香辛料用纱布包好,加适量的水煮沸 10～15min,或者使用老汤,然后将

炸好已放置好葱姜的鸡体放入配好的汤中，并同时加入食盐、料酒、冰糖、酱油等辅料，用大火烧开，后改用小火焖煮 2～4h，待熟烂后，将鸡捞出锅即可。

五、注意事项

（1）原料鸡会影响成品的色、型、味和出品率，所以在原料选择时鸡体不能太大也不能太小。

（2）鸡烫毛的温度不能太高也不能太低，温度太高会将鸡皮烫破，皮下脂肪渗出，破坏鸡体的完整性；温度太低不能使鸡的毛囊展开，不好褪毛，可能会把鸡皮拉破。

（3）油炸的温度和时间会影响上色。因为上色的原理是发生了焦糖化反应，如果油温控制不好，忽高忽低，就会使其上色不均匀，炸制时间太短，鸡颜色太浅，时间过长，颜色过深。

（4）炸鸡时动作要轻，随时翻动，不能把鸡皮弄破。

（5）煮制时的火候和时间相当关键，煮制时要用文火慢慢炖，还要根据鸡的大小、肥瘦、雌雄、来决定火候的大小和炖的时间长短，以使鸡肉入味。

（6）捞鸡出锅时要眼疾手快，稳而准，确保鸡体完整，不破不裂。

六、质量标准

成品外形完整，形态别致，色泽酱黄带红，味香肉烂，咸中带甜，食后口留余香。出品率一般在 65% 左右。

七、思考与应用

1. 烧鸡加工对原料鸡有什么要求？
2. 简述烧鸡的加工过程。
3. 烧鸡加工中哪些环节操作不当容易引起鸡体破皮？
4. 通过实训加工烧鸡，总结烧鸡加工对火候的要求。

「任务 3　肴肉加工」

一、产品特点

肴肉皮色洁白，光滑晶莹，卤冻透明，瘦肉红润，香酥可口，食不塞牙，肥肉不腻，食之不厌，是一种具有香、鲜、酥、嫩四大特色的冷食肉制品。其中以江苏镇江的肴肉最为出名。镇江肴肉是江苏省镇江市著名传统佳品，历史悠久，驰名中外。

二、材料、仪器及设备

1. 材料与配方　以 100kg 去爪猪蹄计：100kg 去爪猪蹄、料酒 1kg、食盐 7～8kg、白糖 1kg、明矾 30g、生姜 1kg、硝水 3kg（硝酸钠 30g 拌于 5kg 水中）、五香粉 400g、葱 2kg。

2. 仪器及设备　台秤、天平、砧板、刀具、盆子、煮锅、铁钎、烧水器、操作台、纱布、竹箅。

三、工艺流程

原料选择与整理→腌制→煮制→压蹄→成品

四、操作要点

1. 原料选择与整理   选择新鲜的猪前、后蹄膀（前蹄膀为好），去爪除毛，剔骨去筋，清洗并刮净污物杂质。将蹄膀平放在操作台上，皮朝下用刀尖在蹄膀的瘦肉上刺若干个小孔。

2. 腌制   将硝水和食盐洒在猪蹄膀上，揉匀揉透，平放入有老卤汤的缸内腌制。春、秋季节每只蹄膀用盐 100g 左右，腌制 3~4d；夏季每只用盐 120g 左右，腌制 6~8h；冬天用盐 90g 左右，腌制 7~10d。腌制好出缸后，将蹄膀放入冷水中浸泡 8h，以除去涩味。取出刮去皮上污物，用清水冲洗干净。

3. 煮制   将全部香料分装入 2 个纱布包内（葱姜分小段），并扎紧袋纱布包口并放入锅内，在锅中加入清水 50kg，盐 4kg，明矾 15g，用旺火烧开，打掉浮沫，放入猪蹄膀，将蹄膀皮朝上，逐层相叠，最上一层皮朝下。加入料酒，在蹄膀上盖上竹箅一只，上放洁净的重物压紧蹄膀，用小火煮约 1.5h，将蹄膀上下翻换，重新放入锅内，再煮制 3h 左右，至九成烂时出锅，捞出香料袋，汤留用。

4. 压蹄   取直径 40cm，边高 4.3cm 的平底盆 50 个左右，每个盆内平放 2 只蹄膀，皮朝下。每 5 个盆叠压在一起，上面再盖一个空盆。压 20min 后，将所有盆内渗出的油卤逐个倒入锅内，与原来煮蹄膀的汤合在一起，用旺火将汤卤烧开，打去浮油，放入明矾 15g，清水 2~3kg，再烧开并打去浮油，将汤卤舀入蹄膀盆内，淹没肉面，置于阴凉处自然冷却凝冻（天热时，凉透后放入冰箱凝冻），即成水晶肴蹄。煮开的余卤即为老卤，可供下次继续使用。

五、注意事项

（1）蹄膀原料一定要新鲜，其中以前蹄膀加工出来效果为最好。

（2）在不破坏蹄膀完整性的前提下，在蹄膀的瘦肉上刺的小孔越多，越有利于腌制料液的渗透，加工出来的肴肉颜色和风味更好。

（3）在蹄膀煮制过程中，一定要用小火慢慢煮制并上下翻动一次，这样才能更好地使蹄膀熟化并且入味，而且降低了加工成本。

（4）压蹄后冷却不能急于求成，最好就是在自然条件下慢慢冷却凝冻，如果天热需要放入冰箱一定要凉透再放入冰箱，不然会影响成品的风味。

六、质量标准

成品皮白，肉呈微红色，肉汁呈透明晶体状，表面湿润，入口有很爽口的弹性，香酥适中，食不塞牙，无异味，无异臭。

七、思考与应用

1. 肴肉加工对原料有什么讲究？

2. 思考肴肉的加工过程。

3. 煮制加工时，为什么要用重物压紧蹄膀？

4. 通过实训制作肴肉，总结肴肉加工对火候的要求。

5. 总结归纳酱汁肉、烧鸡、肴肉加工过程中，对火候的要求有什么异同。

项目九　熏烤肉制品加工

【能力目标】

1. 掌握烟熏制品的加工工艺及操作要点；
2. 掌握烧烤制品的加工工艺及操作要点。

【知识目标】

1. 知道熏烤肉制品的概念、种类与加工的原理；
2. 了解熏制的目的、熏烟成分及作用；
3. 掌握熏制、烤制常用的方法。

【相关知识】

熏烤肉制品一般是指以熏制和烤制为主要加工工艺生产的一类肉制品。熏制和烤制为两种不同的加工方法，其产品分为烟熏制品和烧烤制品两大类。

烟熏肉制品指以烟熏为主要加工工艺生产的一类肉制品。根据熏制时原料状态可分为生熏制品和熟熏制品两种。生熏制品指原料经整理、腌制后，烟熏而成的一类生肉制品，产品特点：呈棕黄色，烟香纯正，肉色鲜艳，味道适中。代表产品有火腿、培根、猪排、猪舌、四川腊肉等。熟熏制品多指原料在煮熟后进行熏制的一类熟肉制品，产品特点：外观金黄，表面干燥，烟熏风味，耐贮性好。代表产品有熏肘子、熏猪舌、沟帮子熏鸡等。

烟熏肉制品的熏制是利用木材、木屑、茶叶、甘蔗皮、秸秆等材料不完全燃烧而产生的熏烟和热量使肉制品增添特有的烟熏风味，提高产品质量的一种加工方法。腌制和烟熏经常相互紧密地结合在一起，在生产中先后相继进行，烟熏肉必须预先腌制。烟熏和加热一般同时进行，也可借温度控制而分别进行。

一、烟熏的目的

烟熏是利用熏材不完全燃烧产生的烟气对肉品进行熏制的工艺过程。烟熏可以提高产品的贮藏性和使制品呈现烟熏风味的作用。

烟熏的目的主要有：赋予制品特殊的烟熏风味，增进香味，提高制品的适口性；使制品外观具有特有的烟熏色，对加硝盐的制品有促进发色的作用；脱水干燥，杀菌防腐，提高肉制品的耐藏性；烟气成分渗入肉内部，防止脂肪氧化。

人们过去常以提高产品的贮藏性为烟熏的主要目的，从目前市场销售和消费者喜好来看，烟熏的主要目的是使产品呈现特殊的烟熏风味。

1. 呈味作用　烟气中有许多有机化合物，如酚、有机酸、醛、酮、羰基化合物、酯类等物质附着在制品上，赋予制品特有的烟熏香味。特别是酚类中的 4-甲基愈创木酚、愈创木酚是最重要的风味物质。此外，伴随着烟熏的加热，促进了微生物、蛋白质及脂肪的分解，生成氨基酸和低分子肽、碳酰化合物、脂肪酸等风味物质，使肉制品产生独特的风味。使烟熏制品呈现烟熏风味是目前加工烟熏制品的主要目的。

2. 发色作用　烟熏时可赋予肉制品良好的色泽，表面呈棕褐色，脂肪呈金黄色，肌肉组织呈暗红色。发色的原因是由熏烟成分与制品成分和空气中氧发生化学反应的结果，加温可促进发色效果。

熏烟成分中的羰基化合物，可以与肉中蛋白质或其他含氮物中的游离氨基发生美拉德反应。

随着烟熏的进行，肉温提高，促进一些还原性细菌的生长，加速硝酸盐还原为亚硝酸盐，发色效果良好。

焦油的吸附产生独特的烟熏颜色。

3. 脱水干燥作用　肉制品烟熏的同时也伴随着干燥。烟熏使制品表面脱水，抑制细菌的生长繁殖，有利于制品的保存。同时在烟熏过程中，水分的蒸发有利于烟气的附着和渗透。

4. 杀菌防腐作用　由于烟气中含有如有机酸、醛、酚类等抑菌的物质。随着烟气中的有机酸在肉制品中的沉积，使肉制品呈现一定的酸性，从而对腐败菌具有抑制作用，从而达到防腐目的。醛类本身就具有一定防腐性，特别是甲醛的防腐作用更为突出，甲醛不仅自身能防腐，还能与制品中蛋白质、氨基酸等含有的游离氨基结合，使制品的碱性减弱，酸性增强，从而增加制品的防腐性。酚类也有一定的防腐作用，但其作用比较弱。

5. 抗氧化作用　熏烟中的许多成分具有抗氧化作用，能防止脂肪酸败。烟熏成分中的酚类就具有良好的抗氧化作用，特别是邻苯二酚、邻苯三酚及其衍生物抗氧化作用更为显著。

二、熏烟成分及作用

熏烟是由水蒸气、气体、液体和微粒固体组成的混合物，熏制的过程就是制品吸收木材分解产物的过程，因此木材的分解产物是烟熏的关键。烟气中化学成分常因烟熏材料的种类、燃烧条件的不同而有差异，并随烟熏的进行不断发生变化。熏烟的成分很复杂，现已从木材产生的熏烟中分离出200多种化合物。烟的化学成分中对肉制品质量影响较大的有酚类、醇类、有机酸类、羰基化合物、烃类等。

1. 酚类　熏烟中有20多种酚类。酚类在熏制中的主要作用有抗氧化作用和抑菌防腐作用，同时使制品产生特有的烟熏风味。

2. 醇类　熏烟中醇的种类很多，主要有甲醇、伯醇、仲醇等。熏烟中的醇类也有杀菌防腐作用，但由于含量太低，作用很弱，其主要作用是挥发性成分的载体。

3. 有机酸类　熏烟中的有机酸具有一定的防腐作用，产生酸味，同时还有独特的气味，能加强烟熏效果，但其防腐作用和呈味作用均较弱。有机酸有促进制品表面蛋白质凝固的作用，在生产去肠衣的肠制品时，有利于肠衣的去除。

4. 羰基化合物　熏烟中的羰基化合物主要是醛类和酮类，这些羰基化合物在熏烟成分中对熏制品均具有重要作用。制品所产生的烟熏风味和呈现的烟熏色泽主要是由这些成分提供的。醛类也有一定的杀菌力，对提高制品耐贮性有一定作用。

5. 烃类　从烟熏制品中能分离出许许多多的环烃类物质，其中有苯并蒽、二苯并蒽、苯并芘等，这些物质中有些是强致癌物质，如 3,4-苯并芘就是强致癌物质，由于制品与燃烧产物直接接触或随着熏烟温度的上升，制品中的 3,4-苯并芘的含量会直线上升。为了减少制品中的致癌物质含量，提高烟熏制品的食用安全性，可以采取将发烟室与烟熏室分开、控制生烟温度、进入烟熏室之前对熏烟进行过滤、隔离保护、液熏等多种措施。

三、熏制的方法

1. 冷熏法　在低温下进行较长时间的熏制，熏制温度通常为 15～30℃，熏制时间为 4～20d。熏制前物料需要进行盐渍，干燥成熟。熏后产品的含水量一般在 40% 左右，可长期贮存，但烟熏风味不如温熏法。冷熏法宜在冬季进行，在夏季或温暖地区，由于气温高，温度很难控制，特别当发烟少的情况下，容易发生酸败现象。此法常用于带骨火腿、培根、风干香肠等的烟熏，用于烟熏不经过加热工序的制品。

2. 温熏法　原料经过适当的腌制（有时还可以加调味料），然后用较高的温度（40～80℃，最高 90℃）进行一段时间的烟熏。温熏法又可分为中温法和高温法两种。

（1）中温法　制品周围熏烟温度在 30～50℃，用于培根、带骨火腿及通脊火腿的熏制，烟熏时间通常为 5～6h，最长不超过 1～2d。此法通常采用橡木、樱木和锯末熏制。木材放在烟熏室的格架底部，上面放锯末，点燃后慢慢燃烧，使室内温度逐步上升。用这种温度熏制，制品重量损失少，风味好，但耐贮性差。

（2）高温法　也称为热熏法。熏烟温度在 50～80℃，通常在 60℃ 左右熏制，时间为 4～6h，烟熏时间不必太长，因为在短时间内就会形成较好的烟熏色泽，是广泛应用的一种熏制方法。在此温度范围内熏制品表面蛋白质几乎全部凝固，其表面硬度较高，而内部仍含有较多水分，富有弹性。熏制的温度必须缓慢上升，否则会产生发色不均匀的现象。

3. 焙熏法　又称熏烤法。熏烟温度在 90～120℃，熏制时间较短，是一种特殊的烟熏方法。由于熏制温度较高，熏制的同时达到熟制的目的，制品不必进行热加工就可直接食用。此法加工的肉制品耐贮性差，应迅速食用。

4. 电熏法　在烟熏室配制电线，电线上吊挂原料，间隔 5cm 排列，在送烟的同时给电线通 1 万～2 万 V 的高压直流电或交流电，进行放电。熏烟的粒子由于放电作用而带电荷，急速地吸附在制品表面并向制品内部渗透，以提高风味，延长贮藏期。电熏法烟熏时间短，只有温熏法的 1/2，延长贮藏期限；电熏法所得制品内部甲醛含量较高，不易生霉。电熏法会造成烟熏不均匀，制品尖端部位沉积物较多，再加上成本较高，目前此法还没有得到普及。

5. 液熏法　用液态烟熏制剂代替烟熏的方法称为液熏法。液熏法是不用烟熏，而是将木材干馏并经过特殊净化去掉有害成分、保留有效成分的烟收集起来进行浓缩，制成液态烟熏制剂。利用液态烟熏制剂的方法有两种，一种是用液态烟熏制剂代替熏烟材料，用加热的方法使其挥发，包附在制品上，仍需要烟熏设备。另一种方法是通过浸渍或喷洒法，将液态烟熏制剂直接加入制品中，可省去全部的烟熏工序。目前该法已在国内外广泛应用，代表烟熏技术的发展方向。使用液态烟熏制剂与天然熏烟相比有不少优点：

（1）不再需要熏烟发生器，可以减少投资费用。

（2）由于液态烟熏制剂成分比较稳定，过程具有较好的重复性，便于自动化生产。

（3）由于净化除去了熏烟中的有害成分，提高了制品的卫生安全性。

四、烤肉制品的概念与加工的原理

烤肉制品是指将原料肉腌制，经过烤炉的高温将肉烤熟的肉品。烤肉制品以烤制为主要加工工艺生产的肉制品，具有特殊的烤香味，色泽诱人，皮脆肉嫩，肥而不腻，鲜香味美等特点。

烤制是利用烤炉或烤箱在高温条件下干烤，温度为 $180\sim220℃$，由于温度较高，使肉表面产生一种焦化物，从而使制品香脆酥口，有特殊的烤香味，产品已熟，可直接食用。

烤制是利用热空气对原料进行的热加工。原料肉经过高温烤制，表面变得酥脆，产生美观的色泽和诱人的香味。肉类经烧烤产生的香味，是由于肉类中的蛋白质、糖、脂肪和金属等物质，在加热过程中，经过降解、氧化、脱水、脱羧等一系列变化，生成醛类、酮类、醚类、内酯、呋喃、吡嗪、硫化物、低级脂肪酸等化合物，尤其是糖、氨基酸之间的美拉德反应，它不仅生成棕色物质，同时还生成多种香味物质，赋予肉制品特殊的香味。蛋白质分解产生谷氨酸，与盐结合使肉制品带有鲜味。

此外，在加工过程中，腌制时加入的辅料也有增香作用。在烤乳猪、烤鸭时，浇淋糖水所用麦芽糖，在烧烤时这些糖有与皮层蛋白质分解产生的氨基酸，发生美拉德反应，也起到美化外观和增香作用。

烧烤前经浇淋热水和晾皮，使皮层蛋白质凝固、皮层变厚、干燥，烤制时。在热空气作用下，蛋白质变性而酥脆。

烤肉制品的代表产品有：北京烤鸭、广东烤乳猪、广东叉烧肉。

五、烤制方法

烤制方法分为明炉烤制和暗炉烤制两种，所使用的热源有木炭、无烟煤，红外线电热装置等。

1. 明炉烤制法　把制品放在明火或明炉上烤制称为明炉烤制法。从使用设备来看，明炉烤制分为三种：

（1）先把原料肉腌制好后叉在铁叉上，在不关闭的长方形烤炉内烧红木炭，再将铁叉放在烤炉上烤制。在烤制过程中，有专人将原料不断转动，使其受热均匀，成熟一致。广东烤乳猪就是利用这种方法。

（2）将原料肉切成肉丁或肉片，经过腌制处理后穿在铁钎上，架在火槽上，边烤边翻动，烤制成熟，烤羊肉串就是利用这种方法烤制。

（3）铁盆架在炭火上，先将铁盆烧热，再把经过腌制的薄肉片倒在铁盆上，用木筷翻动搅拌，成熟后取下食用，这是铁板烤肉的做法。

明炉烤制设备简单，温度容易控制，火候容易把握，操作方便，着色均匀，成品质量较好。但烤制时间较长，花费人工较多。野外烧烤肉制品多属于明炉烤制法。

2. 暗炉烤制法　把制品放在封闭的烤炉中，利用炉内高温使其烤熟，称为暗炉烤制法。由于制品要用铁钩钩住原料，挂在炉内烤制，又称挂炉烤制法。北京烤鸭、广东叉烧肉都是利用这种烤法。从使用设备来看，暗炉烤制法分为三种：

（1）用砖砌炉烤制，中间有一个特制的烤缸，烤缸有大小之分，一般小的可烤 6 只烤鸭，大的一次可烤 12~15 只烤鸭。这种炉的优点是制品风味好，设备投资少，保温性能好，省热源，但不能移动。

（2）用铁桶炉烤制，炉的四周用厚铁皮或不锈钢制成，做成桶状，可移动，但保温效果差，用法与砖砌炉相似，均需人工操作。

以上两种暗炉烤制都是用木炭作为热源，因此风味较好。

（3）用红外电热烤炉烤制，比较先进，炉温、烤制时间、旋转方式均可设定控制，操作方便，节省人力，生产效率高，但投资较大，制品风味不如前两种暗炉好。

暗炉烤制法应用比较多，对环境污染小，一次烤制的量也较多，花费人工少，但火候不均匀。

「任务 1　沟帮子熏鸡加工」

一、产品特点

沟帮子是辽宁省北针县的一座集镇，以盛产味道鲜美的熏鸡而闻名北方地区。沟帮子熏鸡是辽宁省著名的风味特产之一，已有近百年的历史。沟帮子熏鸡呈枣红色，肉质细嫩，熏香浓郁，味美爽口，具有熏鸡独特的香味，深受北方人的欢迎。

二、材料、仪器及设备

1. 材料与配方　鸡 400 只、食盐 10kg、白糖 2kg、味精 200g、香油 1kg、胡椒粉 50g、香辣粉 50g、五香粉 50g、丁香 150g、肉桂 150g、砂仁 50g、肉豆蔻 50g、砂姜 50g、白芷 150g、陈皮 150g、草果 150g、桂皮 150g、鲜姜 250g、山奈 50g、锯末适量。

以上辅料是有老汤情况下的用量，如无老汤，则应将以上的辅料用量增加一倍。

2. 仪器及设备　冷藏柜、煤炉、煮锅、铁锅或烟熏炉、台秤、砧板、刀具、盆、托盘。

三、工艺流程

原料选料→宰杀、整形→投料打沫→煮制→熏制→成品

四、操作要点

1. 原料选料　选用一年内的健康活鸡为原料，最好选用公鸡。

2. 宰杀、整形　颈部放血，烫毛褪毛后，腹下开膛，取出内脏，用清水冲洗，清水浸泡 1~2h 待鸡体发白后取出并沥干水分。在鸡下胸脯尖处割一小圆洞，将两腿交叉插入洞内，用剪刀将膛内胸骨两侧的软骨剪断，两翅在鸡颈后交叉，再由鸡颈放血口处插入口腔，使之成为两头尖的造型。鸡体煮熟后，胸脯肉丰满突起，形体美观。

3. 投料打沫　先将老汤煮沸，盛起适量沸汤浸泡新添加辅料约 1h，然后将辅料与汤一起倒入沸腾的老汤锅内，继续煮沸约 5min，捞出辅料，并将上面浮起的泡沫撇除干净。

4. 煮制　把造型好的白条鸡放入锅内，加水以淹没鸡体为度，用大火煮沸后改小火慢煮，防止因火力过猛导致皮裂开，影响商品外观。煮到半熟时再加入食盐，一般嫩鸡煮约 1h，老鸡煮约 2h 即可出锅。出锅时应用特制钩搭轻取轻放，保持体形完好。

5. 熏制　出锅后趁热在鸡体上刷一层香油，放在铁丝网上，网下面架有铁锅，铁锅内

装有白糖与锯末（白糖与锯末的比例为 3∶1），然后点火干烧锅底，使其发烟，盖上锅盖熏制，约 5min 后迅速将鸡体翻个身，再盖锅盖熏制 5min 左右，鸡皮呈红黄色时即可出锅。熏好的鸡还要刷上一层香油，以增加制品的香气和保藏性。

五、注意事项

（1）原料选择时，公鸡优于母鸡，因母鸡脂肪多，成品油腻影响质量。

（2）宰杀时，切颈放血要切断"三管"（气管、食管、血管）。浸烫时，水温保持在 65℃，浸烫时间为 35s 左右，以拔掉背毛为度。浸烫时要不时翻动，使其受热均匀，特别是头、脚要烫充分。水温不要过高过低。水温过高，浸烫时间过长，可引起体表脂肪溶解，肌肉蛋白变性凝固，皮肤容易撕裂；水温过低，浸烫时间过短，则拔不掉毛。烫毛池的水要经常更换。拔毛时先拔掉翅毛，再用手掌推去背毛，回手抓去尾毛，然后翻转禽体，抓去胸、腹部毛，最后拔去头颈部毛。拔毛要求干净，防止破皮。现在多用拔毛机进行机械拔毛，可提高功效，减轻劳动强度。

（3）煮制过程中要勤翻动，出锅时，要保持微沸状态，切忌停火捞鸡，这样出锅后鸡躯干爽质量好。

六、质量标准

沟帮子熏鸡形体美观，成品色泽枣红发亮，肉质细嫩，熏香浓郁，味美爽口，具有熏鸡的独特风味。

七、思考与应用

1. 沟帮子熏鸡在配料上有何特点？

2. 沟帮子熏鸡加工时如何进行投料？

3. 沟帮子熏鸡在没有烟熏炉的条件下如何进行熏制？

4. 简述沟帮子熏鸡的加工过程。

5. 结合实训体会，谈谈沟帮子熏鸡加工中的注意事项。

「任务 2　北京烤鸭加工」

一、产品特点

北京烤鸭是北京的名食，被誉为"天下第一美味"。北京烤鸭历史悠久，在国内外享有盛名，是我国著名特产。北京烤鸭烤成后的鸭体甚为美观，皮面呈枣红色，油光发亮，表皮和皮下结缔组织以及脂肪混为一体，皮层变厚，鸭体丰满，具有皮脆肉嫩，香味浓郁，肉质鲜酥，肥而不腻等特点。

二、材料、仪器及设备

1. 材料与配方　北京填鸭（或光鸭），麦芽糖水（1 份糖 6 份水，在锅内熬成棕红色）。

2. 仪器及设备　冷藏柜、烤炉、打气筒、加热灶、台秤、砧板、刀具、盆、鸭撑子、挑鸭杆、挂鸭杆。

三、工艺流程

原料选择→宰杀造型→洗膛→烫皮→浇淋糖色→晾皮→灌汤打色→烤制→成品

四、操作要点

1. 原料选择　烤鸭的原料必须是经过填肥的北京填鸭，以 55～60d 龄，活重 2.5～3.0kg 为宜，无条件的可选用重约 2kg 的光鸭代替。

2. 宰杀造型　填鸭经宰杀、放血、烫毛、煺毛后，将鸭体置于案板上，从小腿关节处切去双掌，拉出鸭舌，并剥离颈部食道周围的结缔组织，将食管打结，把气管拉断、取出，伸直脖颈，把气筒的气嘴从刀口部位捅入皮下脂肪和结缔组织之间，给鸭体充气使气体充满全身，把鸭皮绷紧，鸭体膨大，拔出气嘴。将食指捅入肛门内勾住并拉断直肠，再将直肠头取出体外。在鸭右翅下割开一条 3～5cm 的刀口，从刀口处取出所有内脏。再取长 7cm 左右的秸秆或小木条，两端削成三角形和叉形，由刀口送入鸭腹腔内，一端置于脊椎骨上，另一端顶在三叉骨上，使鸭胸脯隆起，使其在烤制时形体不致扁缩。

3. 洗膛　将鸭坯浸入 4～8℃清水中，使水从刀口灌入腹腔内，晃动鸭体后，用手指插入肛门掏净残余的鸭肠，并使水由肛门排出。反复灌洗几次，即可净腔。

4. 烫皮　用鸭钩钩在离鸭肩约 4cm 处的颈椎骨（右侧下钩，左侧穿出），提起鸭坯，再用沸水往鸭皮上浇淋烫皮，先浇刀口处，使之紧缩，严防从刀口跑气，然后再浇烫全身，以使毛孔紧缩、皮肤绷紧，便于烤制，一般三勺水即可使鸭体烫好。

5. 浇淋糖色　糖色的配制用麦芽糖水在锅内熬成棕红色。熬好后趁热向鸭体浇淋，方法同烫皮一样，先淋两肩，再淋两侧。浇淋糖色的目的是使鸭体烤后呈棕红色，表皮酥脆。

6. 晾皮　将烫皮上糖色后的鸭坯挂在阴凉、通风的地方，使鸭皮干燥。一般在春秋季节晾 2～4h，夏季晾 4～6h，在冬季要适当增加晾的时间。

7. 灌汤打色　用鸭堵塞（或用 6～8cm 中间带节玉米秸秆）卡住肛门口，由鸭身的刀口处灌入开水 70～100mL，称为灌汤。灌汤的目的是鸭坯进炉后水分会激剧汽化，外烤内蒸，达到制品成熟时外脆内嫩的特点。灌好后再向鸭体表面浇淋糖色不均匀的地方再浇淋糖色，以弥补浇淋糖色的不均匀现象，称为打色。

8. 烤制　炉温一般控制在 230～250℃。鸭坯入炉后，先挂在前梁上，刀口一侧向火，让炉温首先进入体腔，促使腔内汤水汽化，使其快熟。当右侧烤至橘黄色时，转动鸭体，使左侧向火，待两侧呈同样颜色时，用烤鸭杆挑起旋转鸭体，烘烤胸脯、下肢等部位，使全身都烤成橘黄色。把鸭体挂到炉的后梁，烤鸭体的后背，鸭身上色已基本均匀，然后旋转鸭体，反复烘烤，直到鸭体全身呈枣红色时，即可出炉。一般一只 1.5～2.0kg 的鸭坯在炉内烤 35～50min 即可全熟。鸭子烤好出炉后，可趁热刷上一层香油，以增加皮面光亮程度，并可除去烟灰，增添香味，即为成品。一般鸭坯在烤制过程中失重 1/3 左右。

9. 成品　成品北京烤鸭色泽红润，鸭体丰满，表皮和皮下组织、脂肪组织混为一体，皮层变厚，皮质松脆，肉嫩鲜酥，肥而不腻，香气四溢。

五、注意事项

（1）鸭体充气要丰满，皮面不能破裂，打好气后不要用手触碰鸭体，只能拿住鸭翅，腿骨和颈。

（2）烫皮、上糖色时要用旺火，水要沸腾，先淋两肩，后淋两侧，均匀烫遍全身，使皮层蛋白质凝固，烤制后表皮酥脆，并使毛孔紧缩、皮肤紧绷、减少烤制时脂肪流出，烤后皮面光亮、美观。

（3）晾鸭坯时要避免阳光晒，也不要用高强度的灯照射，并随时观察鸭坯变化，如发现鸭皮溢油（出现油珠儿）要立即取下，挂入冷库保存，同时还要注意鸭体不能挤碰，以免破皮跑气，更不能让鸭体沾染油污。

（4）灌汤前因鸭坯经晾制后表皮已绷紧，所以肛门捅入堵塞的动作要准确、迅速，以免挤破鸭坯表皮。灌汤的鸭体在烤制时可达到外烤内蒸，制品成熟后外脆内嫩。

（5）在烤制过程中，火力是个关键，炉温过高，时间过长，会将鸭坯烤成焦黑色，皮上脂肪大量流失，皮如纸状，形如空洞，时间过短，炉温过低，会造成鸭皮收缩，胸脯下陷和烤不透，均影响烤鸭的质量和外形。另外鸭坯大小和肥度与烤制时间也密切相关，鸭坯大，肥度高，烤制时间长，反之则短。

（6）对于鸭子是否已经烤熟，除了掌握火力、时间、鸭身的颜色外，还可倒出鸭腔内的汤来观察。当倒出的汤呈粉红色时，说明鸭子7~8成熟；当倒出的汤呈浅白色，清澈透明，并带有一定的油液和凝固的黑色血块时，说明鸭子9~10成熟。如果倒出的汤呈乳白色，油多汤少时，说明鸭子烤过火了。

（7）烤鸭最好现制现食，久藏会变味失色，如要贮存，冷库内的温度宜控制在3~5℃。在冬季室温10℃时，不用特殊设备可保存7d，若有冷藏设备可保存稍久，不致变质。吃前短时间回炉烤制或用热油浇淋，仍能保持原有风味。食用时，需将鸭肉片成薄片。片片时，手要灵活，刀要斜坡，大小均匀，皮肉不分，片片带皮。

六、质量标准

北京烤鸭皮色油亮、呈枣红色，肌肉切面无血水，脂肪滑而脆，烤香浓郁，皮脆肉嫩，油而不腻；鸭体表皮完整、整洁，不粘有任何杂物。

七、思考与应用

1. 北京烤鸭加工中打气和烫皮的作用是什么？
2. 北京烤鸭烤制前为何要灌汤？灌汤时有什么技术要求？
3. 如何判断北京烤鸭鸭体成熟与否？
4. 简述北京烤鸭的加工过程。
5. 结合实训体会，谈谈北京烤鸭加工中的注意事项。

「任务3　广东叉烧肉加工」

一、产品特点

广东又称广式叉烧肉，是一种传统的中式肉制品，是广东省著名的烧烤肉制品之一，也是我国南方人喜食的一种食品，其以独特的风味为广大消费者所接受。广东叉烧肉具有色泽鲜明、光润香滑、块形整齐、软硬适中、多食不腻等特点。

二、材料、仪器及设备

1. 材料与配方　按 100kg 瘦猪肉计算，白糖 7.5kg、生抽酱油 5kg、精盐 1.5kg、绍兴酒（或 50°白酒）2kg、麦芽糖 5kg、香油 1.4kg。

2. 仪器及设备　冷藏柜、烤炉、台秤、砧板、刀具、塑料盆、托盘。

三、工艺流程

原料选择→整理→腌制→烤制→成品

四、操作要点

1. 原料选择　选用经兽医卫生检验合格的猪肉为原料，一般选用猪前、后腿瘦肉，可略带白膘。

2. 整理　将肉除皮、拆骨、去脂肪后，用刀切成长约 40cm、宽约 4cm、厚约 1.5cm、重约 250g 的肉坯，切好后用温水清洗，沥干水备用。

3. 腌制　把切好的肉坯放入盆内，加入酱油、白糖、精盐拌匀，腌制 40～60min，每隔 20min 翻拌一次，使肉坯充分均匀地吸收调料，再加入绍兴酒、香油拌匀。然后将肉一条条穿在铁排环上，每排穿 10 条左右，适当晾干。

4. 烤制　将烤炉温度升至 100℃，把穿好肉条的铁排环挂入炉内，关上炉门进行烤制。烤制过程中炉温逐渐升高至 200℃左右，烤制 10min 后，打开炉盖，转动排环，调换肉面方向，使其受热均匀，继续烤制 15min 即可出炉。待出炉肉条稍稍冷却后，放进麦芽糖溶液内浸没片刻或用热麦芽糖溶液浇在肉坯上，再放入炉内烤制 2～3min 即为成品。

五、注意事项

（1）广东叉烧肉品种很多，配方各异，可以根据品种选择配方。

（2）广东叉烧肉腌制时可采用干腌和湿腌的方法，湿腌时一般加 10％的清水溶解配料。

（3）烤制时注意调换肉的方向，以使肉条受热均匀，肉条顶部若有发焦现象，可用湿纸盖上。

（4）广东叉烧肉一般宜以销定产，不宜过多，隔天的叉烧肉会失去固有的色、香、味。如有剩余，可放在 0℃左右的冷藏柜或放在阴凉通风的地方，第二天复烤后方能出售。

六、质量标准

广东叉烧肉一般呈红褐色，条形整齐，软硬适中，香润光滑，咸甜适口，具有浓厚的烧烤香味和叉烧肉特有的香中透甜、甜中透香的特点。

七、思考与应用

1. 广东叉烧肉加工对原料选择有何要求？

2. 广东叉烧肉的各种配料在哪个工序中加入？

3. 如何控制广东叉烧肉烤制工序？

4. 简述广东叉烧肉的加工方法。

5. 结合实训体会，谈谈广东叉烧肉加工中的注意事项。

「任务4　广东烤乳猪加工」

一、产品特点

广东烤乳猪也称广东脆皮乳猪、烤乳猪、烧乳猪，是广东著名的烧烤制品。在清康熙时，曾为宫廷名菜，成为"满汉全席"中的一道主要菜肴。现在广东烤乳猪为最为著名的广东名菜，成为广州和港澳地区许多著名菜馆的首席名菜。产品皮色红亮，皮脆肉香，具有烧烤产品特有的香味，鲜美可口，入口即化，猪身表面完整、整洁，表面无任何杂物，无异味，是佐餐佳品。

二、材料、仪器及设备

1. 材料与配方　按一只重约 2.5kg 的光猪计算，五香粉 25g、精盐 50g、白糖 200g、汾酒 40g、调味酱 100g、南味豆腐乳 20g、味精 0.5g、芝麻酱 50g、麦芽糖 50g、蒜蓉 25g。

2. 仪器及设备　冷藏柜、加热炉、台秤、砧板、刀具、盆、铁环、铁钩、喷灯、刺针、远红外电烤炉。

三、工艺流程

原料选择→屠宰与整理→腌制→烫皮、挂糖色→烤制→成品

四、操作要点

1. 原料选择　选用皮薄、身肥丰满、活重 5～6kg 的健康无病小肥猪。

2. 屠宰与整理　刺颈放血后，用 65～70℃ 的热水浸烫，注意翻动，取出迅速除身上所有的猪毛及污物，用清水冲洗干净。从腹中线用刀剖开胸腹腔和颈肉，取出全部内脏器官并洗净（不劈半）；将头骨和脊骨劈开，切莫劈开皮肤，取出脊髓和猪脑，剔出第 2～3 条胸部肋骨和肩胛骨，用刀划开肉层较厚的部位，便于配料渗入。

3. 腌制　除麦芽糖之外，将所有辅料混合均匀后，均匀地涂擦在乳猪腹腔内，不要抹在猪身上，否则会影响商品外观和质量。腌制时间夏天约 30min，冬天可延长到 1～2h。

4. 烫皮、挂糖色　腌好的猪坯，用特制的长铁叉从后腿穿过前腿到嘴角，在腹腔安装木条支撑，使乳猪成型，把其吊起沥干水。然后用 80℃ 热水浇淋在猪皮上，直到皮肤收缩。待晾干水分后，将麦芽糖溶液（1 份麦芽糖加 5 或 6 份水）均匀地刷在皮面上，最后挂在通风处晾干表皮待烤。

5. 烤制　烤制有两种方法，一种是明炉烤制，另一种是用挂炉烤制。

（1）明炉烤制。铁制长方形烤炉，用木炭把炉膛内烧红，将腌制并叉好的乳猪放在炉上烧烤。先烤乳猪的内胸腹部肉面，约烤 20min 后，然后反转烤皮面，顺次烤头、尾、胸、腹部，对于容易烤熟并脱落的耳、尾可先用锡箔纸包裹好再烤制，烤 30～40min 后，当皮面色泽开始转黄和变硬时取出，再刷上一层植物油，而后再放入炉中烧烤 30～35min，当烤到皮脆，皮色变成金黄色或枣红色即为成品。猪的全身特别是较厚的颈部和腰部，需要进行针刺和刷油，使其迅速排出水分，保证全猪受热均匀。整个烤制过程不宜用大火。

（2）挂炉烤制。先将炉温升至 180～200℃，将烫皮和已涂麦芽糖晾干后的猪坯挂入烤

炉内，烤制 30min 左右，猪皮开始转色时，将猪坯移出烤炉外刺针，使猪身泄油。同时，用小刷子将油刷匀，再挂入炉内烤制 40~50min，至皮呈红黄色而且脆时即可出炉。挂炉烤制火候不是十分均匀，成品质量不如明炉。

五、注意事项

（1）原料宰杀、放血、去内脏等过程要保证光猪的完整、干净。

（2）烤制时温度先低后高，先熟制，后上色，发香。

（3）烤乳猪是宴席上品，如零售时须注意刀和砧墩的卫生，改刀时不要用力过猛，避免皮肉分开，影响美观。烤乳猪皮脆异常，以现烤现吃或随烤随卖为最佳。烤乳猪也可作为拼盘材料，不用炒食。

（4）烤制后的成品，若皮肤局部呈红色，有一块块的白色，有的部位烤黑，小焦泡不多，色泽不美，香味不浓者为次品。

（5）烤乳猪最好是挂在有防尘设施而干燥的橱框内，或放置在封口的陶瓷缸内，以防污染。夏季一般只能存放 1~2d，冬季 3~4d。

六、质量标准

表皮上色均匀、呈红色，油润，小焦泡布满全身，皮面一触即碎，香气扑鼻。

七、思考与应用

1. 广东烤乳猪加工对原料选择有何要求？

2. 广东烤乳猪的配方有何特点？

3. 比较广东烤乳猪明炉烤制与挂炉烤制的优缺点。

4. 简述广东烤乳猪的加工过程。

5. 结合实训体会，谈谈广东烤乳猪加工中的注意事项。

项目十　油炸肉制品加工

【能力目标】

1. 能独立进行典型油炸肉制品的生产加工；
2. 掌握油炸肉制品的生产配方设计及质量控制。

【知识目标】

1. 了解油炸肉制品的概念及油炸方法；
2. 理解油炸的基本原理；
3. 掌握油炸对食品质量的影响。

【相关知识】

油炸是食品熟制和干制的一种加工方法，是将食品置于较高温度的油脂中，使其加热快速熟化的过程。油炸也是一种较古老的烹调方法。油炸可以杀灭食品中的微生物，延长食品的货架期，同时，可改善食品风味，提高食品营养价值，赋予食品特有的金黄色泽。经过油炸加工的产品具有香酥脆嫩和色泽美观的特点。油炸既是一种菜肴烹调技术，又是工业化油炸食品的加工方法。油炸肉制品深受大众喜爱，在世界许多国家成为流行的方便食品。

在食品工业中，油炸工艺应用普遍，油炸食品种类繁多，在方便食品生产中占有重要的位置。目前，油炸食品加工已形成设备配套的工业化连续生产。

油炸工艺的技术关键是控制油温和热加工时间，不同的原料，其油炸工艺参数不同。一般油炸的温度为100～230℃，根据原料的组成、质地、质量和形状大小控温控时油炸加工，可获得优质的油炸肉食品。

一、油炸的基本原理

1. 油脂的基本性质　食品用油脂主要来源于动物脂肪组织和植物的种子中。常温下（18～20℃）呈液态的为油（含不饱和脂肪酸较多）。纯粹的脂肪是无色、无味的。但是各种脂肪都不是纯净的脂肪，所含的成分都不相同，这是脂肪具有自身特殊气味的主要原因。

油炸香味的扩散程度要大于煮制。这是由于热油中会分解出刺激性较强的丙烯烃（油烟味），另外，油脂中还含有少量挥发性芳香物质（这些都是沸水中所不具备的），它们的分子和原料自身香味的分子伴随在一起，在不同程度的作用下，迅速散溢，并且温度越高，分子活动越激烈，时间越长，散逸的香味越浓郁。

但是，油脂经长时间加热会发生黏度增高，酸性增加，以及产生刺激性气味等不良因素。食用油的燃点很高，一般在340～355℃。一般来说，油温在120～200℃炸制，食品中营养成分不会降低。油温在270℃以上不仅所含脂溶性维生素殆尽，而且人体必需的各种脂肪酸也遭到大量氧化，降低了油脂的营养价值。食品与高温油脂接触的一瞬间，食品中的各种维生素，特别是维生素C被大量破坏，造成营养损失。同时油脂温度过高，会使油脂温度过高，会使油脂氧化产生过氧化脂质，过氧化脂质对人体有害，它能阻止和干扰人体对蛋白质的吸收。因此，应尽可能避免把油烧到全锅冒青烟。除此之外，（尤其是动物油），在长期保管贮藏中极易发生氧化作用而变质。使其营养价值降低，并产生带有毒性的"过氧化物"，通过加热"过氧化物"很快分解。因此，在生产过程中，未经熬炼的油禁忌直接放入食品中，经毒刺高温油炸过原料的油中应当补充适当的新油，并及时用掉。

2. 油脂的导热性　油炸制品原料的烹制主要依赖于油脂传导热量。实际上，它还应该包括油与金属共同参与的导热，比如油煎、油煸等。所以，这种导热形式直观，是原料沉浸在油中或是紧贴锅底，铁锅和油脂共同传热致熟的。

这种导热形式的特点如下：从物理角度讲，油是热的不良导体，金属是热的良导体。在旺火上将铁锅烧红用不了多长时间，而要将已过油烧沸却需要一定的时间。油是盛放在铁锅里的，铁锅很快把热量传给油，加速油的升温，用油和金属作为导热体，原料很快把热量传给油，加速油的升温，用油和金属作为导热体，原料往往能更快地受到高温。油与金属都能传递很高的温度，原料遇到85℃以上温度细菌便被大量杀灭，畜类肉呈灰白色，趋于成熟。因此，油脂的高温能使原料肉在较短的时间里断生成熟。又因为缩短了加热时间，有些质地鲜嫩的原料就能在加热过程中减少水分的流失，使产品保持了爽脆软嫩的本色。

在正常大气压下，水的沸点是100℃，而油在四成热以上就超过了100℃。含水的原料遇到高于100℃的油脂，表层迅速脱水，变脆。一些挂糊的制品所以能外脆里嫩。就是因为淀粉糊化，脱水结壳变脆，又阻挡了原料水分的外溢。油脂温度越高，蒸发也就越快，动物原料中含有酯、酚、醇等有机物质，加热后离析出来，一部分与油分子一起散发在空气中。所以，油导热做出的产品香味都很浓郁。

淀粉能够吸收水分，尤其遇到沸水会膨胀糊化，吸水加剧，并有部分溶解于水中。然而，淀粉在油锅里遇热糊化时并不吸收油分，上浆挂糊的原料过油之后，才会使淀粉外衣与原料合为一体。淀粉遇热后，糊化产生黏性，附着在原料的表面，在低油温中加热成熟的原料表面还会光润柔滑。

油导热还能最大限度地突出原料的本味，增加油的香肥味。原料在油锅中，成熟的过程也就是脱水的过程，原料中的水分只出不进。没有冲淡原味的因素，相反只会使原味越来越浓。有些原料还会吸收部分油脂，使制品味道更美。

油与金属同时作为导热体的加热形式略不同于油导热，它的热量传播更直接，温度也更高，原料表层脱水变脆更快，香味愈浓。这种导热形式，原料总是部分地与导热体接触，因此操作时应注意经常变换原料的受热部位。

油导热主要依靠热的对流作用，当铁锅把热量传给了导热体油时，与锅底接触的油脂部位最先受热，体积膨胀，相对密度大的下沉，这样往复循环，整锅油慢慢趋于沸腾。因此，我们可见油锅在刚开始加热时，油面波动较大，而到了将要达到沸点时，除了青烟直冒，油面反而平静，因为这时的油温上已相当接近了。油从常温到沸点，其温差在200℃左右。温差大，则掌握油温成为一项专门的基本技术，通常油温的度数都是根据目测油面的反映而定的，灵活性很大。因为操作时可变因素很多，诸如原料与油的数量之比，油温与火力强弱的对应，油温与原料入锅的速度，油温与原料形体、质地的关系等。即便用温度计也难直接测试到合适的温度。因此，油炸时掌握好油温十分重要。

根据油锅的温度可分温油锅、热油锅和旺油锅三种。区别油的温度，可视在其锅面的不同特征来确定。一般温油锅的油温在 70～100℃，锅面无青烟，无响声，油面较平静；热油锅的油温在 110～170℃，锅面冒青烟，油面仍较平静，用铁勺搅动时有响声；旺油锅的油温达到 230℃ 以上，此时全锅冒青烟，油面翻滚，称为沸油。

食用油的燃点很高，一般在 340～355℃。原料下锅时的油温，应根据火候、原料性质和数量决定。一般情况下，原料质老、块大、数量多，下锅时的油温可高一些，否则应低一些。一般掌握在 150℃ 左右为宜。

二、油炸对肉制品质量的影响

油炸对食品的影响主要包含三个方面：一是油炸对食品感官品质的影响，二是油炸对食品营养成分和营养价值的影响，三是油炸对食品安全性的影响。

1. 油炸对食品感官品质的影响　油炸的主要目的是改善食品的色泽和风味。在油炸过程中，食品发生美拉德反应和部分成分的降解，同时可吸附油中挥发性物质而使食品呈现金黄或棕黄色，并产生明显的炸制芳香风味。在油炸过程中，食物表面水分迅速受热蒸发，表面干燥形成一层硬壳，形成油炸食品的外形。当持续高温油炸时，常产生挥发性的羰基化合物和羟基酸等，这些物质会产生不良气味，甚至出现焦糊味，导致油炸食品品质低劣，商品价值下降。

2. 油炸对食品营养价值的影响　油炸对食品营养价值的影响与油炸工艺条件有关。油炸温度高，油炸时间短，食品表面形成干燥层，这层硬壳阻止了热量向食品内部传递和水蒸气外逸，因此肉制品内部营养成分保存较好，含水量较高。油炸对食品的成分变化影响最大的是水分，水分的损失最多。油炸可以在一定程度上增加炸制品的脂肪含量，增加的幅度取决于原料本身的脂肪含量。脂肪含量的增加有利于肉制品中脂溶性成分，如不饱和脂肪酸和脂溶性维生素的输送。水分在油炸前后有大幅度的降低，蛋白质的绝对数量几乎没有变化。油炸前后鱼、牛肉的成分见表 10-1。

表 10-1　**油炸前后食品的成分分析**（以炸前 100g 样品为基准，单位:%）

种类	处理	水分	蛋白质	脂肪	灰分
牛肉	油炸前	75.57	21.54	2.05	0.70
	油炸后	39.95	20.00	4.48	0.52
鳕鱼	油炸前	79.46	18.09	1.03	1.26
	油炸后	46.98	18.46	4.08	1.26
鲭鱼	油炸前	62.94	18.94	13.75	1.12
	油炸后	58.88	22.74	12.42	2.25

油炸食品时，食物中的脂溶性维生素在油中的氧化会导致营养价值的降低，甚至丧失，视黄醇、类胡萝卜素、生育酚的变化会导致风味和颜色的变化。维生素 C 的氧化保护了油脂的氧化，即它起到了油脂抗氧化剂的作用。

蛋白质消化系数是评价食品营养价值的重要指标之一。油炸对蛋白质消化系数的影响程度与产品组成和肉品种类有关。油炸对蛋白质利用率的影响较小，其生理效价和净蛋白质利用率（NPN）几乎没有变化。如猪肉和鳕鱼鱼经油炸后其生理效价和净蛋白质利用率几乎没有变化。但如果添加辅料后进行油炸，蛋白质的可消化性稍有降低（表10-2）。

表 10-2　肉类油炸前后的蛋白质消化系数

食品种类	牛肉	猪肉	鳕鱼	鱼丸	肉丸
油炸前	0.93	0.92	0.92	0.92	0.90
油炸后	0.93	0.92	0.91	0.89	0.80

综上所述，油炸时油脂置换出肉制品中的一部分水分，进入肉制品内部，使肉制品脂肪含量有所提高。油炸能使肉制品产生一定芳香味和在其表面形成一层脆皮，使肉制品的风味和质构更加诱人。油炸时，肉制品内部温度一般不会超过100℃，因此对肉制品营养成分的破坏很少，油炸肉制品的营养价值没有显著改变。

3. 油炸对食品中淀粉糊化过程的影响　油炸时外界所提供的热量就是破坏物料中淀粉分子内的结合力，使得原来紧密的结构逐渐变得疏松，氢键断裂，最终导致淀粉的完全糊化。用差示扫描量热器等方法可测定淀粉的糊化温度。每一种淀粉就其糊化温度来说，又分为糊化开始温度（T_0）、吸热峰值温度（T_p）和完成温度（T_c）三个阶段。只有当温度达到糊化终了温度时，淀粉的糊化才能算完全彻底。表10-3所列的是常见淀粉的不同糊化温度。

表 10-3　几种常见淀粉的不同糊化温度（单位：℃）

淀粉品种	开始温度（T_0）	峰值温度（T_p）	完成温度（T_c）
荞麦	60.0	67.5	74.8
马铃薯	58.0	62.0	66.0
山芋	52.0	59.0	64.0
小麦	59.5	62.5	64.0
大米	68.0	74.5	78.0
普通玉米	62.0	67.0	70.0
糯玉米	62.0	68.5	72.0

因此，在油炸过程中，油的某些分解和聚合产物对人体是有毒害作用的，如油炸中产生的环状单聚体、二聚体及多聚体，会导致人体麻痹，产生肿瘤，引发癌症。应避免高温长时加热，最好不超过190℃，时间以30~60s为宜，还要经常加入一些新的油脂，并经常去除油脂中的漂浮物和沉渣，同时减少反复使用次数，防止聚合物大量蓄积，因此油炸用油不宜长时间反复使用。

4. 油炸对食品安全性的影响　在一般的食品加工中，在油炸过程中，油的某些分解和聚合产物对人体有毒害作用，如油炸中产生的环状单聚体、二聚体及多聚体，会导致人体麻痹，产生肿瘤，引发癌症。因此油炸用油不宜长时间反复使用，否则将影响食品安全性，危害人体健康。

在一般的烹调加工中，加热温度不高，且加热时间较短，对食品安全性影响不大。但是，在肉品油炸过程中若加热温度高，油脂反复使用，会致使油脂在高温条件下发生热聚合反应，可能形成有害的多环芳烃类物质。

三、油炸用油的选择及温度控制

炸制用油在使用前应进行质量卫生检验，要求熔点低、过氧化物值低、不饱和脂肪酸含量低的新鲜的植物油，我国目前炸制用油主要是菜籽油、棕榈油、豆油和葵花子油。氢化的油脂可以长期反复的使用。

油炸技术的关键是控制油温和油炸时间。油炸的有效温度可在 $100\sim230℃$。油温的掌握，最好是自动控温，一般手工生产通常根据经验来判断（表10-4）。油炸时应根据成品的质量要求和原料的性质、切块的大小、下锅数量的多少来确定合适的油温和油炸时间。

表 10-4　不同温度下油面情况及原料入油反应

温度/℃	一般油面情况	原料入油时的反应
70～100	油面平静，无青烟，无响声	原料周围出现少量气泡
110～170	微有青烟，油从四周向中间翻动，搅动时微有响声	原料周围出现大量气泡，无爆炸声
180～220	有青烟，油面较平静，搅动时有响声	原料周围出现大量气泡，并带有轻微的爆炸声
230 以上	全锅冒青烟	油面翻滚并有剧烈的爆炸响声

油炸时，游离脂肪酸含量升高，说明有分解作用发生。为了减少油炸时油脂的分解作用，可以在炸制油中添加抗氧化剂，以延长炸制油的使用时间。常用的抗氧化剂主要有天然维生素 E、没食子酸丙酯（PG）、二丁基羟基甲苯（BHT）、丁基羟基茴香醚（BHA）和没食子酸十二酯等。

为了有效地使用炸制油，在油中可加入硅酮化合物，能减少起泡的产生。添加金属蛋白盐，在高温 200℃ 油炸，间断式加热 24h，抗氧化效果与高温后油质的黏度相一致。炸制油中加入金属螯合物，可延长使用时间及油炸制品的货架期。

延长炸制油的寿命，除掌握适当油炸条件和添加抗氧化物外，最重要的因素是油脂更换率和清除积聚的油炸物碎渣。油脂更换率，即新鲜油每日加入油炸锅内的比例，新鲜油加入应为 $15\%\sim20\%$。碎渣的存在加速了油的变质，并使制品附上黑色斑点，因此炸制油应每天过滤一次。

四、油炸的方法

（1）挂糊上浆也称滑油，就是将原料在油锅中稍炸一下，时间很短。大多用于整理好的小块原料。油炸前，用淀粉或鸡蛋等调制成具有黏性的糊浆，把原料在其中蘸涂后即进行炸制，称为挂糊。用生粉和其他辅料加在原料上一起调拌称为上浆、挂糊。上浆的作用：一是原料表面附着了一层糊浆，不直接接触热油，保持了原料中的水分和鲜味，使蛋白质等营养成分较难受到破坏；二是不使原料过分卷缩，基本保持本来形态，并且光滑饱满，增加美感，以突出制品的香、脆、酥。

（2）净炸也称走油，就是将产品投入油多、火旺的油锅中，让它滚翻受热，时间较长。

其目的在于使原料发胀、松软、变形、变性，增进美感，改善风味。走油用于大块原料，如肉皮等。

无论哪种炸制方法在油炸前都必须对原料进行剔选，清洗，并切割成形。然后根据不同的品种，选用不同辅料，挂糊或腌制后，进行油炸加工。

也有一些不加辅料即进行油炸，然后再酱煮的产品，一般称为"过油"，而不是油炸制品。

油炸使用的油锅大小，根据产量而定，不宜过大。油锅中的油，一般放到七成即可，不宜放满。油的品种，植物油、动物油等均可。原料入锅应掌握分批小量的原则，对于滑油的原料还应一块一块分散下锅或用漏勺逐勺入锅，下锅以后再用铁筷划开，以免粘连成团。走油制品入锅时，应先滤干水分。带肉皮的制品要肉皮朝下，因肉皮组织坚实，韧性强，使其受热多，易于发胀、松软。在油炸过程中，须用漏勺推动原料避免下沉，粘贴锅底，烧焦发黑。

油锅操作要注意安全，原料入锅后发出爆炸声，并且热油外溅，如不注意容易发生烫伤事故。因此，操作时应挡住面部，防止热油烫及面部。同时为了防止油锅太热，随时降温，可在油锅旁备用凉油，随时放入热油中。

根据制品要求和质感、风味的不同，可分为八种。

①清炸。取质嫩的动物原料，经过加工，切成适合菜肴要求的块状，用精盐、葱、姜、水、料酒等煨底口。用急火高热油炸3次，称为清炸。如清炸鱼块、清炸猪肝，成品外脆里嫩，清爽利落。

②干炸。取动物肌肉，经过加工改刀切成段、块等形状，用调料入味加水、淀粉、鸡蛋、挂硬糊或上浆，放入190～220℃的热油锅内炸熟即为干炸，如干炸里脊。特点是干爽、味咸麻香、外脆里嫩、色泽红黄。

③软炸。选用质嫩的猪里脊、鲜鱼肉、鲜虾等经细加工切成片、条、馅料上浆入味蘸干面粉、拖蛋白糊，放入90～120℃的热油锅内炸熟装盘。把蛋清打成泡状后加淀粉、面粉调匀经温油炸制，菜肴色白，细腻松软，故称软炸。如软炸鱼条，特点是成品表面松软，质地细嫩、清淡，味咸麻香、色白微黄美观。

④酥炸。将动物性的原料，经刀技处理后，入味、蘸面粉、拖全蛋糊、蘸面包渣，放入150℃的热油内，炸至表面呈深黄色起酥，成品外松内软熟或细嫩，即为酥炸。如酥炸鱼排、香酥仔鸡。酥炸技术是要严格掌握火候和油温。

⑤松炸。松炸是将原料去骨加工成片或块形，经入味蘸面粉挂上全蛋糊后，放入150～160℃，即五六成热的油内，慢炸成熟的一种烹调方法，因菜肴表面金黄松酥，故称松炸。其特点是制品膨松饱满，里嫩，味咸不腻。

⑥卷包炸。卷包炸是把质嫩的动物性原料切成大片，入味后卷入各种调好口味的馅，包卷起来，根据要求有的拖上蛋粉糊，有的不拖糊，放入150℃，即五成热油内炸制的一种烹调方法。成品特点是外酥脆、里鲜嫩。色泽金黄，滋味咸鲜。应注意的是，成品凡需改刀者装盘要整齐，凡需拖糊者必须卷紧封住口，以免炸时散开。

⑦脆炸。将整鸡、整鸭褪毛后，除去内脏洗净，再用沸水烧烫，使表面胶原蛋白遇热缩合绷紧，然后在表皮上挂一层含少许饴糖的淀粉水，经过晾坯后，放入200～210℃高热油锅内炸制，待鸡鸭表皮呈红黄色时，将锅端离火口，直至鸡鸭在油内浸熟捞出。

「任务 1　油炸狮子头加工」

一、产品特点

油炸狮子头丸子外观呈圆形，外表刺状似狮子头，棕黄色，味道鲜美，肉嫩清香，具有葱、姜、香油味道。狮子头丸子为半成品，食用前需进行蒸制后才可食用。

二、材料、仪器及设备

1. 材料与配方　50kg 猪肉、淀粉 20kg、大葱 3kg、鲜姜 1kg、藕 10kg、酱油 750kg、精盐 750、花椒面 75g、香油 250g、鸡蛋 2.5kg。

2. 仪器及设备　冷藏柜、煮制锅、油炸锅、绞肉机、台秤、砧板、刀具、不锈钢盆。

三、工艺流程

原料选择与修整→绞肉→拌馅→成型→油炸→蒸煮→成品

四、操作要点

1. 原料选择与修整　选择经卫生检验合格的鲜、冻猪肉为原料。剔除筋、键、膜、结缔组织和瘀血等。

2. 绞肉　取肥瘦猪肉各 25kg，冲洗干净，控尽水分后切成肉条，用安装好筛板孔径 8mm 以上的绞肉机把猪肥、瘦肉混合绞碎。

3. 拌馅　用绞肉机把清洗干净的大葱、鲜姜、藕绞成烂泥状，与所有辅料搅拌均匀。然后将鸡蛋打入已经溜好的淀粉内搅拌均匀，再放入搅拌好的肉馅搅拌成黏稠状且具有一定弹性的狮子头原料馅。

4. 成型　将肉馅用手做成 65g 左右重的圆形丸子。

5. 油炸　炸制时，先将炸锅内油温烧至 150℃左右，放入温油锅中炸 2～3min，待炸至外焦黄里熟后捞出，晾凉即为半成品。

6. 蒸煮

五、注意事项

（1）馅料制作时候，一定要掌握肉馅的粒度大小，太大太小口感不不佳。

（2）成型时，肉丸外观必须保持适度不光滑状态、如面包屑状，如果丸子揉成光滑状，会影响成品感官质量。

（3）狮子头丸子为半成品，食用时候需要进一步红烧。

（4）包装时，操作人员需经洗手消毒后，将检验合格的狮子头丸子装入小包装盒内，每盒 4 个，检斤、贴标签送交成品间。

六、质量标准

油炸狮子头丸子外观呈圆形，外表刺状似狮子头，棕黄色，大小均匀，不散，酥松适口。具体可参考 Q/KMH 0001 S—2011，见表 10-5、表 10-6、表 10-7。

表 10-5 油炸肉制品感官标准

项　目	要　求
色泽	具有该产品应有的色泽
组织状态	具有该产品应有的形态，无焦生现象
滋味与气味	具有该产品应有的滋味和气味，咸淡适中，无哈喇味和其他异味
杂质	无肉眼可见外来杂质

表 10-6 油炸肉制品理化指标

项　目	指　标
水分/（g/100g）	30.0
食盐（以 NaCl）/（g/100g）	6.0
酸价（以脂肪计）（KOH）/（mg/g）	3.0
过氧化值（以脂肪计）/（g/100g）	0.25
无机砷/（mg/kg）	0.05
铅（以 Pb 计）/（mg/kg）	0.5
镉（以 Cd 计）/（mg/kg）	0.1
总汞（以 Hg 计）/（mg/kg）	0.05
亚硝酸盐（以 NaNO₂）/（mg/kg）	按 GB 2760 执行
六六六[a]（HCH）/（mg/kg）	0.1
滴滴涕[a]（DDT）/（mg/kg）	0.2

注：a. 仅限于油炸禽肉制品。

表 10-7 油炸肉制品微生物指标

项　目	指　标
菌落总数/（CFU/g）	≤30 000
大肠菌群/（MPN/100g）	≤90
致病菌（沙门氏菌、志贺氏菌、金黄色葡萄球菌）	不得检出

七、思考与应用

1. 油炸狮子头有何特点？
2. 油炸狮子头成型操作对成品质量有何影响？
3. 简述油炸狮子头的加工过程。
4. 结合实训体会，谈谈油炸狮子头加工中的注意事项。

「任务 2 炸鸡腿加工」

一、产品特点

炸鸡腿属于快餐食品，色泽金黄，腿型饱满规整，口感咸鲜适口，外酥里嫩，油炸风味浓郁，携带方便，是旅游休闲的理想油炸禽类肉制品。

二、材料、仪器及设备

1. 材料与配方 鸡大腿 100kg、食盐 4kg、白砂糖 1kg、黄酒 1.5kg、味精 65g、葱 1kg、姜 0.5kg、大蒜 0.5kg、花椒 150g、小茴香 100g、八角 100g、鸡蛋 3kg、面包粉 15kg。

2. 仪器及设备 冷藏柜、煮制锅、油炸锅、台秤、砧板、刀具、不锈钢盆。

三、工艺流程

原料选择与修整→原料整理→拌馅→灌肠→晾晒与烘烤→成品

四、操作要点

1. 腌制液配制 将香辛料用纱布包好与葱、姜、蒜放入 50kg 沸水中，熬制 1～2h，结束前半小时加入 3.5kg 食盐，0.8kg 砂糖，搅拌溶化，冷却备用。

2. 腌制 将整理好的鸡腿，放入腌制液中，腌制 24h。

3. 挂浆 将鸡蛋打在盆内，将剩余的食盐、砂糖倒入搅拌溶化，投入面包粉搅匀。将鸡腿用面浆裹匀。

4. 油炸 将鸡腿在油温 160～180℃的条件下油炸至金黄色即可。

五、注意事项

（1）为了提高腌制料液的渗透速度，可在清洗沥水后的鸡腿肌肉肉厚的部位用尖刀戳几刀。

（2）油炸时投料量应灵活掌握，边炸边注意油温、油温过高，鸡腿外表容易炸焦煳，而里不透熟，油温过低，鸡腿外表不易上色，不焦脆。

六、质量标准

炸鸡腿颜色焦黄，浆衣挂制均匀，不脱落，无糊焦，口感酥脆，外松内软，肉质细嫩，具有油炸肉制品特有风味。具体可参考 Q/KMH 0001 S—2011，见表 10-5、表 10-6、表 10-7。

七、思考与应用

1. 炸鸡腿加工时采用的腌制方法是什么？其有何优缺点？
2. 如何提高油炸鸡腿的加工质量？
3. 简述炸鸡腿的加工过程。
4. 结合实训体会，谈谈炸鸡腿加工中的注意事项。

「任务 3 炸排骨加工」

一、产品特点

炸排骨选料严格，辅料考究，全国各地均有制作，是带有西式口味的肉制品。

二、材料、仪器及设备

1. 材料与配方　猪排骨 50kg、食盐 750g、黄酒 1.5kg、白酱油 1.0～1.5kg、白糖 250～500g、味精 65g、鸡蛋 1.5kg、面包粉 10kg、植物油适量。

2. 仪器及设备　冷藏柜、蒸煮锅、油炸锅、台秤、砧板、刀具、不锈钢盆。

三、工艺流程

原料选择与整理→配料→腌制→上糊→油炸→成品

四、操作要点

1. 原料选择与整理　选用猪脊背大排骨，修去血污杂质，洗涤后按骨头的界线，一根骨一块，剁成 8～10cm 的小长条状。

2. 腌制　将除鸡蛋、面粉外的其他辅料放入容器内混合，把排骨倒入翻拌均匀，腌制 30～60min。

3. 上糊　用 2.5kg 清水把鸡蛋和面包粉搅成糊状，将腌制过的排骨逐块地放入糊浆中裹布均匀。

4. 油炸　把油加热至 180～200℃，然后一块一块地将裹有糊浆的排骨投入油锅内炸制，炸制过程要经常用铁勺翻动，使排骨受热均匀，炸 10～12min，炸至黄褐色发脆时捞起，即为成品。

五、注意事项

（1）原料修整时，排骨大小一定要均匀，防止排骨块过大或过小，造成油炸时大块未熟，而小块已焦，影响成品质量。

（2）油炸时一次炸的数量不宜过多，应灵活掌握，下锅的数量需视锅的大小而定，随炸随注意油温，油温过高，排骨外表容易炸焦煳，油温过低，排骨吸油多，外表上色不足，不焦脆，也不香。

（3）炸制过程中要经常用铁勺翻动，使排骨受热均匀。

六、质量标准

排骨外表呈黄褐色，内部呈浅褐色，块型大小均匀，挂糊厚薄均匀，外酥里嫩，不干硬，块与块不粘连，炸熟透，味美香甜，咸淡适口。具体可参考 Q/KMH 0001 S—2011，见表 10-5、表 10-6、表 10-7。

七、思考与应用

1. 炸排骨对原料修整有何要求？
2. 如何提高炸排骨的加工质量？
3. 炸排骨加工时如何控制好油炸工序？
4. 简述炸排骨的加工过程。
5. 结合实训体会，谈谈炸排骨加工中的注意事项。

乳品加工部分

XUCHANPIN
JIAGONG

项目十一　原料乳的检验与验收

【能力目标】

1. 掌握原料乳的验收及品质评定；
2. 能填写检验合格证明单；
3. 能独立进行原料乳的预处理技术。

【知识目标】

1. 理解乳的概念及分类；
2. 掌握影响原料乳质量的因素。

【相关知识】

一、乳的概念

乳是哺乳动物分娩后由乳腺分泌的一种白色或微带黄色的不透明液体。它含有哺乳动物幼体生长发育所需要的全部营养成分，是哺乳动物出生后最易于消化吸收的全价食物。乳被誉为"白色血液"，被称为全价食品、健康营养食品。

按乳的来源可将乳分为牛乳、羊乳、马乳等，其中牛乳产量最多，在乳品工业中所说的乳通常指牛乳。

二、乳的化学组成与性质

乳的成分十分复杂，是多种物质组成的混合物，至少含有上百种化学成分。主要包括水分、脂肪、蛋白质、乳糖、矿物质、维生素、酶类及气体等，其中水是各种营养成分的分散剂，其他成分如脂肪、蛋白质、乳糖、矿物质等呈分散质分散在水中，形成一种复杂的分散体系。

一般将牛乳成分分为水分和干物质两大部分，正常乳中干物质为 $11\%\sim13\%$，除干燥时水及随水蒸气挥发的物质以外，干物质中含有乳的全部成分。乳中干物质的数量受乳成分的百分含量影响，尤其是乳脂肪，是乳中不太稳定的成分，对干物质数值的影响很大，因此，在实际生产中常用无脂干物质的含量作为指标。牛乳的组成成分见图 11-1。

1. 影响乳成分的因素　正常牛乳中各种成分的含量基本稳定，但受到各种因素的影响时，其含量会在一定范围发生改变，变化最大的是乳脂肪，其次是蛋白质，乳糖及灰分则比较稳定。

（1）品种。不同品种个体其乳汁组成也不尽相同，其中乳脂率以更赛牛、娟姗牛最高，荷斯坦牛（又称黑白花牛）最低。中国黑白花奶牛与荷斯坦牛相似，干物质含量低，但产乳量高。

（2）畜龄。泌乳量及乳汁成分含量都随乳畜年龄增长而变化，含脂率和非脂乳固体在初产期最高，以后胎次逐渐下降。

（3）泌乳期。奶牛在牛犊出生后不久就开始分泌乳汁以满足小牛生长发育的需要，一头奶牛一年持续泌乳时间约为 300d，这段时间称为泌乳期。在泌乳期间随着泌乳的进程，由于生理、病理或其他因素的影响，乳的成分会发生变化。

（4）挤乳。初挤的乳含脂率较低而最后挤出的乳含脂率较高。每次挤乳间隔时间越长泌乳量越多，脂肪含量低，反之，挤乳间隔越短，泌乳量越少，但脂肪含量越高。一天中两次等间隔挤乳，其泌乳量和乳脂率均无大差异。

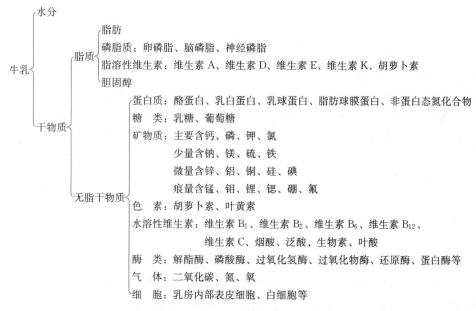

图 11-1　牛乳成分

（5）季节。牛乳脂肪含量在晚秋时最高，初夏最低；非脂乳固体在 3～4 月和 7～8 月最低。夏季气温较高，牛乳的干物质含量低，冬季则较高。我国北方牛乳干物质和脂肪含量比南方高。

（6）饲料。饲料对牛乳组成的影响极大，饲料改变则脂肪含量最易改变，且变化幅度最大。饲料不足，则干物质和乳脂率下降，而对牛乳的风味、脂肪、色泽、维生素的含量等也有一定影响。优质干草可提高乳脂率，大量饲喂新鲜牧草，则乳脂较柔软，制成的奶油熔点低；若喂以棉籽饼时，可生成熔点较高的橡皮状奶油；多喂不饱和脂肪酸丰富的饲料时，乳脂中的不饱和脂肪酸含量增加；饲料中维生素含量不足时，不但产乳量降低，而且使乳中维生素含量减少。经常受日光照射及放牧的奶牛，乳中维生素含量较高。饲料中无机物不足时，产乳量减少，而且会消耗体内贮存的无机盐。

（7）环境温度。牛乳中乳脂肪和无脂干物质和含量一般在冬季最高，夏季最低。在 4～21℃ 条件下，产乳量与乳的成分组成不发生变化。当环境温度从 21℃ 升高至 27℃ 时，产乳量与脂肪含量均有下降，当环境温度超过 27℃ 时，乳量减少更加明显，这时脂肪含量有所增加，但非脂乳固体通常要降低，这种变化主要是高温下奶牛的食欲减退，体温升高，出现种种生理障碍所致。

（8）疾病。当奶牛患有一般消化器官疾病或者足以影响产乳量的其他疾病时，牛乳组成将发生变化，如乳糖含量减少，氯化物和灰分增加。患有乳腺炎疾病时，除产乳量显著下降外，非脂乳固体含量也降低。

2. 乳中化学成分的性质

（1）水分。水是乳的主要成分之一，占乳的 $87\%\sim89\%$。乳中水分可分为游离水、结合水和结晶水。游离水占乳中水分含量的绝大部分，是乳中各种营养成分的分散剂，许多理化过程和生物学过程均与游离水有关。它在常压下，$100℃$ 即沸腾汽化，在 $0℃$ 时结冰。结合水占乳的 $2\%\sim3\%$，以氢键和蛋白质的亲水基或与乳糖及某些盐类结合存在，不具溶解其他物质的作用，在常压下，$100℃$ 不汽化，$-40℃$ 结冰。要想除去这部分水分，只有加热到 $150\sim160℃$ 或者长时间保持在 $100\sim105℃$ 的恒温时才能达到。但这时乳成分受到破坏，已无食用价值了，因此，乳粉中保留 3% 左右的水分。结晶水存在于结晶乳糖中，当生产乳粉、炼乳及乳糖等产品时就会有乳糖结晶。

（2）乳脂肪。乳脂肪是牛乳的主要成分之一，占乳的 $3\%\sim5\%$。

①乳脂肪的存在状态：乳脂肪不溶于水，以微小脂肪球状态分散于乳中，形成乳浊液。脂肪球直径为 $0.1\sim10.0\mu m$，平均为 $3\mu m$，每毫升牛乳含有 20 亿～40 亿个脂肪球。乳脂肪的相对密度为 0.93，牛乳静置后，脂肪球将逐渐上浮到表层，形成稀奶油层。脂肪球直径越大，上浮速度越快。要使脂肪球呈均匀稳定的分散状态，可通过均质处理使脂肪球的平均直径小于 $1\mu m$。

②乳脂肪的化学组成：乳脂肪主要是脂肪酸甘油三酯（$98\%\sim99\%$）、少量的磷脂（$0.2\%\sim1.0\%$）、甾醇等（$0.25\%\sim0.40\%$）。脂肪酸可分为三类：第一类是水溶性挥发性脂肪酸，如丁酸、己酸、辛酸和癸酸等；第二类是非水溶性挥发性脂肪酸，其代表为十二癸酸；第三类是非水溶性不挥发脂肪酸，其代表为十四烷酸、十六烷酸、十八烷酸等。

乳脂肪含有 20 种以上的脂肪酸，且低级挥发性脂肪酸高达 14%，其中水溶性脂肪酸约占 8%，其他动植物脂肪只含 1%。由于挥发性脂肪酸熔点低，在室温下呈液态、易挥发，才使乳脂肪有特有的香味和柔弱的质体，且容易消化吸收。

③乳脂肪的化学性质：乳脂肪受光、氧、热、金属（Cu、Fe）作用而氧化，从而产生脂肪氧化味。乳脂肪易在解脂酶及微生物作用下发生水解，使酸度增高，产生的低级脂肪酸可导致牛乳产生刺激性气味，即脂肪分解味。但通过添加特别的解脂酶和微生物可生产具有独特风味的干酪。

（3）乳蛋白质。牛乳中蛋白质含量为 $2.9\%\sim5.0\%$，由 20 多种氨基酸组成，含有人体所需的必需氨基酸，是一种全价蛋白。其中 95% 为乳蛋白质，5% 为非蛋白含氮化合物。乳中的蛋白质主要是酪蛋白，还有乳清蛋白和少量的脂肪球膜蛋白。

①酪蛋白。酪蛋白是指在温度 $20℃$ 时调节脱脂乳的 pH 至 4.6 时沉淀的一类蛋白质，占乳蛋白总量的 $80\%\sim82\%$。酪蛋白白色、无味、无臭、不溶于水、醇及有机溶剂而溶于碱液。酪蛋白是两性电解质，分子中含有的酸性氨基酸远多于碱性氨基酸，因此具有明显酸性。

a. 酪蛋白的存在状态。乳中的酪蛋白与钙结合生成酪蛋白酸钙，再与胶体状的磷酸钙结合形成酪蛋白酸钙-磷酸钙复合体，以微胶粒的形式存在于牛乳中，其胶体微粒直径在

20～600nm（平均120nm），以海绵状结构存在，有利于蛋白质水解酶进入分子内部。

b. 酪蛋白的化学性质。

A. 酸凝固。酪蛋白胶粒对pH的变化很敏感。当脱脂乳的pH降低时，酪蛋白微胶粒中的钙与磷酸盐就逐渐游离出来。当pH达到酪蛋白的等电点4.6时，就会形成酪蛋白沉淀。发酵乳制品中的酸乳就是根据这个原理制成的。为使酪蛋白沉淀，工业上一般使用盐酸，其反应式为：

$$[酪蛋白酸钙-Ca_3(PO_4)_2]+HCl \rightarrow 酪蛋白 \downarrow +Ca(H_2PO_4)_2+CaCl_2$$

工业上常利用酪蛋白的这种性质，用盐酸做凝固剂来生产干酪素。乳糖在乳酸菌作用下可生成乳酸，乳酸也可将酪蛋白酸钙中的钙分离而形成可溶性的乳酸钙，同时使酪蛋白形成硬的凝块，酸乳制品的生产就是利用酪蛋白的这个特点。硫酸也能沉淀乳中的酪蛋白，但由于硫酸钙不能溶解，会使产品杂质增多。

B. 酶凝固。牛乳中的酪蛋白在皱胃酶等凝乳酶的作用下会发生凝固，工业上利用此原理生产干酪。酪蛋白在皱胃酶的作用下水解为副酪蛋白，后者在钙离子等二价阳离子存在下形成不溶性的凝块，这种凝块称为副酪蛋白钙，其凝固反应式为：

$$酪蛋白酸钙+皱胃酶 \rightarrow 副酪蛋白钙 \downarrow +糖肽+皱胃酶$$

C. 盐类及离子对酪蛋白稳定性的影响。乳中的酪蛋白酸钙-磷酸钙胶粒对其体系内的二价阳离子含量的变化很敏感，钙离子或镁离子可与酪蛋白结合，使粒子发生凝集。正常牛乳中的钙和磷呈平衡状态存在，当向乳中加入氯化钙时，则会使平衡受到破坏，在加热时酪蛋白会发生凝固。

D. 酪蛋白与糖的反应。酪蛋白可与具有还原性羰基的糖反应（美拉德反应）生成氨基糖而产生芳香味及其色素，因此，乳粉、乳蛋白粉及其他乳制品在长期贮存中，会由于乳糖与酪蛋白发生反应而产生颜色、风味及营养价值的改变。

②乳清蛋白：脱脂乳除去酪蛋白剩下的液体称为乳清，溶解分散在乳清中的蛋白，称为乳清蛋白，占乳蛋白质的18%～20%，分为对热稳定的乳清蛋白和对热不稳定的乳清蛋白。当将乳清pH为4.6～4.7时，煮沸20min，发生沉淀的蛋白质是对热不稳定的乳清蛋白，约占乳清蛋白质的81%，分为乳白蛋白和乳球蛋白两类。乳白蛋白约占乳清蛋白的68%，对酪蛋白起保护作用。乳球蛋白是指中性乳清中，加饱和硫酸铵或饱和硫酸镁盐析时，能析出的乳清蛋白质，约占乳清蛋白的13%，与机体的免疫有关，具有杀菌、溶菌和促吞噬作用，故称免疫球蛋白。初乳中的免疫球蛋白含量比常乳高。对热稳定的乳清蛋白包括蛋白际和蛋白胨。

（4）乳糖。乳糖是哺乳动物乳汁中特有的糖类。乳糖在乳中呈溶解状态，占牛乳4.6%～4.7%，乳的甜味主要由乳糖引起，其甜度约为蔗糖的1/6。牛乳中99.8%的糖类为乳糖，还有少量的果糖、葡萄糖和半乳糖。

乳糖由1分子葡萄糖和1分子半乳糖以β-1,4键结合而成，又称为1,4-半乳糖苷葡萄糖。其分子中有羰基，属还原糖。乳糖酶能使乳糖水解为葡萄糖和半乳糖。

①乳糖的存在形式：乳糖由α-乳糖和β-乳糖两种异构体。α-乳糖易于与1分子结晶水结合，成为α-含水乳糖，因此乳糖实际上有α-含水乳糖、α-无水乳糖和β-乳糖三种异构体。

②乳糖的营养：乳糖不仅能提供能量，而且有利于脑和神经的正常发育。乳糖水解后产生的半乳糖是形成脑和脑神经组织中的糖脂质的一种成分。在肠道内乳糖被乳酸菌分解形成

乳酸，使肠道内呈弱酸性，抑制某些有害菌群繁殖，减少和阻止有害代谢产物产生。乳酸还有利于钙吸收，并有助于骨骼和牙齿的正常发育。

③乳糖不耐症：婴儿出生时体内乳糖酶的活性很高，但一部分人随着年龄增长，消化道内缺乏乳糖酶，不能分解和吸收乳糖，饮用牛乳后会出现呕吐、腹胀、腹泻等不适应症，称为乳糖不耐症。在乳品加工中利用乳糖酶，将乳中的乳糖分解为葡萄糖和半乳糖；或利用乳酸菌将乳糖转化成乳酸，不仅可预防乳糖不耐症，而且可提高乳糖的消化吸收率，改善制品口味。目前市场产品"舒化乳"即利用此原理。乳糖不耐症的人，可食用发酵乳制品或添加乳糖酶的乳制品，也可口服乳糖酶片剂。

（5）矿物质。牛乳中的矿物质是指除碳、氢、氧、氮以外的各种无机元素，占牛乳的$0.70\%\sim0.75\%$，主要有磷、钙、镁、氯、钠、硫、钾等。此外还有近 20 种微量元素，如铁、锌、硼等。乳中最重要的矿物质是钙，其含量丰富，生物活性高，是人体最理想的钙源。

乳中矿物质大部分与有机酸和无机酸结合形成可溶性盐类，其中最主要以无机磷酸盐及有机柠檬酸盐的状态存在。乳中的盐类对乳的热稳定性、凝乳酶的凝固性等性质和乳制品的品质及贮藏等影响很大。当受到季节、饲料、生理或病理等因素影响，牛乳发生不正常凝固时，通常由于钙、镁离子过剩，盐类平衡被打破的缘故。此时，可向乳中添加磷酸及柠檬酸的钠盐，以维持盐类平衡，保持蛋白质的热稳定性。生产炼乳时常利用这种特性。

（6）维生素。牛乳中含有几乎所有已知的维生素。牛乳中的维生素包括水溶性的维生素B_1、维生素 B_2、维生素 B_6、维生素 B_{12}、维生素 C 和脂溶性的维生素 A、维生素 D、维生素 E、维生素 K 等两大类。其中维生素 B_2 含量丰富，维生素 D 较少。乳在加工过程中维生素会受到一定程度的损失。发酵法生产的酸乳由于微生物的生物合成，能使一些维生素含量增高，所以酸乳是一类维生素含量丰富的营养食品。在干酪及奶油加工中，脂溶性维生素可得到充分利用，而水溶性维生素则主要残留于酪乳、乳清及脱脂乳中。维生素 B_1 和维生素 C 等在日光照射下会遭到破坏。

（7）酶类。牛乳中酶类主要分为内源酶和外源酶。内源酶来源于乳腺组织、乳浆和白细胞，有 60 多种。外源酶是乳及乳制品中的微生物代谢生成的还原酶。与乳品加工有关的酶主要为水解酶类和氧化还原酶类。

①脂酶。乳脂肪在脂酶的作用下水解产生游离脂肪酸，从而带来脂肪分解的酸败气味，这是乳制品，特别是奶油生产上的常见缺陷。在奶油生产中将牛乳的杀菌温度控制在 $80\sim85℃$，20s 加热就可以钝化脂酶。

②磷酸酶。牛乳中的磷酸酶主要有碱性磷酸酶和少量的酸性磷酸酶。碱性磷酸酶在牛乳中较重要。碱性磷酸酶经 63℃、30min 或 $71\sim75℃$、$15\sim30s$ 加热即可钝化，通过测定碱性磷酸酶的有无，可检验巴氏杀菌是否完全，以及是否掺入未经消毒的牛乳，即使在巴氏杀菌乳中混入 0.5% 的原料乳亦能被检出，这就是著名的磷酸酶试验。

③蛋白酶。牛乳中的蛋白酶分别来自乳本身和污染的微生物。蛋白酶能分解蛋白质生成氨基酸，最适 pH 为 8.0，经 80℃、10min 加热可使其钝化，蛋白酶在高于 $75\sim80℃$ 的温度下即被破坏，在 70℃ 以下时，可以稳定地耐受长时间的加热。

④过氧化氢酶。牛乳中的过氧化氢酶主要来自白细胞的细胞成分，特别是初乳和乳房炎乳中含量较多。通过对过氧化氢酶的测定可判定牛乳是否为乳房炎乳或其他异常乳。经

75℃、20min 加热，可全部钝化。

　　⑤过氧化物酶。过氧化物酶主要来自于白细胞的细胞成分，其数量与细菌无关，是乳中固有的酶，其含量与奶牛的品种、饲料、季节、泌乳期等因素有关。过氧化物酶能促使过氧化氢分解产生活泼的新生态氧，从而使乳中的多元酚、芳香胺及某些化合物氧化。其作用的最适温度为 25℃，最适 pH 是 6.8，钝化温度和时间为 76℃、20min，77～78℃、5min，85℃、10s。通过测定过氧化物酶的活性可以判断牛乳是否经过热处理或判断热处理的程度。

　　⑥还原酶。还原酶是挤乳后进入乳中的微生物的代谢产物，其含量与微生物的污染程度成正比。还原酶能使甲基蓝还原为无色，常用还原酶试验来判断乳的新鲜程度，即所谓还原酶实验（如亚甲蓝实验）。

　　(8) 乳中的其他成分。除上述成分外，乳中还有少量的有机酸、气体、色素、免疫体、细胞成分、风味成分及激素等。乳中的有机酸主要是柠檬酸，此外还有微量的乳酸、丙酮酸及马尿酸等。鲜牛乳中的气体主要为二氧化碳、氧气和氮气等，占鲜牛乳的 5%～7%（体积分数），其中二氧化碳最多，氧最少。在挤乳及贮存过程中，二氧化碳由于逸出而减少，而氧、氮则因与大气接触而增多。牛乳中氧的存在会导致维生素的氧化和脂肪的变质，所以牛乳在输送、贮存处理过程中应尽量在密闭的容器内进行。乳中的细胞成分主要是白细胞和一些乳房分泌组织的上皮细胞，也有少量红细胞。一般正常乳中细胞数不超过 50 万个/mL。

三、乳的物理性质

　　乳的物理性质对鉴定乳的品质、选择正确的工艺条件具有重要的意义。现将牛乳的主要物理性质介绍如下。

　　1. 乳的色泽　正常的新鲜牛乳呈不透明的乳白色或稍带微黄色。乳白色是由于乳中的酪蛋白-磷酸钙复合体及脂肪球等微粒对光的不规则反射所产生。牛乳中的脂溶性胡萝卜素和叶黄素使乳略带淡黄色。水溶性的核黄素使乳呈荧光性黄绿色。

　　2. 乳的滋味和气味　乳糖使新鲜纯净的乳稍带甜味。乳因含有氯离子而稍带咸味。常乳中的咸味因受乳糖、脂肪、蛋白质等所调和而不易觉察，但异常乳（如乳房炎乳）中氯的含量较高，故有浓厚的咸味。乳中的苦味来自 Mg^{2+}、Ca^{2+}。而酸味是由柠檬酸及磷酸所产生。

　　乳中含有挥发性脂肪酸及其他挥发性物质，所以牛乳带有特殊的香味。这种香味随温度的高低而异。乳经加热后香味强烈，冷却后减弱。牛乳极易吸收外界的各种气味，所以，乳品加工中要严格注意周围环境的清洁以及各种因素的影响。

　　3. 乳的密度和相对密度　乳的密度是乳在 20℃时的质量与同体积水在 4℃时的质量比，正常乳的密度平均为 $D_4^{20}=1.030$。乳的相对密度是乳在 15℃时的质量与同体积同温度水的质量之比。正常乳的相对密度平均为 $d_{15}^{15}=1.032$。

　　乳的密度和相对密度在挤乳后 1h 内最低，其后逐渐上升。放置 2～3h 后，其密度要升高 0.001 左右，这是由于乳中一部分气体的逸散及脂肪的凝固使体积发生变化的结果。故不宜在挤乳后立即测试密度。密度和相对密度随乳成分的变化而变化，乳中无脂干物质含量越高则密度越高，乳中脂肪增加及乳中加水则密度下降。在同温度下比重和密度的绝对值相差很小，乳的密度比相对密度小 0.001 9，乳品生产中常以 0.002 的差数进行换算。乳的密度随温度而变化，在 10～25℃时，温度每升高或降低 1℃实测值就减少或增加 0.000 2（牛乳乳稠计读数为 0.2)。

可用乳稠计测定乳的密度和相对密度，乳稠计有两种规格，即 20℃/4℃ 的密度乳稠计和 15℃/15℃ 的相对密度乳稠计。密度乳稠计的刻度数比相对密度乳稠计的刻度数小 2°。测定乳样的温度在 10～25℃ 范围内即可，可按下式矫正因温度差异造成的测定误差：

4. 乳的酸度 由于乳中蛋白质、柠檬酸盐、磷酸盐及二氧化碳等酸性物质的影响，所以刚挤出的新鲜乳呈偏酸性。这种酸度称为自然酸度或固有酸度，若以乳酸计，酸度为 0.15%～0.18%（16～18°T）。挤出后的乳在存放过程中，由于微生物的活动，分解乳糖产生乳酸，导致乳的酸度升高，由于发酵而升高的酸度称为发酵酸度。自然酸度和发酵酸度之和称为总酸度。乳的总酸度越高，对热的稳定性越低。

乳品工业中通常用滴定酸度来表示乳的酸度。滴定酸度有多种测定方法及其表示形式，我国用吉尔涅尔度简称"°T"或乳酸百分率（乳酸%）来表示。

(1) 吉尔涅尔度（°T）。指中和 100mL 牛乳所需 0.1mol/mL 氢氧化钠的体积（mL），消耗 1mL NaOH 为 1°T。测定时取 10mL 牛乳，用 20mL 蒸馏水稀释，加入 0.5% 的酚酞指示剂 0.5mL，以 0.1mol/mL 氢氧化钠溶液滴定至粉红色，并在 30s 内不褪色为止，将所消耗的 NaOH 体积（mL）乘以 10，即为乳样的吉尔涅尔度。正常乳的吉尔涅尔度为 16～18°T。

(2) 乳酸度（%）。用乳酸量表示酸度时，按上述方法测定后用下列公式计算：

$$乳酸（\%）=\frac{0.1mol/L\ NaOH\ 体积（mL）\times 0.009}{[乳样体积（mL）\times 比重]\times 供试牛乳质量（g）}\times 100$$

酸度还可用氢离子浓度的负对数（pH）表示，正常新鲜牛乳的 pH 为 6.5～6.7，一般酸败乳或初乳的 pH 在 6.5 以下，乳房炎乳或低酸度乳 pH 在 6.7 以上。

5. 乳的热学性质

(1) 冰点。牛乳冰点一般为 −0.565～−0.525℃，平均为 −0.540℃。乳中存在乳糖和盐类是导致冰点比水低的主要因素。正常牛乳的乳糖及盐类的含量变化很小，所以冰点稳定。如牛乳掺水，则可使冰点上升，牛乳中加入 1% 的水时，冰点约上升 0.005 4℃，可根据冰点的变动用下列公式来推算掺水量：

$$w=\frac{t-t'}{t}(100-w_s)$$

式中：w——以质量计的加水量，%；

t——正常乳的冰点，℃；

t'——被检乳的冰点，℃；

w_s——被检乳的乳固体含量，%。

酸败牛乳的冰点会降低，所以测定冰点时要求牛乳的酸度不超过 20°T。

(2) 沸点。牛乳的沸点在 101.33kPa 下为 100.55℃，乳的沸点受其固形物含量影响，当浓缩到原体积一半时，沸点上升到 101.05℃。

(3) 比热。牛乳的比热为其所含各成分比热的和。其大小约为 3.89kJ/（kJ·℃）。牛乳的比热受其脂肪含量和温度等因素的影响，在 14～16℃ 条件下，其脂肪含量越高，比热越大。在其他温度条件下，其脂肪含量越高，比热越小。乳和乳制品的比热在乳品生产过程中有很重要的意义，常用于加热量和制冷量的计算。

6. 乳的电学性质　乳因含有电解质而能传导电流。乳的电导率与其成分特别是氯离子和乳糖的含量有关。在25℃时，正常牛乳电导率为0.004～0.005S/m。乳房炎乳中由于钠、钾、氯等离子增多，电导率上升。一般电导率超过0.006S/m即可认为是患病牛乳。故可用电导率的测定进行乳房炎乳的快速检测。

7. 乳的黏度与表面张力　牛乳黏度取决于牛乳干物质含量和各种成分的物理性状及温度等因素。正常乳的黏度为0.002 127Pa•S。牛乳的黏度随温度升高而降低。乳中脂肪及蛋白质对黏度的影响最显著，随着含脂率、乳固体的含量增高，黏度也增高。初乳、末乳的黏度都比正常乳高。在加工中，黏度受脱脂、杀菌、均质等操作的影响。在甜炼乳加工中黏度过高可能会使炼乳变稠，黏度过低可能出现脂肪分离及糖沉淀。在生产乳粉时，黏度过高可能妨碍喷雾导致雾化不完全及水分蒸发不良等现象。

牛乳表面张力在20℃时为0.04～0.06N/cm，与牛乳的起泡性、乳浊状态、微生物的生长发育、热处理、均质作用及风味等有密切关系。测定表面张力可以鉴别乳中是否混有其他添加物。表面张力随温度上升而降低。表面张力与乳的起泡性有关，如制作冰淇淋或搅打发泡稀奶油时希望有浓厚而稳定的泡沫形成，而运送乳、净化乳及稀奶油分离、杀菌时则要控制泡沫的形成。

四、异常乳

在乳品工业中通常按乳的加工性质将乳分为常乳和异常乳两类。成分和性质正常的牛乳成为正常乳，是乳品加工业的主要原料。在泌乳期中，由于生理、病理或其他因素的影响，乳的成分与性质发生变化，这种乳称作异常乳。异常乳种类很多，变化也很复杂，但无论哪一种异常乳，都不能作为优质乳品加工的原料。牛乳按加工性质分类如图11-2所示。

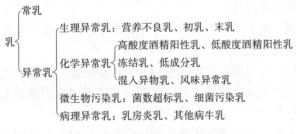

图11-2　牛乳按加工性质分类

1. 生理异常乳

（1）营养不良乳。饲料不足、营养不良的奶牛所产的乳，皱胃酶几乎不能使其凝固，这种乳不能生产干酪。当喂给充足的饲料，加强营养之后，牛乳即可恢复正常。

（2）初乳。母牛产犊后一周内所分泌的乳为初乳。初乳呈黄褐色，浓厚、黏稠，有特殊气味。其过氧化氢酶和过氧化物酶的含量高，脂肪、蛋白质，特别是乳清蛋白（白蛋白和球蛋白）含量高，乳糖含量低，灰分高，特别是钠和氯含量高。铁量为常乳的3～5倍，铜量约为常乳的6倍。维生素A、维生素D、维生素E含量较常乳多，水溶性维生素含量一般也较常乳高。初乳中还含有大量的免疫球蛋白，但热稳定性差，加热至60℃即开始凝固。初乳不宜作为一般乳制品加工用的原料乳。但其营养丰富、含有大量免疫体和活性物质，可用做保健型乳制品的原料。

（3）末乳。母牛干乳前一周所产的乳叫末乳，也称老乳。其成分除脂肪外，其他成分均较常乳高，末乳具有苦而微咸的味道，脂酶多，常带有油脂氧化味道，且末乳中微生物数量比常乳高。因此末乳不宜作为乳制品加工的原料乳。

2. 化学异常乳

（1）酒精阳性乳。原料乳检验时，一般用68%、70%或72%的酒精与等量原料乳混合，凡出现絮状凝片的乳均称为酒精阳性乳。

①高酸度酒精阳性乳。由于鲜乳中微生物生长繁殖导致牛乳酸度升高而呈酒精试验阳性。一般酸度在24°T以上的乳酒精试验均为阳性。

②低酸度酒精阳性乳。酸度低于16°T但酒精试验也呈阳性的乳为低酸度酒精阳性乳。其原因主要与饲养管理不当、产乳期和季节不适宜等导致盐类离子不平衡和胶体系统不稳定，降低了乳的稳定性。在温度超过130℃时易发生凝固，不利于加工，降低了其利用价值。

③冻结乳。冬季因受气候和运输的影响，鲜乳产生冻结现象，导致乳中一部分酪蛋白变性。同时，在处理时因温度和时间的影响，酸度相应升高，表现为酒精阳性乳。

（2）低成分乳。低成分乳是指乳的总干物质低于11%，乳脂率低于2.7%的原料乳。主要是由于遗传、饲养管理、高温多湿及病理等因素的影响而使乳的固体含量过低。

（3）风味异常乳。主要包括生理异常风味乳、脂肪分解味、氧化味、日光味、蒸煮味、苦味、酸败味、从空气中吸收的异味及机械设备清洗不严格产生的异味等。为解决风味异常问题，应改善饲养管理、牛舍与牛体卫生，保持空气新鲜畅通，注意防止微生物的污染等。

（4）混入异物乳。是指在乳中混入原来不存在的物质的乳。其中，有人为混入的异常乳和因预防治疗、促进发育等使抗生素和激素进入乳中的异常乳。此外，还有因饲料和饮水等使农药进入乳中而造成的异常乳。

①偶然混入的异物。由于牛舍不清洁、牛体管理不良、挤乳用具洗涤不彻底、工作人员不卫生而引起的异物混入。

②人为混入的异物。人为混入的异物包括为了增加质量而掺的水、为了中和高酸度乳而添加的中和剂、为了保持新鲜度而添加的防腐剂、非法增加含脂率和无脂干物质含量而添加的异种成分（如异种脂肪、三聚氰胺）等。

③经牛体混入的异物。为促进牛体生长和治疗疾病，对奶牛使用激素和抗生素；奶牛采食被农药或放射性物质污染的饲料和水。这些激素、抗生素、放射性物质和农药会通过牛机体进入牛乳中，使牛乳造成污染。这些异物对人体健康的危害更大。实验证明，即使乳中含有微量的抗生素，也可成为人对抗生素产生过敏或增加抗药性的原因，因此有害于大众健康，同时影响发酵乳制品的生产。

3. 微生物污染乳　由于挤乳前后的污染、不及时冷却和器具的洗涤杀菌不完全等原因，使鲜乳被微生物污染，鲜乳中的细菌数大幅度增加，以致不能用作加工乳制品的原料，这种乳称为微生物污染乳。原料乳从挤乳开始到运到工厂，要经过许多过程，每个过程都容易受到微生物的侵袭而造成污染。刚挤下来的鲜乳，如果挤乳时的卫生条件比较好，则乳中的细菌数为300～1 000个/mL。最初挤出的乳细菌数高，随着挤乳的延续，细菌数逐渐减少。因此，最初挤出的一、二把乳应该分别处理。挤出后的鲜乳，因受挤乳用具、容器和牛舍空气等的污染，在运到收奶站或工厂的过程中，如果清洁、消毒和冷却不妥当，则可达到每毫升乳中有数百万个细菌。所以必须注意防止挤乳前后的污染，消除各种污染机会，防止微生物污染乳的发生。

4. 病理异常乳

（1）乳房炎乳。乳房炎是乳房组织内发生炎症而引起的疾病，主要由细菌引起，引起乳房炎的主要病原菌约60％为葡萄球菌，20％为链球菌，混合型的占10％，其余10％为其他细菌。

乳房炎乳的成分和性质都发生变化，乳糖含量降低，氯含量增加及球蛋白含量升高，酪蛋白含量下降，并且细胞上皮细胞数量多，以致无脂干物质含量较常乳少。因此，凡是氯糖数〔（氯/乳糖）×100〕在3.5以上、酪蛋白氮与总氮之比在78以下、pH在6.8以上、细胞数在50万个/mL以上、氯含量在0.14％以上的乳，都很可能是乳房炎乳。

（2）其他病牛乳。主要指由患口蹄疫、炭疽菌、结核菌、布氏杆菌病等的奶牛所产的乳，乳的质量变化大致与乳房炎乳相类似。奶牛患酮体过剩、肝机能障碍、繁殖障碍等疾病时，易分泌低酸度酒精阳性乳。

五、乳中微生物

牛乳富含多种营养素，是微生物最好的培养基。乳中常见的微生物分三类：一类是病原微生物，它不改变乳与乳制品的性质，但对人、畜有害，可通过乳散播各种流行病，如溶血性链球菌、结核菌、布鲁氏杆菌、乳房炎菌、沙门氏菌、痢疾杆菌等。另一类是有害微生物，如低温细菌、蛋白脂肪分解菌、产酸菌、大肠杆菌等。还有一类是有益微生物，如乳酸菌，在酸乳、酸性奶油及干酪制品生产中起着重要作用。酵母菌是生产牛乳酒、马乳酒不可缺少的微生物。因此，在乳和乳制品生产中必须防止有害微生物污染，而利用有益微生物生产各种乳制品。

1. 乳中微生物的来源　牛乳中微生物的来源很多，除乳本身含有乳酸菌外，还有以下几个途径。

（1）来源于乳房内的污染。奶牛的乳房内不是处于无菌状态，其微生物多少取决于乳房的清洁程度，许多细菌通过乳头管栖生于乳池下部，并从乳头端部侵入乳房，由于细菌本身的繁殖和乳房的物理蠕动而进入乳房内部。因此，第一股乳流中微生物的数量最多。正常情况下，随着挤乳的进行乳中细菌含量逐渐减少。所以在挤乳时最初挤出的乳应单独存放，另行处理。

（2）来源于牛体的污染。因为牛舍空气、垫草、尘土以及本身的排泄物中的细菌大量附着在乳房的周围，在挤乳时会侵入牛乳中。这些污染菌中，多数属于带芽孢的杆菌和大肠杆菌等。所以在挤乳时，应用温水严格清洗乳房和腹部，并用清洁的毛巾擦干。

（3）来源于挤乳用具和乳桶等的污染。挤乳时所用的桶、挤乳机、过滤布、洗乳房用布等，如果不预先清洗杀菌，会使鲜乳受到污染。各种挤乳用具和容器中所存在的细菌，多数为耐热的球菌属；其次为八叠球菌和杆菌。所以这类用具和容器的杀菌，对防止微生物的污染有重要意义。

（4）其他污染来源。挤乳员没有严格执行操作规程、个人卫生不好、手和工作服不干净或混入苍蝇及其他昆虫等，都会造成牛乳污染。另外还应注意防止污水溅入桶内，并防止其他直接或间接的原因从桶口侵入微生物。

2. 微生物的种类及其性质　牛乳在健康的乳房中．本身存在某些细菌，加上在挤乳和处理过程中外界微生物不断侵入，因此乳中微生物的种类很多，主要有以下几种。

（1）细菌。乳中的细菌在室温或室温以上温度大量增殖，根据它对牛乳作用所产生的变化可分为以下几种。

①产酸菌。主要为乳酸菌，指能分解乳糖产生乳酸的细菌。乳酸菌的种类繁多，自然界分布很广，在乳和乳制品中主要有乳球菌科和乳杆菌科，包括链球菌属、明串珠菌属和乳杆菌属。

②产气菌。这类菌在牛乳中生长能生成酸和气体。如大肠杆菌和产气杆菌是常出现在牛乳中的产气菌。产气杆菌能在低温下增殖，是低温贮藏牛乳时使牛乳酸败的一种重要菌种。此外，可从牛乳和干酪中分离得到费氏丙酸杆菌和谢氏丙酸杆菌。用丙酸菌生产干酪时，可使产品具有气孔和特有的风味。

③肠道杆菌。是一群寄生在肠道内的革兰氏阴性短杆菌，在乳品生产中是评定乳制品污染程度的指标之一，其中主要有大肠菌群和沙门氏菌。

④芽孢杆菌。该菌能形成耐热性芽孢，杀菌处理后仍残存在乳中。可分为好氧性杆菌属和厌氧性梭状菌属两种。

⑤球菌。一般为好氧性细菌，能产生色素。牛乳中常出现的有微球菌属和葡萄球菌属。

⑥低温菌。凡在 0～20℃下能生长繁殖的细菌统称低温菌，而 7℃ 以下能生长繁殖的细菌称为嗜冷菌。乳品中常见的低温菌属有假单胞菌属和醋酸杆菌属。这些菌在低温下生长良好，能使乳中蛋白质分解引起牛乳胨化，分解脂肪使牛乳产生哈喇味，使乳制品腐败变质。

⑦高温菌和耐热性细菌。高温菌或嗜热性细菌指在 40℃ 以上仍能正常生长繁殖的菌群。如乳酸菌中的嗜热链球菌、保加利亚乳杆菌、好氧性芽孢菌（如嗜热脂肪芽孢杆菌）、厌氧性芽孢杆菌（如嗜热纤维梭状芽孢杆菌）和放线菌（如干酪链霉菌）等。特别是嗜热脂肪芽孢杆菌，其最适发育温度为 60～70℃。

耐热性细菌指在低温杀菌条件下还能生存的细菌，如一部分乳酸菌、耐热性大肠菌、微杆菌及一部分放线菌和球菌类等。此外，芽孢杆菌在加热条件下都能生存。但用超高温杀菌时（135℃，数秒），上述细菌及其芽孢都能被杀死。

⑧蛋白分解菌和脂肪分解菌。蛋白分解菌指能产生蛋白酶而将蛋白质分解的菌群。生产发酵乳制品的大部分乳酸菌能使乳中蛋白质分解，属于有益菌。有些能使蛋白质分解产生氨和胺类，使牛乳产生黏性、碱性、胨化，如假单胞菌属、芽孢杆菌属、放线菌中的一部分等，还有的能使蛋白质分解成肽，导致干酪带有苦味。

脂肪分解菌指能使甘油三酯分解生成甘油和脂肪酸的菌群。脂肪分解菌中，除一部分在干酪生产中有用外，一般都是使牛乳和乳制品变质的细菌，尤其对稀奶油和奶油危害更大。主要的脂肪分解菌（包括酵母、霉菌）有：荧光极毛杆菌、无色解脂菌、解脂小球菌、干酪乳杆菌、白地霉、黑曲霉、大毛霉等。大多数的解脂酶有耐热性，并且在 0℃ 以下也具活力。因此，牛乳中如有脂肪分解菌存在，即使进行冷却或加热杀菌，也往往带有意想不到的脂肪分解味。

⑨放线菌。与乳品有关的有以下几种。a. 分枝杆菌属。是抗酸性的杆菌，无运动性，多数具有病原性。如结核分枝杆菌形成的毒素，有耐热性，对人体有害。如牛型结核菌对人体和牛体都有害。b. 放线菌属。主要有牛型放线菌，它生长在牛的口腔和乳房，然后转入

牛乳。c. 链霉菌属。主要有干酪链霉菌，属胨化菌，能使蛋白质分解导致牛乳腐败变质。

（2）真菌。真菌分为酵母和霉菌两大类。新鲜牛乳中的酵母主要为酵母属、毕赤氏酵母属、球拟酵母属、假丝酵母属等菌属，常见的有脆壁酵母菌、洪氏球拟酵母、高加索乳酒球拟酵母、球拟酵母等。其中的脆壁酵母与假丝酵母可使乳糖发酵可用来生产发酵乳制品，但使用酵母制成的乳制品常带有酵母臭，有风味缺陷。

牛乳中常见的霉菌有乳粉胞霉、乳酪粉胞霉、黑念珠霉、变异念珠霉、蜡叶芽枝霉、乳酪青霉、灰绿青霉、灰绿曲霉和黑曲霉。其中的乳酪青霉可生产干酪，其余大部分霉菌会使干酪、乳酪等污染腐败。

（3）噬菌体。侵害细菌的滤过性病毒统称为噬菌体，亦称为细菌病毒。目前已发现大肠杆菌、乳酸菌、赤痢菌、沙门氏杆菌、霍乱菌、葡萄球菌、结核菌、放线菌等多数细菌的噬菌体。对牛乳、乳制品而言，最重要的噬菌体为乳酸菌噬菌体。当乳品发酵剂收噬菌体污染后，会导致发酵的失败，是酸乳、干酪生产中必须注意的问题。

3. 室温贮存鲜乳时微生物的变化

（1）抑制期。新鲜乳液中含有多种抗菌物质，它对乳中存在的微生物具有杀菌或抑制作用。在这期间，乳液含菌数不会增高，若温度升高，则抗菌性物质的杀菌或抑菌作用增强，但持续时间会缩短。维持抑菌的时间长短也和乳中微生物含量有关，细菌数越多则持续时间越短。因此，鲜乳放置在室温环境中，在一定的时间内并不会出现变质的现象。

（2）乳链球菌期。鲜乳中的抗菌物质减少或消失后，乳中的微生物即迅速繁殖，占优势的细菌是乳链球菌、乳酸杆菌、大肠杆菌和一些蛋白分解菌等，其中尤以乳链球菌生长繁殖特别旺盛。

（3）乳酸杆菌期。当牛乳的 pH 下降至 6.0 左右时，乳酸杆菌的活动力逐渐增强。当 pH 继续下降至 4.5 以下时，由于乳酸杆菌耐酸力较强，仍能继续繁殖并产酸。在这阶段，乳液中可出现大量乳凝块，并有大量乳清析出。

（4）真菌期。当酸度继续升高至 pH 为 3~3.5 时，绝大多数微生物被抑制甚至死亡，仅酵母和霉菌仍能适应高酸性的环境，并能利用乳酸及其他一些有机酸。

「任务 1　原料乳的检验与验收」

一、原料乳检验与验收程序

原料乳运输→取样→检验（感官检验、理化检验、卫生检验）→计量→过滤与净化→冷却→贮存

二、原料乳检验与验收要点

1. 原料乳运输

（1）运输设备。乳桶、乳槽车。

（2）运输方法。牛乳是从奶牛场或收乳站用乳桶或乳槽车送到乳品厂的。我国乳源分散的地方多采用乳桶运输，乳源集中或运输距离较远的地方多采用乳槽车运输。

乳桶一般用不锈钢或铝合金制成，容量 40~50L。桶身有足够的强度，耐酸碱；内壁光滑，便于清洗；桶盖与桶身结合紧密。

乳槽车由汽车、乳槽、乳泵室、站立平台、人孔、盖、自动气阀等构成。乳槽由不锈钢

制成，容量 5~10t，内外壁间有保温材料。乳泵室内有离心泵、流量计、输乳管等。在收乳时，乳槽车可开到贮乳间附近，将输乳管与牛乳冷却罐相连，流量计可自动记录收乳量。冷却罐一经抽空，应立即停止泵乳，以免空气混入牛乳。乳槽分成若干个间隔，每个间隔需依次充满，以防牛乳在运输时晃动。乳槽车收乳后应立即送往乳品厂。

（3）注意事项。

①病牛的乳不能和健康牛的乳混合；含抗生素的牛乳必须与其他乳分开。

②运输容器需清洁卫生，并加以严格清洗和消毒。

③牛乳必须保持良好的冷却状态，不能混入空气。运输途中尽量减少震动，乳桶和乳槽车应尽量装满，以防牛乳在容器中晃动。但冬季不得装得太满，以免冻结而使容器破裂。

④防止乳在途中升温，特别是夏季。因此，夏季最好在早晨或夜间运输；若在白天运输，要采用隔热材料遮盖乳桶。

⑤运输途中应尽量缩短停留时间，以免牛乳变质；长距离运输时，最好采用乳槽车。

2. 取样 取样一般由乳品厂检验中心指定人员进行，乳槽车押运人员监督。取样前应在乳槽内上下连续打耙 20 次以上，均匀后取样，并记录乳槽车押运员、罐号、时间，同时检查乳槽车的卫生。

检验卫生指标取样时，工具和容器必须清洁、干燥、无菌。可用以下任何方法灭菌：在 170℃ 干热灭菌 2h；120℃ 高压蒸汽灭菌 20min；100℃ 沸水浸泡 1min；用 75% 酒精擦拭，再在火焰上加热去酒精。

3. 检验

（1）感官检验。

①材料与仪器。乳样、白瓷皿、试管、酒精灯、小烧杯。

②操作步骤。

a. 色泽检查。将少量乳倒入白瓷皿中观察其颜色。

b. 气味检查。将少量乳加入试管中加热，闻其气味。

c. 滋味检查。品尝加热后乳的滋味。

d. 组织状态检查。将乳倒入小烧杯中静置 1h，然后小心倒入另一小烧杯，观察第一个杯底有无沉淀和絮状物，再取 1 滴于大拇指上，检查是否黏滑。

③结果评定。正常牛乳为白色或微带黄色，不得含有肉眼可见的异物，有特殊的乳香味、无异味，组织状态均匀一致，无凝块和沉淀，不黏滑。

（2）理化检验。

①相对密度测定。

a. 材料与仪器。乳样、乳稠计（20℃/4℃ 或 15℃/15℃）、温度计、250mL 量筒。

b. 操作步骤。将牛乳充分混匀，取样 200mL，沿量筒壁徐徐倒入量筒中，以免产生气泡。用手拿住乳稠计上部，将乳稠计沉入乳样，使其沉入到刻度 30° 处，放手使其在乳中自由浮动（重锤不能接触量筒壁）。静置 1~3min 后读取牛乳液面的刻度，以牛乳凹液面下缘为准。

c. 结果评定。正常牛乳的相对密度为 1.028~1.032。

②滴定酸度测定。

a. 材料与仪器。乳样、0.5% 酚酞指示剂、0.1mol/L NaOH 标准溶液、25mL 碱式滴定管、150mL 三角烧瓶、10mL 吸管。

b. 操作步骤。吸取 10mL 乳样，注入 150mL 三角烧瓶，加入 20mL 新煮沸冷却的蒸馏水，加入 0.5％的酚酞指示剂 0.5mL，混匀。用已标定的 0.1mol/mL NaOH 标准溶液滴定至粉红色，并在 30s 内不褪色为止，记录所消耗的 NaOH 的体积 V（mL）。

c. 计算。

$$吉尔涅尔度（°T）=V×10$$

$$乳酸（％）=\frac{0.1mol/L\ NaOH\ 体积（mL）×0.009}{[乳样体积（mL）×比重]×供试牛乳质量（g）}×100$$

d. 结果评定。正常牛乳的吉尔涅尔度为 16～18°T。正常乳的乳酸度为 0.15％～0.17％。

③酒精试验。

a. 材料与仪器。乳样，1～2mL 吸管，10mL 试管，68％、70％、72％的酒精。

b. 操作步骤。取试管 3 支，编号（1、2、3 号），分别加入同一乳样 1～2mL。向三个试管分别加入等量的 68％、70％、72％的酒精，摇匀。观察有无出现絮片，判断乳的酸度。

c. 结果评定。不出现絮片的牛乳为酒精试验阴性，表示其酸度较低；出现絮片的牛乳为酒精试验阳性，表示其酸度较高。酒精浓度与牛乳酸度关系见表 11-1。

表 11-1　不同浓度酒精实验的酸度

酒精浓度/％	不产生絮片的酸度/°T
68	<20
70	<19
72	<18

d. 注意事项。冻结乳也会形成酒精阳性乳，但其热稳定性较高，可作为加工乳制品的原料乳。酒精要纯，pH 要调到中性，使用时间超过 10d 时须重新进行调节。

④煮沸试验。

a. 材料与仪器。乳样、10mL 吸管、试管、水浴箱。

b. 操作步骤。取试管 10mL 乳样于试管中，置于沸水浴中 5min，取出试管观察有无絮片出现或发生凝固现象。

c. 结果评定。如产生絮片或发生凝固，则表示牛乳不新鲜，酸度大于 26°T。

⑤乳成分测定。

a. 微波干燥法测定总干物质（TMS 检验）。通过 2 450MHz 的微波干燥牛乳，并自动称量、记录乳总干物质的质量。该法测定速度快而准确，便于指导生产。

b. 红外线牛乳全成分测定。通过红外线分光光度计，自动测出牛乳中的脂肪、蛋白质和乳糖三种成分。红外线通过牛乳后，牛乳中的脂肪、蛋白质、乳糖减弱了红外线的波长，通过红外线波长的减弱率可反映出三种成分的含量。该法测定速度快，但设备造价较高。

（3）卫生检验。

①细菌检验。

a. 亚甲基蓝还原试验。

材料、仪器与设备：乳样、0.25％亚甲基蓝溶液、灭菌试管、吸管、棉塞、水浴锅。

操作步骤：无菌操作吸取乳样 5mL，注入灭菌试管内，加入 0.25％亚甲基蓝溶液 0.25mL，塞紧棉塞，混匀，置于 37℃水浴，每隔 10～15min 观察试管内容物褪色情况。

结果评定：褪色时间越快则牛乳污染越严重。按表 11-2 中亚甲基蓝褪色时间分级指标进行牛乳分级。

表 11-2　生鲜牛乳的细菌指标

分级	平板菌落总数分级指标/ (10^4CFU/mL)	亚甲基蓝褪色时间分级指标
I	≤50	≥4h
II	≤100	≥2.5h
III	≤200	≥1.5h
IV	≤400	≥40min

b. 稀释倾注平板法。

材料、仪器与设备：乳样、琼脂培养基、培养皿、恒温培养箱。

操作步骤：取乳样稀释后，接种于琼脂培养基上，培养 24h 后计数，测定样品的细菌总数。该法测定样品中的活菌数，需要时间较长。

c. 直接镜检法。

材料、仪器与设备：乳样、染色剂、吸管、载玻片、显微镜。

操作步骤：取一定量的乳样，在载玻片涂抹一定的面积，经过干燥、染色、镜检观察细菌数，根据显微镜视野面积，推断出鲜乳中的细菌总数，而非活菌数。

直接镜检法比平板培养法更能迅速判断结果，通过观察细菌形态，还能推断细菌数增多的原因。

②体细胞数检验。正常乳中的体细胞多数来源于上皮组织的单核细胞，如有明显的多核细胞（白细胞）出现，可判断为异常乳。常用的方法有直接镜检法（同细菌检验）或加利福尼亚细胞数测定法（GMT 法）。GMT 法是根据细胞表面活性剂的表面张力判断，细胞在遇到表面活性剂时会收缩凝固，细胞越多，则凝集状态越强，出现的凝集片就越多。

国外罐车或牛群体细胞标准。欧盟：40 万/mL；美国：75 万/mL；加拿大：50 万/mL；世界最低的瑞士牛群已能低到 20 万/mL。牛群理想体细胞值：小于 20 万/mL。

③抗生素检验（TTC 试验）。

a. 材料与仪器。乳样，10mL 吸管及配套胶塞，1mL、10mL 移液管。250mL 三角烧瓶，秒表，（36±1）℃水浴锅，80℃水浴锅。

b. 菌液制备。将嗜热乳酸链球菌接接种于灭菌脱脂乳中，置于（36±1）℃水浴锅中保温 15h，然后再用灭菌脱脂乳以 1∶1 比例稀释备用。

c. 操作步骤。取乳样 9mL 加入试管，置于 80℃水浴锅内保温 5min，冷却至 37℃以下。加入菌液 1mL，置于（36±1）℃水浴锅中保温 2h，加入 4％ TTC 指示剂水溶液 0.3mL，置于（36±1）℃水浴锅中保温 30min，观察牛乳颜色变化。

d. 结果评定。加入 TTC 指示剂并置于水浴中保温 30min 后，如检样呈红色，则无抗生素残留，报告结果为阴性；如检样不显色，再继续保温 30min 进行第二次观察，如仍不显色，则有抗生素残留，报告结果为阳性。评定标准见表 11-3。

表 11-3　显色状态评定标准

显色状态	评定
未显色者	阳性
微红色者	可疑
桃红色→红色	阴性

4. 计量　原料乳经检验合格后进行计量，可采用体积计量或重量计量。

（1）体积计量。体积法使用流量计计量，为了提高计量的精确度，可在流量计前装一台脱气装置。

乳槽车的出口阀与脱气罐相连，牛乳经过脱气后被泵送至流量计，流量计显示牛乳的总流量。当所有牛乳计量完毕，把一张卡放入流量计，记录下牛乳的总体积，然后将牛乳送入贮乳罐。

（2）重量计量。

①称量乳槽车卸乳前后的重量，然后用前者数值减去后者。

②用在底部带有称量元件的特殊称量罐称量。称量时牛乳从乳槽车被泵入一个罐角带有称量元件的特殊罐中，该元件发出一个与罐的重量成比例的信号，当牛乳进入罐内时，信号的强度随罐的重量增加而增加。因此，乳槽车中所有的乳交付后，该罐内牛乳的重量即被记录下来，随后牛乳被泵入大的贮乳罐。

③用乳桶送来的鲜乳，通常用磅秤计量，并配有磅乳槽和受乳槽。

5. 过滤与净化　原料乳过滤与净化目的是去除乳中的机械杂质并减少微生物数量。

（1）过滤。为防止粪屑、饲草、牛毛及蚊蝇等昆虫带来的污染，挤下的牛乳必须及时进行过滤。凡是将乳从一个地方运到另一个地方，从一个工序到另外一个工序，或者由一个容器转移到另一个容器时，都应该进行过滤。

过滤的方法很多。牧场常采用纱布过滤法；可在收乳槽上安装一个不锈钢金属过滤网并铺上多层纱布进行过滤；也可采用管道过滤器或在管路的出口装一个过滤布袋；还可以使用双联过滤器进行进一步过滤。

采用纱布过滤时，将消毒过的纱布折成 3~4 层，结扎在乳桶口上，将挤下的乳经称重后倒入扎有纱布的乳桶中，即可达到过滤的目的。用纱布过滤时，必须保持纱布的清洁，否则不仅失去过滤的作用，反而会使过滤出来的杂质与微生物重新侵入乳中，成为微生物污染的来源之一。所以，要求纱布的一个过滤面不超过 50L 乳。使用后的纱布，应立即用温水清洗，并用 0.5% 的碱水洗涤，然后再用清洁的水冲洗，最后煮沸 10~20min 杀菌，并存放在清洁干燥处备用。目前牧场中一般采用尼龙或其他类化纤滤布过滤，既干净，又容易清洗、耐用，过滤效果好。滤布或滤筒通常在连续过滤 5 000~10 000L 牛乳后，就应该更换、清洗和灭菌。一般连续生产都设有两个过滤器交替使用。

（2）净化。原料乳经数次过滤后，乳中污染的很多极微小的机械杂质和细菌细胞仍难以除去，一般采用离心净乳机净化，以达到最高的纯净度。离心净乳机由一组装在转鼓内的圆锥形碟片组成，靠电机驱动，碟片高速旋转，牛乳在离心力作用下由碟片的外侧边缘进入分离通道，并快速流过通向转轴的通道，由上部出口排出。牛乳中的杂质及一些体细胞等不溶性物质由于密度较大，沿着碟片的下侧被甩回到净化钵的周围，集中到沉渣空间，从而达到净化乳目的。离心净乳一般设在粗滤之后，冷却之前。净乳时应注意以下问题：

①原料乳的温度。适宜净乳温度为脂肪熔点 30～32℃。如果在低温情况下（4～10℃）净化，会因乳脂肪的黏度增大而影响流动性和杂质的分离。根据乳品生产工艺的设置，也可采用40℃或60℃的温度净化，净化后应该直接进入加工段，而不应该再冷藏。

②进料量。一般进料量低于额定数 10%～15%。因为当乳进入机内的量越少，在分离钵内的乳层越薄，净化效果越好；大流量时，分离钵内的乳层加厚，净化不彻底。

③事先过滤。原料乳在进入分离机前要先进行较好的过滤，去除大的杂质。一些大的杂质进入分离机内可使分离钵之间的缝隙加大，从而使乳层加厚，使乳净化不完全，影响净化效果。

6. 冷却　净化后的乳最好直接加工，如要短期贮藏，必须及时冷却。

刚挤下的乳，温度在36℃左右，是微生物生长繁殖最适宜的温度，所以挤出后的乳应迅速冷却到4℃左右，贮存期间不得超过10℃。乳的冷却与乳中微生物数的关系见表11-4。

表 11-4　乳的冷却与乳中微生物数的关系（单位：CFU/mL）

贮存时间	冷却乳	未冷却乳	贮存时间	冷却乳	未冷却乳
刚挤出的乳	11 500	11 500	12h 后	7 800	114 000
3h 后	11 500	18 500	24h 后	62 000	1 300 000
6h 后	6 000	102 000			

可见，未冷却的乳其微生物增加迅速，而冷却乳则增加缓慢，6～12h微生物还有减少的趋势，这是因为低温和乳中存在自身抗菌物质。

常用牛乳冷却方法有以下四种：

（1）水池冷却法。将乳桶放在水池中，用冰水或冷水进行冷却。此法可使乳冷却到比冷却用水的温度高3～4℃。为了加速冷却，需经常进行搅拌，并按照水温进行排水和换水。池中水量应为冷却乳量的4倍。每隔3d应将水池彻底洗净，再用石灰溶液洗涤一次。挤下的乳应随时进行冷却，不要将所有的乳挤完后才将乳桶浸在水池中。其缺点是：冷却缓慢、耗水量较多、劳动强度大、不易管理。

（2）浸没式冷却器冷却。这种冷却器可以插入贮乳槽或乳桶中以冷却牛乳。冷却器中带有离心式搅拌器，可以调节搅拌速度，并带有自动控制开关，可以定时自动进行搅拌，故可使牛乳均匀冷却，并防止脂肪上浮。适用于奶站和较大规模的牧场。

（3）板式热交换器冷却。乳流过板式热交换器与制冷剂进行热交换后流入贮乳罐中。它克服了浸没式冷却器因乳液暴露于空气而容易污染的缺点。用冷盐水作冷媒，构造简单，冷却效率高，目前许多乳品厂及奶站都采用这种方法。

（4）冷排冷却器冷却。这种冷却器由金属排管组成。乳从上到下从分配槽底部的细孔流出，形成波层。流经冷却器的表面再流入贮乳槽中，冷却水（冷水或冷盐水）从冷却器的下部自下而上通过冷却器的每根排管，以降低沿冷却器表面流下的乳的温度。其优点是：构造简单，价格低廉，冷却效率较高。适用于小规模加工厂及奶牛场。

7. 贮存　为了保证连续生产的需要，一般工厂总的贮乳量应不少于1d的处理量。贮乳罐一般采用不锈钢制成，有良好的绝热保温性能，一般乳经过24h贮存后，乳温上升不得超过 2~3℃，并配有适当的搅拌机，规格有 5t、10t 或 30t，大规模乳品厂的贮乳罐可达 100t。10t 以下的贮藏罐多装于室内，有立式或卧式，大罐多装于室外，通常为立式，带保温层和防雨层。

贮乳罐使用前应彻底清洗、杀菌，待冷却后泵入牛乳。每罐须放满，并加盖密封。如果装半罐，会加快乳温上升，不利于原料乳的贮存。贮存期间要开动搅拌机。

三、思考与应用

1. 如何测定牛乳的酸度？
2. 如何测定牛乳的密度和相对密度？
3. 牛乳运输时应注意什么？
4. 牛乳净化时应注意什么？
5. 常用牛乳冷却方法有哪些？

「任务 2　原料乳的预处理」

一、材料、仪器及设备

1. 材料　新鲜牛乳。

2. 仪器和设备　板式热交换器、真空脱气罐、牛乳分离机、高压均质机。

二、工艺流程

真空脱气→标准化→均质

三、操作要点

1. 真空脱气　刚挤出的牛乳含 5.5%~7.0% 的气体，经贮存、运输和收购后，气体含量一般在 10% 以上，而且绝大多数为非结合的分散气体。这些气体对牛乳加工的破坏作用主要有：

①用体积法计量时失去准确性。

②影响分离和分离效率。

③影响牛乳标准化的准确度。

④使巴氏杀菌机中结垢增加，影响传热效果。

⑤使奶油的产量下降。

⑥产品容易发生氧化，质量下降。

⑦发酵乳制品稳定性降低（乳清析出）。

所以，在牛乳处理的不同阶段进行脱气是非常必要的。首先，在乳槽车上安装脱气设备，以免泵送牛乳时影响流量计的准确度。其次，在乳品厂收乳间流量计前安装脱气设备。但这两种方法对乳中细小的分散气泡是不起作用的。在进一步处理牛乳的过程中，应使用真空脱气罐，以除去细小的分散气泡和溶解氧。

工作时，牛乳经板式热交换器预热到 68℃，泵入真空脱气罐内，预先将真空罐内真空度调节到相当于沸腾温度为 60℃ 的真空度。则牛乳温度立刻降到 60℃，由于是超沸点进料，物料会立即沸腾，且低压下释放出牛乳中的空气，这时牛乳中空气和部分牛乳蒸发到罐顶部，遇到冷凝器后，蒸发的牛乳被冷凝回到罐底部，空气及一些非冷凝气体（异味）由真空泵抽吸除去。一般经脱气的牛乳在60℃条件下进行分离、标准化和均质。

2. 标准化　为了使乳制品符合要求，其中脂肪与无脂干物质含量要求保持一定比例。但原料乳中脂肪与无脂干物质的含量随奶牛品种、地区、季节和饲养管理等因素不同而有较大差别。因此，必须调整原料乳中脂肪与无脂干物质之间的比例关系，使其符合乳制品的要求。一般把该过程称为标准化。如果原料乳中脂肪含量不足时，应添加稀奶油或分离一部分脱脂乳；当原料乳中脂肪含量过高时，则可添加脱脂乳或提取一部分稀奶油。此过程在贮乳罐中进行或在标准化机中连续进行。生产中一般用皮尔逊法进行计算。

即设：原料乳的含脂率为 p（%），原料乳的数量为 x（kg）。脱脂乳或稀奶油的含脂率为 q（%），脱脂乳或稀奶油的数量为 y（kg，$y>0$ 为添加，$y<0$ 为提取）。标准化后乳的含脂率为 r（%）。根据原料乳和稀奶油（或脱脂乳）的脂肪总量等于混合乳的脂肪总量，对脂肪进行物料衡算，则形成关系式：

$$px + qy = r(x + y)$$

$$\frac{x}{y} = \frac{r - q}{p - r}$$

式中：如 $p>r$，则表示需添加脱脂乳或提取部分稀奶油；

如 $p<r$，则表示需添加稀奶油或提取部分脱脂乳。

例：今有 1 000kg 含脂率为 3.6% 的原料乳，要求标准化乳含脂率为 3.1%。①如稀奶油含脂率为 40%，问应提取稀奶油多少千克？②如脱脂乳含脂率为 0.2%，问应添加脱脂乳多少千克？

解：按关系式 $\frac{x}{y} = \frac{r - q}{p - r}$ 得

①
$$\frac{1\ 000}{y} = \frac{3.1 - 40}{3.6 - 3.1} = \frac{-36.9}{0.5}$$

则 $y=13.6$kg（负数表示提取）

即需提取含脂率为 40% 的稀奶油 13.6kg。

②
$$\frac{1\ 000}{y} = \frac{3.1 - 0.2}{3.6 - 3.1} = \frac{2.9}{0.5}$$

则 $y=172.4$kg（正数表示添加）

即需要添加含脂率为 0.1% 的脱脂乳 172.4kg。

3. 标准化的方法

（1）预标准化。指在杀菌前把原料乳分离成稀奶油和脱脂乳。如标准化乳含脂率高于原料乳的含脂率，则需将稀奶油按计算比例与原料乳混合以达到要求的含脂率；如标准化乳含脂率低于原料乳的含脂率，则需将脱脂乳按计算比例与原料乳混合以达到要求的含脂率稀释的目的。

（2）后标准化。指在杀菌后进行的标准化，方法同上。它与预标准化相比，增加了二次污染的可能性。

以上两种方法需在大型的、等量的混合罐中进行，分析和调整工作都很费事。

（3）直接标准化。将牛乳预热到 55～65℃，按预先设定好的脂肪含量分离出脱脂乳和稀奶油，根据最终产品的脂肪含量，由设备自动控制回流到脱脂乳中的稀奶油流量，多余的稀奶油流向稀奶油巴氏杀菌机。此方法的特点是快速、稳定、精确，与分离机联合运作，单位时间内处理量大。

4. 均质 均质是在强大的机械作用下将乳中大的脂肪球破碎成小的脂肪球，并均匀一致地分散在乳中的过程。均质可防止脂肪球上浮。经均质的脂肪球直径可控制在 $1\mu m$ 左右，脂肪球表面积增大，浮力下降，乳可长时间保持不分层，不易形成稀奶油层。同时，经均质的乳脂肪球直径减小，易于消化吸收。

（1）均质的设备及工艺要求。乳品生产中常用的均质设备为高压均质机。均质前需要进行预热，达到 $60\sim65℃$；均质方法一般采用二段式，即第一段均质使用较高的压力（$16.7\sim20.6MPa$），目的是破碎脂肪球。第二段均质使用低压（$3.4\sim4.9MPa$），目的是分散已破碎的小脂肪球，防止粘连。

（2）影响均质的因素。

①含脂率。含脂率过高时会在均质时形成脂肪球粘连，因为大脂肪球破碎后形成许多小脂肪球，而形成新的脂肪球膜需要一定的时间，如果均质乳的脂肪率过高，那么新的小脂肪球间的距离就小，这样会在保护膜形成之前因脂肪球的碰撞而产生粘连。当含脂率大于12%时，此现象就易发生，所以稀奶油的均质要特别注意。

②均质温度。均质温度高，均质形成的黏化现象就少，一般在 $60\sim70℃$ 为佳。低温下均质易产生黏化乳。

③均质压力。均质压力低，达不到均质效果；压力过高，又会使酪蛋白受影响，对以后的灭菌十分不利，杀菌时往往会产生絮凝沉淀。

（3）均质效果检测。

均质可采取全部式或部分式均质，全部式均质一般应用于含脂率大于12%的牛乳或稀奶油，这样不能产生黏化现象，即脂肪球黏连。部分式均质是一种只对原料的 1/2 或 1/3 进行均质的方法，稀奶油的均质成采用部分式均质，以防产生黏化乳。均质效果可以用以下方法来检验：

①显微镜检验。一般采用100倍的显微镜镜检。可直接观察均质后乳脂球的大小和均匀程度。显微镜检验是最方便、直接和快速的方法，其缺点是只能定性不能定量，而且检验人员要有较丰富的实践经验。

②均质指数法。用分液漏斗或量筒取 250mL 均质乳样，放在 4℃ 或 6℃ 下保持 48h，然后检测上层 1/10 和下层 9/10 处的含脂率，最后根据公式算出均质指数。

$$均值指数 = \frac{100 \times (w_t \times w_b)}{w_t}$$

式中：w_t——上层脂肪含量，%；

w_b——下层脂肪含量，%。

一般均质指数在 $1\sim10$ 表明均质效果可接受，该法可定量测出均质效果，但需较长时间。

③尼罗法。取 25mL 乳样在半径 250mm，转速为 1 000r/min 的离心机内，于 40℃ 条件下离心 30min。取下层 20mL 样品和离心前样品分别测其乳脂率，二者相除，乘以 100 即得尼罗值。一般巴氏杀菌乳的尼罗值在 50%～80%。此法较迅速，但精确度不高。

四、思考与应用

1. 乳品加工中真空脱气有何作用?
2. 为什么要对原料乳进行标准化? 标准化的方法有哪些?
3. 原料乳均质的目的是什么?
4. 影响均质的因素有哪些?

项目十二 液态乳加工

【能力目标】

1. 能独立进行液态乳制品的生产加工；
2. 掌握液态乳制品的生产配方设计及质量控制。

【知识目标】

1. 了解液态乳制品的概念及加工方法；
2. 理解液态乳加工的基本原理；
3. 掌握杀菌温度与杀菌时间对乳制品质量的影响。

【相关知识】

一、液态乳的分类

液态乳制品是最重要的乳制品之一，在乳品市场上占有非常大的比例。我国液态乳制品生产量大约占全部乳制品的 50％。液态乳的种类很多，分类方法也各不相同，目前主要的分来方法有以下两种：

1. 按热处理方式分类 分为巴氏杀菌乳和灭菌乳两大类。

（1）巴氏杀菌乳。又称消毒乳，指以新鲜的优质牛乳为原料，经过离心净化、标准化、均质、杀菌和冷却，包装等工艺后，在冷藏条件下贮藏、销售的一类商品乳。该类产品通过热处理杀死原料乳中的致病微生物、嗜冷菌及部分或大部分嗜温菌，在冷藏条件下大多数产品的保藏期为 7～14d，少数企业的消毒乳保藏期为 5d。

（2）灭菌乳。包括保持式灭菌乳和超高温灭菌乳两类，目前常见的为超高温灭菌乳（UHT）。超高温灭菌乳指原料乳经过标准化、脱气、均质、预杀菌、超高温瞬时灭菌、冷却、无菌灌装等工艺过程生产的一类产品。该类产品在常温下可贮藏 1～8 个月。

近年来又出现了超巴氏杀菌乳（又称 ESL）乳，是一种延长了货架期的巴氏杀菌乳。

2. 按产品营养成分分类 通过加工工艺或在牛乳中添加不同营养成分改变牛乳中的营养成分配比，可得到不同营养组成的产品。

（1）纯牛乳。指以新鲜牛乳为原料，不添加任何食品原料加工而成的液态乳。

（2）调味类乳。又称花色牛乳或风味牛乳，指在新鲜牛乳中添加蔗糖、果汁、巧克力、咖啡等辅料等加工而成的液态乳。风味及外观与纯牛乳有较大差别。该类产品种类较多，风味各异，产品中乳成分含量相当于纯牛乳的 80％。

（3）低脂乳。将鲜牛乳中的脂肪脱去或部分脱去加工而成的液态乳。该类乳制品除脂肪含量较低外，其他成分含量与牛乳基本相似。

（4）强化消毒乳。指以新鲜牛乳为原料，添加某些功能性营养物质或人体必需的其他营养物质加工而成的液态乳。目前常见的早餐乳、维生素 A、钙强化乳等都属于该类产品。风味及外观与纯牛乳没有区别。

（5）含乳饮料。指在乳中加入水、稳定剂及其他营养成分或调味成分（如果汁、酸味剂、香精香料等）调和而成的含乳 30％以上的液态乳制品。目前常见的有酸酸乳、营养快线果味乳饮料等。

二、杀菌、灭菌及商业无菌

1. 杀菌　杀菌是指对细菌（微生物）的杀灭过程，一般不包含杀灭的程度。杀菌可以杀死引起人类疾病的所有致病微生物，尽可能地破坏除病原微生物外能影响产品风味和保存期的微生物的其他成分，如酶类，以保证产品的质量。

2. 灭菌　灭菌是把所有的微生物和病毒全部杀灭，已使产品达到无菌状态。这种热处理能杀死所有微生物包括芽孢。

3. 商业无菌　商业无菌指乳品经过适度的杀菌后，不含有致病微生物及微生物毒素，在正常的运输、贮存条件下，微生物不发生增值的状态。

三、牛乳杀菌与灭菌

原料乳的生产过程中，受到大量微生物的污染，其中既有危害消费者健康的致病微生物，又有引起乳制品酸败的微生物。为了维护公共卫生和消费者的健康，乳制品的生产必须进行灭菌和杀菌。生产中利用比较多、效果比较理想的灭菌方法就是加热处理。

从杀死微生物的观点来看，牛乳的热处理强度越强越好。但是，强烈的热处理对牛乳色泽、风味和营养价值会产生不良后果，如乳蛋白变性及牛乳味道改变等。因此，时间和温度组合的选择必须考虑到微生物和产品质量两个方面，均达到最佳效果。乳品工厂中主要的杀菌及灭菌方法见表 12-1。

表 12-1　乳的杀菌、灭菌方法

工艺名称	温度/℃	时间
初次杀菌	57～65	15s
低温长时巴氏杀菌	63	30min
高温短时巴氏杀菌（Ⅰ）	72～75	15～20s
高温短时巴氏杀菌（Ⅱ）	>80	1～5s
超巴氏杀菌	125～138	2～4s
超高温灭菌	135～140	数秒
保持灭菌	115～120	20～30min

1. 初次杀菌　初次杀菌是用于延长牛乳贮藏期的一种热处理方法，通常在巴氏杀菌或更严格的热处理工艺之前进行。在规模较大乳品厂中，不可能在收乳后立即进行巴氏杀菌或加工，因此有一部分牛乳必须在贮乳罐中贮存数小时或数天，在此情况下，即使深度冷却也不足以防止牛乳变质。因此，可以采取初次杀菌以减少原料乳中的细菌数。为了防止需氧芽

孢菌在牛乳中的繁殖，必须将初次杀菌后的牛乳迅速冷却到4℃以下。

2. 低温长时巴氏杀菌（LTLT）　低温长时巴氏杀菌是一种间歇式的巴氏杀菌方法，在保温缸内进行，又称为"保温杀菌法"；即牛乳在63℃保持30min，其缺点是无法实现连续化生产。

3. 高温短时巴氏杀菌（HTST）　高温短时巴氏杀菌具体的时间和温度组合可根据所处理的产品不同类型而变化。国际乳品联合会（IDF）推荐，用于牛乳和稀奶油的高温短时杀菌工艺分别如下：

（1）新鲜乳。72～75℃，15～20s。

（2）稀奶油（脂肪含量10%～20%）。75℃，15s。

（3）稀奶油（脂肪含量20%）。>80℃，15s。

4. 超巴氏杀菌　超巴氏杀菌是一种延长货架期技术（ESL）技术，它采取的主要措施是尽最大可能避免产品在加工和包装过程中再污染。这需要极高的生产卫生条件和冷链分销系统。一般冷链温度越低，产品保质期越长，但最高不得超过7℃。典型的超巴氏杀菌条件为125～138℃，2～4s。

5. 超高温灭菌和保持杀菌　其目的都是杀死所有可能导致产品变质的微生物，使产品能在室温下贮存一段时间。典型的保持灭菌条件为115～120℃，20～35min；而超高温灭菌则通过升高灭菌温度来缩短保持时间，即135～140℃，数秒，从而大大提高了灭菌乳的品质。

「任务1　巴氏杀菌乳加工」

一、产品特点

巴氏杀菌乳因脂肪含量不同，可分为全脂乳、部分脱脂乳、脱脂乳；根据风味不同可分为草莓、巧克力、果汁等风味产品。其热处理强度主要会杀灭乳中的致病菌及部分其他微生物，但不足以杀死乳中的耐热芽孢，因而产品保质期短，需冷藏。

二、材料、仪器及设备

1. 材料　生鲜牛乳、原料乳检验相关试剂等。

2. 仪器及设备　净乳机、真空脱气罐、高压均质机、巴氏杀菌机组、灌装设备等。

三、工艺流程

原料乳验收→净化→标准化→均质→巴氏杀菌→冷却→包装→冷藏→检验→分销

四、操作要点

1. 原料乳验收　我国生鲜牛乳收购的质量标准（GB 19301—2010）包括感官指标、理化指标及细菌指标。参见项目一的【链接与拓展】（原料乳的质量标准与卫生要求）。

2. 原料乳的净化　通常过滤材料选用滤孔较粗的人造纤维、纱布等。在乳品厂中，过滤是在乳槽上装不锈钢金属网加多层纱布进行粗滤，进一步的过滤可以通过管道过滤器或者双联过滤器进行。具体方法参见项目一的任务1。

3. 乳的标准化 我国规定消毒乳的含脂率为 3.1%。具体方法参见项目一的任务 2。

4. 均质 均质的温度为 65℃，均质压力为 10～20MPa。具体方法参见项目一的任务 2。

5. 巴氏杀菌 可采用低温长时间杀菌 62～65℃，保持 30min，或高温短时间杀菌 72～75℃，保持 15～20s。

6. 冷却 乳经杀菌后，虽然绝大部分细菌都已经失去活性，但仍有部分细菌存活，加之在以后的各项操作中还有被污染的可能，因此牛乳经杀菌后应立即冷却至 5℃ 以下，以抑制乳中残留细菌的繁殖，增加产品的保存性。同时也可以防止因温度高而使黏度降低导致脂肪球膨胀、聚合上浮。凡连续式杀菌设备处理的乳一般都直接通过热回收部分和冷却部分冷却到 2～4℃。非连续式杀菌时需采用其他方法加速冷却。冷却后的牛乳应直接分装、及时销售。如不能及时发送，应贮存在 5℃ 以下的冷库里。

7. 灌装

（1）灌装的目的。灌装的目的主要是便于分送、零售及消费者饮用，防止外界杂质混入和微生物再污染，保持乳的原有风味并防止吸收外界气味而产生异味，减少维生素等营养成分的损失以及传播产品信息。

（2）灌装的容器。灌装所用的容器主要为玻璃瓶、聚乙烯塑料瓶、塑料袋和涂塑复合纸袋包装。就包装材料本身而言，它应具备以下特点：

①保证产品的质量及其营养价值。

②保证产品的卫生及清洁，对所包装的产品没有任何污染。

③避光、密封，有一定的抗压强度。

④便于携带、运输和开启。

⑤减少食品腐败和废物产生的概率。

⑥有一定的装饰作用。

在巴氏杀菌乳的包装过程中，首先应该注意的就是避免二次污染，如包装环境、包装材料及包装设备的污染，尤其是使用可回收奶瓶时，很难使之清洗干净并达到灭菌的条件。第二是应尽量避免灌装时使产品温度升高，缓慢。第三是对包装材料应提出较高的要求，具有一定的机械强度。

目前市场上常见的巴氏杀菌乳包装有以下几种：

（1）玻璃瓶包装。优点是成本低、可反复循环使用；与乳品接触不发生化学反应；无毒、易于清洗回收。缺点是瓶重、易碎、运输成本高；易受阳光照射影响原有的营养价值和风味；回收的空瓶污染严重，清洗消毒成本较高。

（2）塑料瓶包装。塑料瓶多用聚乙烯或聚丙烯塑料制成。优点是瓶轻，可降低运输成本；可反复循环使用，与玻璃瓶比较其破损率更低；便于碱性消毒液及高温清洗消毒处理。缺点是在高温、日光照射情况下易产生异味影响质量；回收瓶表面易磨损、变形影响美观；污染程度较大，清洗消毒成本较大。

（3）塑料袋包装。塑料袋多用聚乙烯或聚丙烯塑料制成。优点是质量轻、强度大，不易造成破损漏乳；便于携带、运输和饮用。缺点是现阶段还不能很好地解决其回收再利用问题，易造成"白色污染"。

（4）塑料夹层纸盒和涂覆塑料铝箔纸包装。优点是除具有塑料袋包装的优点外，还具有不透光性，减少了营养物质的损失和风味的影响，同时减少了"白色污染"。缺点是强度不高，易漏乳，成本高。

8. 冷藏、检验、分销 灌装后的巴氏杀菌乳装入包装箱后，便可送入冷库进行销售前的暂存，按巴氏杀菌乳的质量标准进行检验，检验合格即可销售。冷库温度一般为 2～5℃。

五、注意事项

（1）原料乳的质量直接影响产品的质量，因此，原料乳的严格验收是质量控制的关键环节。

（2）合格的生产车间应具有贮乳罐、净乳设备、均质设备、巴氏杀菌设备、灌装设备、制冷设备、清洗设备、保温运输工具等必备的生产设备。

（3）生产过程中，应严格执行操作规程，对温度、时间和量的控制上应合理、规范。

（4）生产中对杀菌剂和清洗剂的使用要规范明确，生产设备的清洗消毒应符合生产标准。

（5）在贮藏和运输过程中必须防止较强光线的直接照射，以避免光线对营养物质的损害和对乳产品口味的影响，并保持冷链的持续性，防止因温度忽高忽低而影响产品品质。

（6）执行严格的成品乳检验制度，严格实施定期抽样检查，保证商品乳的质量，为消费者的健康负责。

六、质量标准

1. 食品营养强化剂 应选用 GB 14880—2012 中允许使用的品种，并应符合相应国家标准或行业标准的规定。食品营养强化剂的添加量应符合 GB 14880—2012 的规定。

2. 感官特性 应符合《食品安全国家标准 巴氏杀菌乳》（GB 19645—2010）的规定，见表 12-2。

表 12-2 巴氏杀菌乳的感官指标

项　目	特　性
色泽	呈乳白色或微黄色
滋味和气味	具有乳固有的香味，无异味
组织状态	均匀的液体，无沉淀，无凝块，无黏稠现象

3. 理化指标 应符合《食品安全国家标准 巴氏杀菌乳》（GB 19645—2010）的规定。见表 12-3。

表 12-3 巴氏杀菌乳的理化指标

项　目	全脂巴氏杀菌乳	部分脱脂巴氏杀菌乳	脱脂巴氏杀菌乳
脂肪/%	≥3.1	1.0～2.0	≤0.5
蛋白质/%	≥2.9		
非脂乳固体/%	≥8.1		
酸度/°T	≤18（羊乳≤16）		
杂质度/（mg/kg）	≤2		

4. 卫生指标 应符合《食品安全国家标准 巴氏杀菌乳》（GB 19645—2010）的规定，见表 12-4。

表 12-4 巴氏杀菌乳的卫生指标

项　目	指　标
菌落总数/（CFU/mL）	50 000～100 000
大肠菌群/（CFU/mL）	1～5
金黄色葡萄球菌	不得检出
沙门氏菌	不得检出

七、思考与应用

1. 巴氏杀菌乳的贮存和运输为什么要有冷链支持？
2. 巴氏杀菌乳生产时应注意哪些问题？
3. 巴氏杀菌乳的检验应符合指标？
4. 谈一谈你对巴氏杀菌乳生产发展前景的见解。

「任务 2 灭菌乳加工」

一、产品特点

灭菌乳不需冷藏，可在常温下保存。产品虽然经过很高温度的热处理，但是牛乳中所含细菌的热致死率随着温度的升高大大超过此间牛乳的化学变化的速率，如维生素的破坏、蛋白质变性及褐变速率等因素的变化都不大，可有效地保护原料乳的品质，提高灭菌乳的质量。

二、材料、仪器及设备

1. 材料 生鲜牛乳、原料乳检验相关试剂等。

2. 仪器及设备 净乳机、真空脱气罐、高压均质机、巴氏杀菌机组、无菌灌装机等。

三、工艺流程

原料乳验收→预处理→标准化→脱气→均质→巴氏杀菌→
超高温瞬时灭菌→冷却→无菌灌装→入库→保温试验→分销

四、操作要点

1. 原料乳验收 用于加工灭菌乳的牛乳，其中的蛋白质必须能经得起剧烈的热处理而不变性。为了适应超高温处理，牛乳至少在 75％ 的酒精浓度中能保持稳定。原料乳的细菌总数应少于 10 万个/mL，嗜冷菌细菌总数应少于 1 000 个/mL。生产超高温灭菌乳对所用原料乳比生产巴氏杀菌乳所用原料乳的要求严格很多，如蛋白质稳定性、滴定酸度和微生物含量等。

2. 原料乳的预处理、标准化和脱气 原料乳的预处理、标准化和脱气操作同巴氏杀菌乳。

3. 均质、巴氏杀菌、超高温灭菌

（1）蒸汽喷射直接超高温加热

①预热。经过预处理的原料乳，在预热阶段预加热到80～90℃。

②升压及灭菌。经过预热的乳通过一台排液泵升压到0.4MPa。加热是通过蒸汽喷射头将过热蒸汽吹进牛乳中，使牛乳瞬间升高到140℃灭菌，并在保温管中保持3～4s。压力是通过紧靠膨胀管前部的节流盘来维持的，温度传感器安装在保温管中以监测和记录杀菌温度。

③回流。如果牛乳在进入保温管之前未达到规定的杀菌温度，在生产线上的传感器便把这个信号传给控制盘。然后回流阀开动，把产品回流到冷却器，在这里牛乳冷却到75℃再返回平衡槽或流入一单独的收集罐。一旦转流阀移动到回流位置，杀菌设备便停下来。

④均质。均质机通常在16～25MPa压力下进行均质。

⑤无菌冷却。经过均质后，用泵将牛乳送向无菌板式热交换器，将其冷却到包装温度。

（2）间接超高温加热

①预热和均质。牛乳从料罐泵送到超高温灭菌设备的平衡槽，由此进入到板式热交换器的预热段与高温乳热交换，使其加热到约66℃，同时无菌乳冷却，经过预热的牛乳在压力为15～25MPa下均质。

②杀菌。经过预热和均质的牛乳进入板式热交换器的加热段，在此被加热到137℃。此时的热水温度由蒸汽喷射予以调节，加热后的牛乳在保温管中流动4s。

③回流。如果牛乳在进入保温管之前未达到正确的杀菌温度，在生产线上的传感器便把这个信号传给控制盘。然后回流阀开动，把产品回流到冷却器。在这里牛乳冷却到75℃再返回平衡槽或流入一单独的收集罐。一旦回流阀移动到回流位置，杀菌操作便停下来。

④无菌冷却。牛乳离开保温管后，进入无菌预冷却段，用水从137℃冷却到76℃。进一步冷却是在冷却段通过与乳热交换完成，最后冷却温度要达到约20℃。

（3）无菌包装。杀菌后的牛乳，在无菌条件下灌装到无菌的容器内，利用牛乳制品无菌包装设备进行包装。

4. 质量检验　按超高温灭菌乳的质量标准进行检验，检验合格即可销售。

五、注意事项

（1）杀菌过程中，物料杀菌温度一旦低于135℃，则被称为杀菌不合格，应立即开启回流阀，使物料处于回流状态，并将杀菌机内物料全部放出，注入暂贮缸（或标准化缸）内。对杀菌机重新CIP清洗、杀菌后，再进行杀菌操作。

（2）均质机为高压工作设备，操作时一定要细心。均质机工作过程中，一定要保证冷却水的供给，不能中断。调整均质机压力时，动作一定要缓慢、细心。

（3）均质杀菌过程中，一定要保证循环加热水的压力稳定，以保证加热温度及物料的杀菌温度。

（4）均质杀菌过程中，一定要保证物料背压的稳定，以减少加热管道内的结垢现象，以保证传热效率。

（5）均质杀菌过程中，绝对禁止平衡槽内物料供给中途中断现象。

六、质量标准

1. 感官指标 应符合表 12-2 的规定。

2. 理化指标 应符合表 12-5 的规定。

表 12-5 超高温灭菌乳的理化指标

项　目	指　标	项　目	指　标
相对密度	≥全脂乳 1.032	酸度/°T	≤18
脂肪含量/%	≥3.1	杂质度/（mg/kg）	≤2.0
总乳固体含量/%	≥11.2		

3. 卫生指标 应符合表 12-6 的规定。

表 12-6 超高温灭菌乳的卫生指标（单位：CFU/mL）

项　目	指　标
原料乳	<100 000
原料乳在乳品厂贮存不得超过 36h	<200 000
超高温灭菌乳	<1
超高温灭菌乳在 38℃下培养 5d	<1

七、思考与应用

1. 超高温灭菌乳的原料乳有哪些要求？

2. 简述间接加热法生产超高温灭菌乳的方法。

3. 超高温灭菌乳生产中应注意哪些问题？

项目十三　发酵乳的加工

【能力目标】

1. 能独立进行发酵乳制品的生产加工；
2. 掌握发酵乳制品的质量控制。

【知识目标】

1. 了解发酵乳制品的概念及分类；
2. 理解发酵乳制品加工的基本原理；
3. 知道发酵乳的营养价值；
4. 掌握影响酸乳质量的因素。

【相关知识】

一、发酵乳制品的概念与分类

1. 发酵乳的概念　根据国际乳品联合会（IDF）1992 年的标准，发酵乳的定义为乳或乳制品在特征菌的作用下发酵而成的酸性凝状产品。在保质期内该类产品中的特征菌必须大量存在，并能继续存活和具有活性。

2. 发酵乳制品的种类　按国际乳品联合会的分类方式，发酵乳可分为：

（1）嗜热菌发酵乳

①单菌发酵乳。单菌发酵乳是由单一的特征菌发酵而成的发酵乳，例如嗜酸乳杆菌发酵乳、保加利亚乳杆菌发酵乳。

②复合菌发酵乳。复合菌发酵乳是由两种或两种以上的特征菌混合发酵而成的发酵乳，例如普通的凝固性酸乳、由普通酸乳的两种特征菌和双歧杆菌混合发酵而成的发酵乳等。

（2）嗜温菌发酵乳

①经乳酸发酵而成的产品。这种发酵乳中常用的菌有乳酸链球属其亚属、肠膜状明串珠菌和干酪乳杆菌。

②经乳酸和酒精发酵而成的产品，如酸牛乳酒、酸马奶酒等。

发酵乳制品种类繁多，在我国最主要的有酸乳、乳酸菌饮料、乳酸菌制剂等。

二、发酵乳制品的营养特点

发酵乳制品营养全面，风味独特，比纯牛乳更易被人体吸收利用。据国内外研究，乳酸菌在发酵过程中可产生大量的乳酸、其他有机酸、氨基酸、维生素 B 族及酶类等成分。因此，发酵乳制品具有如下功效。

（1）抑制肠道内腐败菌的生长繁殖，对便秘和细菌性腹泻具有预防和治疗作用。

（2）发酵乳中产生的有机酸可促进胃肠蠕动和胃液的分泌，对胃酸缺乏症者，每天适量饮用酸乳，有助于恢复健康。

（3）可克服乳糖不耐症。

（4）发酵乳中含有 3-羟基-3 甲基戊二酸和乳酸，可明显降低胆固醇，从而预防老年人心血管疾病。

（5）发酵乳在发酵过程中乳酸菌产生抗诱变活性物质，具有抑制肿瘤发生的功能。同时，还可提高人体的免疫功能。

（6）发酵乳对预防和治疗糖尿病、肝病也有一定效果。

（7）发酵乳还有美容、润肤、明目、固齿、健发等作用。发酵乳中有丰富的氨基酸、维生素和钙，益于头发、眼睛、牙齿、骨骼的生长发育；同时由于酸乳能改善消化功能，防止便秘，抑制有害物质（如酚、吲哚及胺类化合物）在肠道内产生和积累，能防止细胞老化，美白皮肤。

三、发酵剂的种类、选择、培养、质量要求及鉴定

1. 发酵剂的概念和种类

（1）发酵剂的概念。发酵剂是指生产发酵乳制品时所用的特定微生物培养物。

（2）发酵剂的种类

①乳酸菌纯培养物。乳酸菌纯培养物是指含有纯乳酸菌的，用于生产母发酵剂的乳酸菌发酵剂或粉末发酵剂。主要接种在脱脂乳、乳清、肉汤等培养基中。多采用冷冻干燥粉末来保存菌种。

②母发酵剂。母发酵剂是指在无菌条件下扩大培养，用于制作生产发酵剂的乳酸菌培养物。采用脱脂乳等培养基将乳酸菌纯培养物溶解活化，继代培养来扩大培养的发酵剂。

③生产发酵剂。又称为工作发酵剂，是直接用于生产的发酵剂。在发酵剂罐内生产，其培养基多采用生产发酵乳制品的原料乳或脱脂乳。

2. 使用发酵剂的目的

（1）乳酸发酵。经乳酸发酵，牛乳中的乳糖转变成乳酸，pH 降低，产生凝乳。

（2）产生风味。乳酸发酵可使产品具有良好的风味。与风味有关的微生物以明串珠菌、丁二酮链球菌为主，还包括部分链球菌和杆菌，这些菌能使乳中的柠檬酸分解生成丁二酮、羟丁酮、丁二醇和微量的挥发酸、酒精、乙醛等。

（3）产生抗菌素。乳酸链球菌和乳油链球菌中的个别菌株，能产生乳酸链球菌素和乳油链球菌素，可防止杂菌和酪酸菌的污染。

3. 发酵剂用菌种的选择
应根据生产目的不同选择适当的菌种。以产品的主要技术特征，如产香味、产酸力、产生黏性物质及蛋白水解作为菌种的选择依据。单一发酵剂产品其口感往往较差，两种或两种以上的发酵剂混合使用能产生共生作用；混合发酵还可缩短发酵时间。制作酸乳常用保加利亚乳杆菌和嗜热链球菌的混合菌种，由于生产单位不同，其杆菌与球菌的活力也不同，使用时其配比需灵活掌握，通常比例为 1∶1。

常用发酵剂菌种及其特性见表 13-1。

表 13-1 常用发酵剂菌种及其特性

发酵剂用菌种		特性							
类型	菌种名称	乳酸发酵	产生丁二酮	产气	蛋白分解	脂肪分解	丙酸发酵	酒精发酵	产生抗菌素
乳酸球菌	嗜热链球菌	0		0	0				
	乳酸链球菌	0	△		0	△			△
	乳脂链球菌	0	△						△
	丁二酮乳酸链球菌	0	0						
	噬柠檬酸明串珠菌	0	0	0				△	
	葡聚糖明珠菌	0	0	0					△
乳酸杆菌	嗜酸乳杆菌	0				0	0	△	
	德氏保加利亚乳杆菌	0	0	△		△			
	嗜热乳杆菌	0							
	干酪乳杆菌	0	△		0	0			

注：0—各菌种特性；△—部分菌种特性。

随着对发酵剂菌种选育和现代生物工程技术的运用，具有速效、保健、使用方便的酸乳发酵剂菌种被广泛用于酸乳生产。

4. 发酵剂的培养

（1）菌种纯培养物的活化及保存。菌种纯培养物多封装在试管或安瓿中。由于保存运输的影响，活力会减弱，需经多次接种培养才能恢复活力。

粉剂菌种，可用少量灭菌脱脂乳溶解，再接种于灭菌的培养基中，恒温培养。凝固后继代培养，反复活化数次。充分活化后，即可调制母发酵剂。

菌种纯培养物需保存在0～5℃，每1～2周移植一次，但长期移植可能引起杂菌污染和菌种退化。

（2）母发酵剂的制备。采用脱脂乳100～300mL，121℃、15min灭菌，冷却至40℃左右接种。接种1%～3%的活化菌种，恒温培养。凝固后再移入灭菌脱脂乳中，如此反复2～3次，使菌种保持活力。

（3）生产发酵剂的制备。取实际生产量3%～4%的原料乳，90℃、15～30min杀菌，冷却至40℃左右。接种3%～4%的母发酵剂，混匀后恒温培养。待达到所需酸度时取出置于冷藏库中备用。

5. 发酵剂的质量要求及鉴定

（1）乳酸菌发酵剂的质量要求如下：

①硬度适当，组织均匀一致，富有弹性，表面无变色、龟裂、气泡及乳清分离等现象。

②优良的酸味和风味，不得有腐败味、苦味、饲料和酵母味等异味。

③完全粉碎后，质地均匀，细腻滑润，略带黏性，不含块状物。

④在规定的时间内产生凝固，无延长现象。

⑤活力测定时，酸度、挥发酸达标。

（2）发酵剂的质量检查。发酵剂的品质评定方法如下：

①感官检查。观察发酵剂的质地、组织状况、色泽及乳清分离等。检查凝块的硬度、黏度及弹性等。品尝酸味是否过高或不足，有无苦味和异味等。

②化学检查。主要测定酸度和挥发酸。酸度以乳酸度 0.8%～1.0%为宜。测定挥发酸时，取发酵剂 250g 于蒸馏瓶中，用稀硫酸调整 pH 至 2.0，用水蒸气蒸馏，收集最初的1 000mL 蒸馏液用 0.1mol 氢氧化钠滴定。

③细菌检查。测定总菌数和活菌数，必要时可测定乳酸菌等特定的菌群。

④活力测定。常用的方法有两种。

a. 酸度测定。在灭菌脱脂乳中加入 3%的发酵剂，37.8℃、3.5h，测定其乳酸度达0.4%以上则认为活力良好。

b. 刃天青还原试验。脱脂乳 9mL 加发酵剂 1mL 和 0.005%刃天青溶液 1mL，36.7℃、35min，如完全褪色则表示活力良好。

「任务 1　凝固型酸乳的加工」

一、产品特点

凝固型酸乳是灌装在零售容器中发酵的产品，其凝块是均一的、连续的、半固体状态。

二、材料、仪器及设备

1. 材料与配方　生乳、蔗糖、脱脂乳、脱脂乳粉、发酵剂、增稠剂、稳定剂、食用香精、甜味剂。

2. 仪器与设备　杀菌乳生产线、发酵剂罐、缓冲罐、香精罐、灌装机、发酵室。

三、工艺流程

原料乳预处理→标准化→配料→预热→均质→杀菌→冷却→

添加发酵剂→灌装→发酵→冷却→后熟→冷藏→成品

四、操作要点

1. 原料乳　选用符合质量要求的生乳（GB 19301—2010）、脱脂乳或再制乳为原料。

2. 配料　按配方要求将各种配料依次加到配料罐进行配合。

3. 均质　预热至 55℃左右，进行均质。

4. 杀菌及冷却　采用 90℃、30min 杀菌，杀菌后迅速冷却至 45℃左右。

5. 添加发酵剂　将生产发酵剂充分搅拌后，加入 3%～5%的发酵剂。

6. 灌装　在装瓶前需对瓶进行蒸汽灭菌。

7. 发酵　根据发酵剂特性选择适宜的发酵参数，如保加利亚乳杆菌和嗜热链球菌的混合发酵剂，41～44℃，培养 2.5～4.0h。

8. 冷却　发酵至终点的凝固酸乳，立即移至 4～5℃的冷库中冷却。

9. 后熟　酸乳在冷却后经 12～24h 贮藏过程中，其风味物质进一步形成，感官品质得到进一步的完善。

凝固型酸乳生产线见图 13-1。

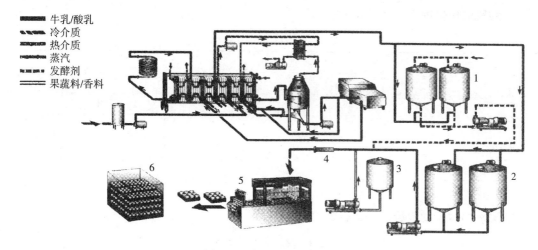

图 13-1　凝固型酸乳生产线

（李晓东，2011. 乳品工艺学）

图例：
- ■■■ 牛乳/酸乳
- ▨▨▨ 冷介质
- ▧▧▧ 热介质
- ✕✕✕ 蒸汽
- ┅┅┅ 发酵剂
- ━━━ 果蔬料/香料

1. 生产发酵剂罐　2. 缓冲罐　3. 果料/香精罐　4. 管道混合器　5. 包装机　6. 发酵间

五、注意事项

（1）原料乳抗菌物质检查应为阴性，因为乳酸菌对抗生素极为敏感，乳中微量的抗生素都会使乳酸菌不能生长繁殖。

（2）配料中，白糖的量通常控制在 6%～8%，加量过大可抑制乳酸菌的生长，过低则产品的口味欠佳；对配料进行均质有利于提高酸乳的稳定性和稠度，并使酸乳质地细腻，口感良好。

（3）杀菌时采用较大的强度，其目的是杀死病原菌及其他微生物；使乳中酶的活力钝化和抑菌物质失活；使乳清蛋白热变性，改善牛乳作为乳酸菌生长培养基的性能；改善酸乳的稠度。

（4）添加发酵剂时，不应有大凝块，以免影响成品质量。

（5）根据酸度判定发酵终点。一般发酵终点可依据如下条件来判断：①滴定酸度达到 80°T 以上；②pH 低于 4.6；③表面有少量水痕。发酵应注意避免震动，否则会影响其组织状态；发酵温度应恒定，避免忽高忽低；掌握好发酵时间，防止酸度不够或过度以及乳清析出。

（6）发酵至终点后，应迅速冷却来抑制乳酸菌的生长，以免继续发酵而造成酸度过高。

（7）在冷藏期间，酸度仍会有所上升，同时风味成分双乙酰含量会增加。因此，发酵凝固后须在 4℃ 左右贮藏 24h 再出售，通常把该贮藏过程称为后成熟，一般最大冷藏期为 7d。

六、质量标准（GB 19302—2010）

1. 酸乳的感官指标　参见表 13-2。

表 13-2　酸乳的感官指标

项　目	要　求	
	发酵乳	风味发酵乳
色泽	色泽均匀一致，呈乳白色或微黄色	具有与添加成分相符的色泽
滋味、气味	具有发酵乳特有的滋味、气味	具有与添加成分相符的色泽
组织状态	组织细腻、均匀，允许有少量乳清析出；风味发酵乳具有添加成分特有的组织状态	

2. 酸乳的理化指标 参见表 13-3。

表 13-3 酸乳的理化指标

项　　目	指　　标		检验方法
	发酵乳	风味发酵乳	
脂肪[a] /（g/100g） ≥	3.1	2.5	GB 5413.3
非脂乳固体 /（g/100g） ≥	8.1	—	GB 5413.39
蛋白质 /（g/100g） ≥	2.9	2.3	GB 5009.5
酸度 /°T ≥	70.0		GB 5413.34

注：a 仅适用于全脂产品。

3. 酸乳中微生物限量 参见表 13-4。

表 13-4 酸乳的微生物限量

项　　目	采样方案[a] 及限量（若非指定，均以 CFU/g 或 CFU/mL 表示）				检验方法
	N	c	m	M	
大肠菌群	5	2	1	5	GB 4789.3 平板计数法
金黄色葡萄球菌	5	0	0/25g（mL）	—	GB 4789.10 定性检验
沙门氏菌	5	0	0/25g（mL）	—	GB 4789.4
酵母 ≤	100				GB 4789.15
霉菌 ≤	30				

注：a. 样品的分析处理按 GB 4789.1 和 GB 4789.18 执行。

4. 酸乳的乳酸菌数 参见表 13-5。

表 13-5 酸乳中乳酸菌数

项　　目	限量/〔CFU/g（mL）〕
乳酸菌数[a]	≥1×10^6

注：a. 发酵后经热处理的产品对乳酸菌数不作要求。

七、思考与应用

1. 加工酸乳的原料乳有哪些质量要求？

2. 加工酸乳的原料乳进行热处理的目的是什么？

3. 酸乳发酵终点如何进行判断？

「任务 2　搅拌型酸乳的加工」

一、产品特点

搅拌型酸乳是在发酵罐中发酵后冷却，将凝块打碎，呈低黏度的均匀状态。

二、材料、仪器及设备

1. 材料与配方 生乳、白糖、脱脂乳、脱脂乳粉、果蔬料或果酱、发酵剂、增稠剂、稳定剂、食用香精、甜味剂。

2. 仪器与设备 杀菌乳生产线、发酵剂罐、缓冲罐、香精罐、灌装线。

三、工艺流程

原料乳验收→过滤→配料搅拌→预热→均质→杀菌→冷却→

接种→发酵→冷却→搅拌混合→灌装→冷却后熟→成品

四、操作要点

搅拌型酸乳的特点，根据加工过程中是否添加了果蔬料或果酱。搅拌型酸乳可分为天然搅拌型酸乳和加料搅拌型酸乳。下面只对与凝固型酸乳不同点加以说明。

1. 发酵 在发酵罐或缸中进行。

2. 冷却 冷却可防止产酸过度而影响搅拌后的酸乳品质。一般温度控制在0~7℃为宜。冷却可采用片式冷却器、管式冷却器、表面刮板式热交换器、冷却缸（槽）等冷却。

3. 搅拌 通过机械力破坏凝胶体，使凝胶体的粒子直径达到0.01~0.40mm，并使酸乳的硬度和黏度及组织状态发生变化。

搅拌型酸乳生产线见图13-2。

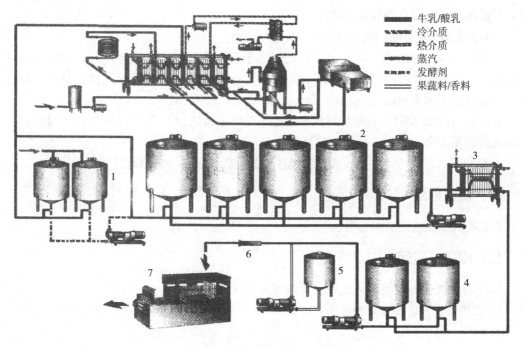

图例：
- 牛乳/酸乳
- 冷介质
- 热介质
- 蒸汽
- 发酵剂
- 果蔬料/香料

图13-2 搅拌型酸乳生产线

（李晓东，2011. 乳品工艺学）

1. 生产发酵剂罐 2. 发酵罐 3. 片式热交换器 4. 缓冲罐 5. 果蔬料/香料 6. 管道混合器 7. 包装机

4. 混合、灌装 果蔬、果酱和各种类型的调香物质等可在酸乳自缓冲罐到包装机的输送过程中加入，通过一台变速的计量泵连续加入到酸乳中。果蔬混合均匀，一般发酵罐内用螺旋搅拌即可混合均匀。酸乳可根据需要，确定包装量与包装形式及灌装机。

5. 冷却、后熟 将罐装好的酸乳置于0~7℃冷库中冷藏24h进行后熟，进一步促使芳香物质的产生和黏稠度的改善。

五、注意事项

（1）生产搅拌型酸乳的原料、杀菌要求、发酵剂的添加等注意事项与凝固型酸乳要求一致。

（2）若在大缸中发酵，则应控制好发酵间的温度，避免忽高忽低。发酵间上部和下部温差不要超过 1.5℃。发酵罐应远离发酵间的墙壁，以免过度受热。

（3）掌握好冷却的时机，酸乳完全凝固（pH4.6～4.7）时开始冷却，冷却过程应稳定进行，冷却过快将造成凝块收缩迅速，导致乳清分离。冷却过慢则会造成产品过酸和添加果蔬料的脱色。

（4）选择合适的搅拌方法

①凝胶体搅拌法。机械搅拌使用宽叶片搅拌器、螺旋桨搅拌器、蜗轮搅拌器等。宽叶片搅拌器具有较大的构件和表面积，转数慢，适合于凝胶体的搅拌。螺旋桨搅拌器转数较高，适合搅拌较大量的液体。蜗轮搅拌器是在运转中形成放射线结开液流的高速搅拌器，也是制造液体酸乳常用的搅拌器。

②均质法。搅拌时应注意凝胶体的温度、pH 及固体含量等。通常用两种速度进行搅拌，开始用低速，以后用较快的速度。

（5）控制好搅拌时的主要参数

①温度。搅拌的最适温度 0～7℃，此时适于亲水性凝胶体的破坏，可得到搅拌均匀的凝固物，既可缩短搅拌时间，还可减少搅拌次数。若在 38～40℃进行搅拌，凝胶体易形成薄片状或砂质结构等缺陷。

②pH。酸乳的搅拌应在凝胶体的 pH 达 4.7 以下时进行，若在 pH4.7 以上时搅拌，则因酸乳凝固不完全、黏性不足而影响其质量。

③干物质。合格的乳干物质含量对搅拌型酸乳防止乳清分离能起到较好的作用。

六、质量标准

参见凝固型酸乳的质量标准。

七、思考与应用

1. 搅拌型酸乳与凝固型酸乳最主要不同是什么？
2. 搅拌型酸乳的搅拌方法有哪些？

项目十四　乳粉加工

【能力目标】

1. 能独立进行乳粉的生产加工；
2. 掌握乳粉的生产配方设计及质量控制。

【知识目标】

1. 了解乳粉的概念及分类；
2. 理解乳粉加工的基本原理；
3. 知道乳粉营养价值；
4. 掌握影响乳粉质量的因素。

【相关知识】

一、乳粉的概念

乳粉系用新鲜牛乳或以新鲜牛乳为主，添加一定数量的植物蛋白质、植物脂肪、维生素、矿物质等原料，经杀菌、浓缩、干燥等工艺过程而制得的粉末状产品。

乳粉具有在保持乳原有品质及营养价值的基础上，产品含水量低，体积小，质量轻，储藏期长，食用方便，便于运输和携带等特点，更有利于调节地区间供应的不平衡。品质良好的乳粉加水复原后，可迅速溶解恢复原有鲜乳的性状。因而，乳粉在中国的乳制品结构中仍然占据着重要的位置。

二、乳粉的种类

乳粉的种类很多，但主要以全脂乳粉、脱脂乳粉、速溶乳粉、婴儿配方乳粉、调制乳粉为主。

1. 全脂乳粉　全脂乳粉是新鲜牛乳经标准化、杀菌、浓缩、干燥而制得的粉末状产品。根据是否加糖其又分为全脂淡乳粉和全脂甜乳粉。全脂乳粉保持了乳的香味和色泽。

2. 脱脂乳粉　脱脂乳粉是用新鲜牛乳经预热、离心分离获得的脱脂乳，然后再经杀菌、浓缩、干燥而制得的粉末状产品。由于脂肪含量很低（不超过 1.25%），耐保藏，不易引起氧化变质。脱脂乳粉一般多用于食品工业作为原料，如饼干、糕点、面包、冰淇淋及脱脂鲜干酪等都用脱脂乳粉。目前广泛要求速溶脱脂乳粉，因在大量使用时非常方便。这种乳粉是食品工业中的非常重要的蛋白质来源。

3. 乳清粉　将生产干酪排出的乳清经脱盐、杀菌、浓缩、干燥而制成的粉末状产品即乳清粉。乳清粉含有大量的乳清蛋白、乳糖，适用于配制婴幼儿食品、牛犊代乳品。

4. 酪乳粉　酪乳粉是将酪乳干制成的粉状物，其含有较多的卵磷脂。酪乳粉富含磷脂及蛋白质，可作为冷食、面包、糕点等的辅料，改善产品品质。

5. 干酪粉　干酪粉是用干酪制成的粉末状制品。干酪粉可有效改善干酪在贮存过程中出现膨胀变质等质量问题。

6. 加糖乳粉　加糖乳粉是新鲜牛乳中加入一定量的蔗糖或葡萄糖，经杀菌、浓缩、干燥而制成的粉末状制品。加糖乳粉可保持牛乳风味并可带有适口甜味。

7. 麦精乳粉　麦精乳粉是鲜乳中添加麦芽、可可、蛋类、饴糖、乳制品等经干燥加工而成。麦精乳粉富含丰富营养成分。

8. 配方乳粉　配方乳粉是在牛乳中添加目标消费对象所需的各种营养素，经杀菌、浓缩、干燥而制成的粉末状产品，如婴幼儿配方乳粉、中小学生乳粉、中老年乳粉等。

9. 特殊配方乳粉　特殊配方乳粉是将牛乳的成分按照特殊人群营养需求进行调整，然后经杀菌、浓缩、干燥而制成的粉末状产品。如降糖乳粉、降血脂乳粉、降血压乳粉、高钙助长乳粉、早产儿乳粉、孕妇乳粉、免疫乳粉等。

10. 速溶乳粉　速溶乳粉是在制造乳粉过程中采取特殊的造粒工艺或喷涂卵磷脂而制成的溶解性、冲调性极好的粉末状产品。速溶乳粉较普通乳粉颗粒大、易冲调、使用方便。

11. 冰淇淋粉　冰淇淋粉是在新鲜乳中添加一定量的稀奶油、蔗糖、蛋粉、稳定剂、香精等，经混合后制成的粉末状制品，复原后可以直接制作冰淇淋。冰淇淋粉便于保藏和运输。

12. 奶油粉　奶油粉是在稀奶油中添加少量鲜乳制成的制品。奶油粉常温下可长时间保存，便于食品工业使用。

三、乳粉的化学组成

乳粉中富含蛋白质、脂肪、糖类、无机盐等营养成分，其含量随原料乳的种类和添加物的不同而变化。表 14-1 为几种主要乳粉制品中营养物质的含量。

表 14-1　乳粉成分的平均含量（单位：%）

品种	水分	脂肪	蛋白质	乳糖	无机盐	乳酸
全脂乳粉	2.00	27.00	26.50	38.00	6.05	0.16
脱脂乳粉	3.23	0.88	36.89	47.84	7.80	1.55
奶油粉	0.66	65.15	13.42	17.86	2.91	——
干酪素乳清粉	6.35	0.65	13.25	68.90	10.50	——
脱盐乳清粉	3.00	1.00	15.00	78.00	2.90	0.10
婴儿乳粉	2.60	20.00	19.00	54.00	4.40	0.17
麦精乳粉	·3.29	7.55	13.19	72.40 *	3.66	——

注：＊包括蔗糖、麦精及糊精。

四、乳粉的质量控制

乳粉应具有与鲜乳同样的优良风味，但在乳粉的生产中容易产生酸败味和氧化味，使乳粉的风味变坏，产生各种质量缺陷。

1. 脂肪分解味（腐败味）　脂肪分解味是一种类似丁酸的酸性刺激味。主要是由于乳中解脂酶的作用，使乳粉中的脂肪水解而产生游离的挥发性脂肪酸。牛乳中所含脂酶如果未能在预热杀菌时彻底破坏，则在其后的浓缩、喷雾干燥的受热温度下，就更难将脂酶破坏。

防止方法：乳粉生产时，采用高温短时间的预热杀菌条件，不仅能使脂酶破坏，而且还能将过氧化物酶破坏，有利于提高乳粉的保藏性。此外，应严格控制原料乳的质量。

2. 氧化味（哈喇味）　乳制品产生氧化味的主要因素：空气、光线、重金属（特别是铜）、酶（主要是过氧化物酶）和乳粉中的水分及游离脂肪等。

（1）空气（氧）。由于氧作用于不饱和脂肪酸的双键，易使产品产生氧化臭味。喷雾干燥时，尽量避免乳粉颗粒中含有大量气泡；浓缩时，要尽量提高浓度；在制造和成品乳粉保藏过程中，应避免长时间与空气接触，可采用抽真空充氮的方式包装。

（2）光线和热。光线和热能促进乳粉氧化，以 30℃ 时更为显著。因此，喷雾干燥时，如乳粉在烘箱内存放时间过长，乳粉颗粒受热时间过长，易导致脂肪渗透到颗粒表面，从而诱发氧化。乳粉保藏应尽量注意避光、低温。

（3）重金属。重金属特别是二价铜离子极易诱发氧化。含有 1mg/kg 时就会产生影响，超过 1.5mg/kg 则显著地促进氧化。其他重金属，如三价铁也有促进氧化的作用。因此，一般加工时应使用不锈钢设备，并注意避免铜等金属离子的混入。

（4）原料乳的酸度。凡是能使乳酸度升高的因素都会促进乳粉氧化，因此对原料乳的酸度应进行严格控制。

（5）原料乳中的过氧化物酶。过氧化物酶也是诱发氧化的重要因素之一。在预热杀菌操作中应将该酶灭活，从而避免氧化的发生。

（6）乳粉中的水分含量。乳粉中的水分含量过高，会促使乳粉中残存微生物生长产酸，从而使蛋白质变性导致产品的溶解度下降。此外，乳粉含水量过低，会产生氧化味等质量缺陷，一般乳粉中水分若低于 1.88% 就易产生氧化味。

防止方法：采用高温短时预热杀菌条件，保证将乳中脂酶灭活；对喷雾干燥过程中进料量、进风温度、排风量、排风温度等工艺条件进行严格控制，以保证乳粉获得适当含水量；雾化乳滴粒径适当（若雾化乳滴过大则不易干燥），保证良好的雾化效果，从而保证乳粉的含水量；控制冷却风和包装车间湿度，防止乳粉吸湿，一般包装车间的湿度控制在 50%～60%；保证产品包装具有良好的密封性。

3. 褐变及陈腐味　乳粉在保藏过程中，发生褐变同时产生一种陈腐的气味。乳粉的褐变主要是由于美拉德反应所造成的。这一变化主要是与乳粉中的含水量和保藏温度有关。如含水量 3%～4% 的乳粉，高温保藏时，虽然不会诱发褐变，但产品香味会逐渐降低，甚至产生陈腐气味。若含水量达到 5% 以上，且在高温下保藏，很快就会引起褐变并产生陈腐气味，并使其溶解度、pH、游离氨态氮及可溶性乳糖含量降低。伴随着褐变及产生陈腐气味，还会降低乳粉的营养价值、消化性，甚至还会生成某些有毒物质和抑制代谢的物质。

防止方法：控制乳粉的含水量，一般在室温下含水量低于 5% 时，产品不易发生褐变。

4. 吸潮结块　乳粉中的乳糖呈无水的非结晶的玻璃状态，因此乳粉吸湿性很强，易吸收空气中的水分。当乳糖吸水后，蛋白质粒彼此黏结而使乳粉形成块状。干燥过程操作不当，造成产品含水量偏高；简单的非密封包装，或者食用时开罐后的存放过长，均会使乳粉有显著的吸湿现象。

防止方法：严格控制干燥工艺条件，乳粉采取密封罐装，控制乳粉的含水量。

5. 细菌性变质 水分含量在5%以下的乳粉经密封包装后，一般不会有细菌繁殖。若乳粉含细菌（如乳酸链球菌、小球菌、八叠球菌及乳杆菌、金黄色葡萄球菌等）时，乳粉开罐之后放置时间过长，则会逐渐吸收水分，超过5%以上时则细菌容易繁殖，而使乳粉变质。

防止方法：控制原料乳质量，避免使用污染严重的原料乳进行乳粉生产；严格控制杀菌的温度和时间；防止生产过程中的二次污染；乳粉开罐后，应尽快食用，避免放置的间过长。

6. 乳粉溶解性差 乳粉的溶解度是指乳粉与水按一定的比例混合，使其复原为均一的鲜乳状态。乳粉的溶解度与一般盐类的溶解度的含义是不同的。乳粉溶解度的高低反映了乳粉中蛋白质的变性状况。

乳粉溶解度差的主要原因：原料乳的质量差，酸度高，蛋白质热稳定性差，受热易变性；牛乳在热加工（杀菌、浓缩及干燥）时，受热过度导致蛋白质变性；喷雾干燥时，乳滴过大导致乳粉含水量偏高；包装形式、储存条件及时间等。

防止方法：不同的生产技术对乳粉的溶解性具有很大影响，严格按工艺规程进行操作，防止热加工操作导致蛋白质过度变性，并保持乳粉的正常含水量，乳粉的溶解度是可以保证的。

7. 乳粉色泽异常 正常的乳粉呈现淡黄色，但是当原料乳的酸度过高或脂肪含量过高时，则生产出的乳粉颜色较深。此外，乳粉热处理过度或没有及时进行冷却，也会造成乳粉颜色较深。

防止方法：控制原料乳质量；定期更换或清洗空气过滤设备；避免过度热处理，可以有效防止乳粉颜色异常。

「任务1　全脂乳粉加工」

一、产品特点

全脂乳粉是新鲜牛乳经标准化、杀菌、浓缩、干燥而制得的粉末状产品。全脂乳粉保持了乳的香味和色泽。由于脂肪含量高，易被氧化，在室温下可保存3～6个月。

二、材料、仪器及设备

新鲜牛乳，过滤器，净乳机，板式换热器，真空浓缩机，实验型喷雾干燥仪，台秤，封口机。

三、工艺流程

原料乳验收→预处理→乳的标准化→杀菌→真空浓缩→喷雾干燥→
出粉冷却→过滤→包装→检验→装箱→检验→成品

四、操作要点

1. 原料乳的验收及预处理

（1）原料乳的验收。原料乳应符合《无公害生鲜牛乳的生产技术规范》（DB 41/T497—

2007)，同时要结合《食品安全国家标准　生乳》（GB 19301—2010）中规定生鲜牛乳收购的条件。其检验项目包括风味、色泽、酒精试验、乳温测定、相对密度、杂质度、酸度、脂肪、细菌数等感官指标、理化指标及微生物指标，检验合格者方可投入使用。上述检验中，酸度是一项重要指标。原料乳酸度不能超过 20°T。因为酸度过高时蛋白质的稳定性变差，最终影响乳粉的溶解度，甚至导致乳粉酸败，以致不能食用。

（2）原料乳的预处理。原料乳的预处理是乳制品生产中必不可少的一个环节，也是保证产品质量的关键工段。原料乳要通过乳秤或乳槽车，以记录称重，作为经济核算的依据。同时要经过净乳、冷却和储存等基本工序。

①净乳。原料乳的质量好坏是影响乳制品质量的关键，只有优质原料乳才能保证优质的产品。为了保证原料乳的质量，挤出的牛乳在牧场必须立即进行过滤、冷却等初步处理，其目的是除去机械杂质并减少微生物的污染，原料乳经验收进入乳品厂后，还需进行一系列的净乳措施。

原料乳在加工之前经过多次净化，目的是去除乳中的机械杂质并减少微生物数量，确保产品达到卫生和质量标准的要求。净乳的方法有过滤法及离心净乳法。

②冷却。净化后的乳最好直接加工，如果短期储藏时，必须及时进行冷却到 5℃以下，以保持乳的新鲜度。一般采用板式换热器进行冷却。

2. 原料乳的标准化　生产全脂乳粉、加糖乳粉、脱脂乳粉及其他乳制品时，为使产品符合要求，必须对原料乳进行标准化。即必须使标准化乳中的脂肪与非脂乳固体之比等于产品中脂肪与非脂乳固体之比。但原料乳中的这一比例随奶牛品种、地区、季节、饲料及饲养管理等因素的不同而有较大的差别。因此，必须调整原料乳中脂肪和非脂乳固体之间的比例关系，使其符合制品的要求。一般把该过程称为标准化。如果原料乳中脂肪含量不足，应分离一部分脱脂乳或添加稀奶油；当原料乳中脂肪含量过高时则可添加脱脂乳或提取一部分稀奶油。在实际工作中，如果乳源相对稳定，也可将各奶站收来的牛乳进行合理搭配便可解决上述标准化问题，如果不确定时，必须通过测定，然后进行调整。标准化在储乳缸的原料乳中进行或在标准化机中连续进行。工厂标准化的方法可采用向牛乳中添加乳脂肪或乳固体的方法进行离线标准化，也可以通过在线标准化。这一步与净化分离连在一起，把分离的稀奶油按比例，直接混合到脱脂乳生产线中，从而达到标准化的目的。

3. 杀菌

（1）杀菌的目的。牛乳中含有脂酶、过氧化物酶及微生物等会影响乳粉的保藏性，因此经过标准化处理的牛乳必须在预热杀菌过程中将其破坏。此外预热杀菌还可提高牛乳的热稳定性；提高浓缩过程中牛乳的进料温度，使牛乳的进料温度超过浓缩锅内相应牛乳的沸点，杀菌乳进入浓缩锅后即自行蒸发，从而提高了浓缩设备的生产能力，并可减少浓缩设备加热器表面的结垢现象。

（2）杀菌方法。杀菌温度及保持时间对乳粉的溶解度及保藏性的影响很大，低温长时间杀菌方法的杀菌效果不理想，所以已经很少应用。一般认为高温杀菌可防止或推迟脂肪的氧化，对乳粉的保藏性有利。但高温长时间加热会严重影响乳粉的溶解度，因此以高温短时间杀菌为好。现在大多采用高温短时（HTST）杀菌或超高温瞬时（UHT）杀菌法。高温短时杀菌法通常采用管式或板式杀菌机，杀菌条件为 72～75℃、15～20s 或 80～85℃、10～15s，该方法具有牛乳的营养成分损失较少，乳粉的理化特性较好等优点。超高温瞬时灭菌法通常采用 UHT 灭菌机，杀菌条件为 125～150℃、1～2s，这样的杀菌条件不仅可以达到杀菌要求，对制品的营养成分破坏也小，而且能够减少蛋白质的变性，有利于提高乳粉的溶解性，为目前生产广泛采用。实际操作中，不同的产品可根据本身的特性选择合适的杀菌方法。牛乳常见的杀菌方法见表 14-2。

表 14-2　牛乳常见的杀菌方法

杀菌方法	杀菌温度、时间	杀菌效果	所用设备
低温长时间杀菌法	60～65℃、30min	可杀死全部病原菌，但不能破坏所有的酶类，杀菌效果一般	容器式杀菌器
	70～72℃、5～20min		
	80～85℃、5～10min	效果较以上两种好	
高温短时间杀菌法	85～87℃、15s	杀菌效果较好	板式、列管式杀菌器
	94℃、24s		
超高温瞬间杀菌法	120～140℃、2～4s	微生物几乎全部杀死	板式、管式、蒸汽直接喷射式杀菌器

4. 均质　均质的作用主要是将较大的脂肪球变成细小的脂肪球，均匀地分散在脱脂乳中，从而形成均一的乳浊液，经均质处理生产出的乳粉脂肪球变小，冲调复原性好，易于消化吸收。生产全脂乳粉、全脂甜乳粉以及脱脂乳粉时，一般不必经过均质操作，但若乳粉的配料中加入了植物油或其他不易混匀的物料时，就需要进行均质操作。均值操作一般压力控制在 14～21MPa，温度为 60~65℃为宜。

5. 加糖　生产加糖全脂乳粉时，蔗糖的添加一般在浓缩工序前进行。根据成品最终的含糖量，将所需蔗糖加热溶解成一定浓度的糖浆，经杀菌、过滤后，与杀菌乳混匀，同时进行浓缩。乳粉的加糖需按照国家标准规定，所使用的蔗糖应符合相应国家标准。

（1）加糖量的计算。为保证乳粉含糖量符合国家规定标准，需预先经过计算。根据标准化乳中蔗糖含量与标准化中干物质含量之比，必须等于加糖乳粉中蔗糖含量与乳粉中乳干物质含量之比，则牛乳中加糖量可按下述公式计算。

$$A = T \times \frac{A_1}{W} \times C$$

式中：A——牛乳中加糖量，kg；

$\quad$ A_1——标准化要求含糖量，%；

$\quad$ W——乳粉中干物质含量，%；

$\quad$ T——乳的总干物质含量，%；

$\quad$ C——原料乳的总量，%。

（2）加糖方法。常用的加糖方法有如下 4 种：

①将糖投入原料乳中溶解加热，同牛乳一起杀菌。

②将糖投入水中溶解，制成含量约为 65% 的糖浆溶液进行杀菌，再与杀菌过的牛乳混合。

③将糖粉碎杀菌后，再与喷雾干燥好的乳粉混匀。

④预处理时加入一部分糖，包装前再加一部分蔗糖细粉。

前两种属于先加糖法，制成的产品能明显改善乳粉的溶解度，提高产品的冲调性。后两种属于后加糖法，采用该方法生产的乳粉体积小，从而节省了包装费用。蔗糖具有热熔性，在喷雾干燥塔中流动性较差，因此，生产含糖含量低于 20% 的产品时，采用前两种方法；含糖量高于 20% 时，一般采用后加糖法。带有流化床干燥的设备采用第三种方法。

6. 蒸发（浓缩）　乳浓缩是利用设备的加热作用，使乳中的水分在沸腾时蒸发汽化，并将汽化产生的二次蒸汽不断排出，从而使制品的浓度不断提高，直至达到要求浓度的工艺过程。为了节约能源和保证产品质量，喷雾干燥前必须对杀菌乳进行浓缩。

原料乳经杀菌后，应立即进行真空浓缩。牛乳浓缩的程度如何，将直接影响到乳粉的质量，牛乳浓缩的程度视各厂的干燥设备、浓缩设备、原料乳的性状、成品乳粉的要求等而异。在浓缩到接近要求浓度时，浓缩乳黏度升高，沸腾状态滞缓，微细的气泡集中在中心，表面稍呈光泽，根据经验观察即可判定浓缩的终点。为准确起见，可迅速取样，测定其相对密度、黏度或折射率来确定浓缩终点。一般要求原料乳浓缩至原体积的 1/4，乳干物质达到 38%～48%，浓缩后的乳温一般为 47～50℃，其相对密度为 1.089～1.100。

（1）全脂乳粉为 11.5～13 波美度，相应乳固体含量为 38%～42%。

（2）脱脂乳粉为 20～22 波美度，相应乳固体含量为 35%～40%。

（3）全脂甜乳粉为 20～22 波美度，相应乳固体含量为 35%～40%；大颗粒乳粉可相应提高浓度。

7. 喷雾干燥　干燥是乳粉生产中很关键的一道工序。牛乳经浓缩再过滤，然后进行干燥，最终制成粉末状的乳粉。浓缩乳中一般含有 50%～60% 的水分。为满足乳粉生产的质量要求，必须将其所含的绝大部分水分除去，为此必须对浓缩乳进行干燥。目前，乳粉的干燥方法一般有三种：喷雾干燥法、滚筒干燥法和冷冻干燥法。其中喷雾干燥的物料受热时间短，营养成分的破坏程度较小，制品在风味、色泽和溶解性等方面具有较好的品质，在乳粉干燥中占绝对优势。

（1）喷雾干燥的原理。喷雾干燥法是乳和各种乳制品生产中最常见的干燥方法。其原理是使浓缩乳在机械压力（高速离心力）的作用下，在干燥室内通过雾化器将乳分散成极细小的雾状微滴（直径为 10～100μm），使牛乳表面积增大。雾状微滴与通入干燥室的热空气直接接触，从而大大地增加了水分的蒸发速率，瞬间（0.01～0.04s）使微滴中的水分蒸发，乳滴干燥成乳粉，降落在干燥室底部。

（2）喷雾干燥方法

①压力式喷雾。压力式喷雾干燥主要是通过高压泵和喷嘴完成雾化工序。一般高压泵的压力控制在 7～20MPa，通过喷枪使浓缩乳雾化成直径在 0.5～1.5mm 的雾状微粒喷入干燥室。浓缩乳在高压泵的作用下通过一狭小的喷嘴后，瞬间得以雾化成无数微细的小液滴，将雾化乳送入吹有热风的塔内，使水分蒸发，在很短的时间内即被干燥成球状颗粒，沉降于塔底，从而完成浓缩乳的干燥。一般压力喷雾干燥时，压力越高，喷嘴孔径越小，则雾化乳滴越细。压力喷雾干燥的生产工艺控制条件可见表 14-3。

②离心式喷雾。离心喷雾干燥是利用在水平方向做高速旋转的圆盘产生的离心力来完成的。浓缩乳在泵的作用下进入高速旋转的离心盘中央时，将浓乳水平喷出，由于受到很大的离心力及与周围空气摩擦力的作用而以高速被摔向四周，形成液膜、乳滴，并在热空气的摩擦、撕裂作用下分散成微滴，乳滴在热风的作用下完成干燥。离心喷雾干燥法生产乳粉的工艺控制条件参见表 14-4。

表 14-3　压力喷雾干燥法生产乳粉的工艺条件

项　目	全脂乳粉	全脂加糖乳粉	项目	全脂乳粉	全脂加糖乳粉
浓缩乳浓度/°Bé	11.5～13	15～20	喷嘴角/rad	1.040～1.571	1.220～1.394
乳固体含量/%	38～42	45～50	进风温度/℃	1 401～80	140～180
浓缩乳温度/%	45～60	45～50	排风温度/℃	75～85	75～85
高压泵工作压力/MPa	10～20	10～20	排风相对湿度/%	10～13	10～13
喷嘴直径/mm	2.0～—3.5	2.0～3.5	干燥室负压/Pa	98～196	98～196
喷嘴数量/个	3～6	3～6			

表 14-4　离心喷雾干燥法生产乳粉的工艺条件

项　目	全脂乳粉	全脂加糖乳粉	项目	全脂乳粉	全脂加糖乳粉
浓缩乳浓度/°Bé	12～15	14～16	转盘数量/个	1	1
乳固体含量/%	45～—50	45～50	进风温度/℃	140～180	140～180
浓缩乳温度/%	45～55	45～55	排风温度/℃	75～85	75～85
转盘转速/（r/min）	2 000～5 000	2 000～5 000			

　　浓缩乳的黏度和雾化方式决定着乳粉的粒径大小。乳粉粒径对产品的感官、复原性和流动性有明显的影响。采用压力喷雾和较低的浓缩乳黏度，可以减少粒径尺寸。当乳粉粒径在 $150\sim200\mu m$ 时，复原过程中分散的速度最快。从表 14-5 中可以看出，压力喷雾干燥的乳粉较离心式的颗粒小。

表 14-5　乳粉颗粒大小的分布

颗粒分布/μm		0～60	80～120	120～180	180～240	＞240
喷雾方法	压力式/%	85.5～8.0	10～14.5	2.5～6.0	2.9～5.0	3.6～5.5
	离心式/%	20	31.2	24.0	18.6	24.0

8. 出粉、冷却、包装

　　（1）出粉及冷却。在喷雾干燥中，对已干燥好的乳粉应从干燥室内卸出并迅速冷却，尽量缩短乳粉的受热时间。一般干燥室下部的温度在 60～65℃，若乳粉在干燥室内停留时间过长，会导致全脂乳粉中游离脂肪的含量增加，从而使乳粉在储藏期间，易发生脂肪的氧化变质，降低储藏性。并影响乳粉的溶解性和乳粉的品质。因此，喷雾干燥的乳粉要及时冷却到30℃以下。

　　目前，卧式干燥室采用螺旋输粉器出粉，而平底或锥底的立式圆塔干燥室则都采用气流输粉或流化床式冷却床出粉。实际生产时，应尽可能避免气流输粉过程中剧烈的摩擦。采用流化床式冷却床出粉方式生产的乳粉其流动性更佳，既可将乳粉冷却至18℃以下，又能使乳粉颗粒大小均匀。该法采用高速气流的摩擦，故产品质量不受损坏，大大减少微粉的生成。

　　（2）筛粉。筛粉是将较大的乳粉团块分散开，使得产品具有较高的均匀度，并除去混入乳粉中的杂质。一般连续出粉生产中常采用机械振动筛粉器来进行筛粉，筛网规格为 40～60 目，由不锈钢材料制成。

　　（3）储粉。储粉（也称为晾粉）是指新生产的乳粉应经过12～24h的贮存，可使其表观密度提高 15% 左右，从而有利于装罐。一般要求储粉仓应有良好的条件，应防止吸潮、结块和二次污染。如果流化床冷却的乳粉达到了包装的要求，也可以及时进行包装。

（4）包装。良好的包装不仅能增强产品的商品特性，也能延长产品的货架寿命。乳粉包装常使用的容器有马口铁罐、玻璃瓶、聚乙烯塑料袋等。全脂乳粉较理想的包装方式之一是采用马口铁罐抽真空充氮。短期内销售的产品，多采用聚乙烯塑料复合铝箔袋包装。此外，大包装产品一般供应特殊用户，如出口或食品工厂用于制作糖果、面包、冰淇淋等工业原料。可分为罐装和袋装两种，罐装产品有规格为 12.5kg 的方罐和圆罐两种。袋装时可由聚乙烯薄膜作为内袋，外面用三层牛皮纸套装，规格为 12.5kg 和 25kg 两种。

全脂乳粉中约有 26% 的脂肪，与空气接触后容易被氧化，此外乳粉颗粒疏松，吸湿性很强，因此，一般温度控制在 18～20℃，相对湿度应在 60% 以下。包装车间要密闭、干燥；室内要装有空调设备及紫外线灯等设施。

五、注意事项

1. 杀菌　使用污染程度严重的原料乳杀菌效果差；选用的杀菌方法不恰当或操作不规范；杀菌工段的设备、管路、阀门、储罐、滤布等器具清洗消毒不彻底；杀菌器的传热效果不良，如板式杀菌器水垢增厚，使传热系数降低；杀菌器本身的故障等因素均会影响杀菌效果，从而影响最终产品的品质。

2. 蒸发（浓缩）　加热面积越大，则供给乳的热量越多，浓缩速度越快。加热蒸汽与乳之间温差越大，蒸发速度越快。一般采取提高真空度，降低牛乳沸点，增加蒸汽压力，提高蒸汽温度的方法来加大温差，但压力过大会出现"焦管"现象，影响产品质量。因此，一般压力控制在 0.05～0.20MPa，翻滚速度越大，乳热交换效果越好。

浓缩乳时压力宜采用由低到高并逐渐降低的步骤，这可适应黏度的变化。不宜采用过高的蒸汽压力，一般不宜超过 1.5×10^5 Pa。压力过高，加热器局部过热，不仅影响乳质量，而且焦化结垢，影响传热效率，反而降低蒸发速度。此外，加糖可提高乳的黏度，延长浓缩时间，一般把乳浓缩到接近所需浓度时再将糖浆加入。

3. 干燥　实际生产中，应注意对于排风机的风量控制。主要包括：计算进风机风量时应以新鲜空气的温度计，若排风机是以排风温度计，则温度升高体积增大，排风量增大；排出的废气中不仅有进入的风，而且还有蒸发的水蒸气需要排出；保证塔内具有一定的负压。

此外，生产过程应注意定期清洗空气过滤层，以防其长期运行造成污染，使进风阻力增大。

六、质量标准（GB 19644—2010）

1. 感官要求　参见表 14-6。

表 14-6　感官要求

项　目	要　求		检验方法
	乳粉	调制乳粉	
色泽	呈均匀一致的乳黄色	具有应有的色泽	取适量试样置于 50mL 烧杯中，在自然光下观察色泽和组织状态。闻其气味，用温开水漱口，品尝滋味
滋味、气味	具有纯正的乳香味	具有应有的滋味、气味	
组织状态	干燥均匀的粉末		

2. 理化指标 参见表 14-7。

表 14-7 理化指标

项 目		要 求		检验方法
		乳 粉	调制乳粉	
蛋白质/%	≥	34%（非脂乳固体[a]）	16.5	GB 5009.5—2010
脂肪[b]/%	≥	26.0	—	GB 5413.3—2010
复原乳酸度/°T				
牛乳	≤	18		GB 5413.34—2010
羊乳		7~14		
杂质度/（mg/kg）	≤	16		GB 5413.30—2010
水分/%	≤	5.0		GB 5009.3—2010

注：a. 非脂乳固体的（%）=100%−脂肪（%）−水分（%）。

b. 仅适用于全脂乳粉。

3. 微生物限量 参见表 14-8。

表 14-8 微生物限量

项 目	采用方案[a] 及限量（若非指定，均以 CFU/g）				检验方法
	n	c	m	M	
菌落总数[b]	5	2	50 000	200 000	GB 4789.2—2010
大肠菌数	5	1	10	100	GB 4789.3—2010 平板计数法
金黄色葡萄球菌	5	2	10	100	GB 4789.10—2010 平板计数法
沙门氏菌	5	0	0/25g	—	GB 4789.4—2010

注：a. 样品的分析处理按 GB 4789.1—2010 和 GB 4789.18—2010 执行。

b. 不适用于添加活性菌种（好氧和兼性厌氧益生菌）的产品。

七、思考与应用

1. 乳粉的种类有哪些，各自特点是什么？

2. 在喷雾干燥前为什么要浓缩？

3. 喷雾干燥的原理与特点有哪些？

4. 简述全脂乳粉的生产工艺过程。

「任务 2 婴儿配方乳粉的加工」

一、产品特点

婴幼儿配方乳粉是基于婴儿生长期对各种营养素的需要，以牛乳（或羊乳）为主要原料，通过调整成分模拟母乳的婴幼儿配方食品。根据婴幼儿成长的不同阶段大致可分为：0~6 个月婴儿乳粉、6~12 个月较大婴儿乳粉和 12~36 个月幼儿成长乳粉。

牛乳被认为是人乳的最好代用品，但人乳和牛乳在感官组织上有一定差别。故需要将牛乳中的各种成分进行调整，使之近似于人乳，并加工成方便食用的粉状乳产品。婴儿乳粉的调制是基于婴儿生长期对各种营养素的需要量，在了解牛乳和人乳的区别（表14-9）的基础上，进行合理的调制婴儿乳粉中的各种营养素，使婴儿乳粉适合婴儿的营养需要。

表 14-9　100mL 人乳与牛乳基本营养组成

成分/g	总干物质	蛋白质		脂肪	乳糖	灰分	水分	热能/kg
		乳清蛋白	酪蛋白					
人乳	11.8	0.68	0.42	3.5	7.1	0.2	88.0	251
牛乳	11.4	0.69	2.21	3.3	4.5	0.7	88.6	209

计算婴儿调制乳粉成分配比时，应考虑到婴儿对各种营养成分的需要量，使之尽量接近于母乳的成分配比。调制乳粉主要包括调整蛋白质、脂肪、乳糖、无机成分，此外，再添加微量成分，使之类似人乳。

二、材料、仪器及设备

1. 过滤器、净乳机、板式换热器、真空浓缩机、实验型喷雾干燥仪、台秤、封口机。

2. 配方

（1）婴儿配方乳粉Ⅰ。

表 14-10　婴儿配方乳粉Ⅰ配方组成（供参考）

原料	牛乳固形物/g	大豆固形物/g	蔗糖/g	麦芽糖或饴糖/g	维生素 D_2/IU	铁/mg
用量	60	10	20	10	1 000～1 500	6～8

（2）婴儿配方乳粉Ⅱ、Ⅲ。

表 14-11　婴儿配方乳粉Ⅱ、Ⅲ配方组成（供参考）

物料名称	投料量	物料名称	投料量	物料名称	投料量	物料名称	投料量
乳粉/kg	2 500	乳清粉/kg	475	棕榈油/kg	63	三脱油/kg	63
乳油/kg	67	蔗糖/kg	65	维生素 A/g	6	维生素 D/g	0.12
维生素 C/g	60	维生素 E/g	0.25	维生素 B_1/g	3.5	维生素 B_6/g	35
亚硫酸铁/g	350	叶酸/g	0.25	维生素 B_2/g	4.5	烟酸/g	40

三、工艺流程

婴儿配方乳粉的生产工艺流程。

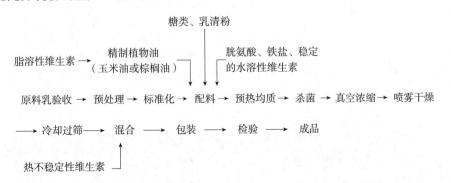

四、操作要点

1. 配料 按比例要求将各种物料混合于配料缸中,开动搅拌器,使物料混匀。

2. 均质、杀菌及浓缩 混合料均质压力一般控制在 18MPa;杀菌和浓缩的工艺要求和乳粉生产相同。一般以 135℃、4s 杀菌为宜;浓缩的条件控制在 67～93kPa,35～45℃。浓缩后的乳浓度控制在 46% 左右。

3. 喷雾干燥 进风温度为 140～160℃,排风温度为 80～88℃,喷雾压力控制在 15kPa。

4. 过筛、混合 物料通过 16 目筛网,除去块状物;而后添加可溶性多糖及维生素等热稳定性差的成分,并混匀;通过 26 目筛网,再次去除块状物。

5. 包装 计量包装,可采取充氮包装,以防止脂类等营养成分的氧化,保证产品质量。

五、注意事项

1. 原料 原料乳粉应符合特级乳粉要求;大豆蛋白应经 93～96℃、10～20min 的杀菌后,冷却到 5℃备用,取样检验脲酶为阴性方可投入生产。

2. 配料 稀乳油需要加热至 40℃,再加入维生素和微量元素,充分搅拌均匀后与预处理的原料乳混合,并搅拌均匀。

3. 杀菌 混合料的杀菌温度可采用 63～65℃、30min 保温杀菌法;而植物油的杀菌温度要求在 85℃、10min,然后冷却到 55～60℃备用。

六、质量标准

对于婴儿配方乳粉的常见产品的质量缺陷及防止方法,请参见任务 1 中的全脂乳粉的生产。

七、思考与应用

1. 婴儿配方乳粉的特点是什么?
2. 简述婴儿配方乳粉的生产工艺过程。

项目十五　特色乳品加工技术

【能力目标】

1. 能独立进行奶油、干酪及冰淇淋的生产加工；
2. 掌握奶油、干酪及冰淇淋的生产配方设计及质量控制。

【知识目标】

一、奶油

1. 奶油的概念　奶油是将乳经分离后所得的稀奶油，经成熟、搅拌、压炼而制成的乳制品，又名乳酪、黄油、酥油。

2. 奶油的分类　根据制造方法不同，将奶油分为如表 15-1 所示几种。

表 15-1　奶油的主要种类

种　类	特　征
甜性奶油	用甜性稀奶油（新鲜稀奶油）制成的，分为加盐和不加盐的两种，具有特有的乳香味，含乳脂肪 80％～85％
酸性奶油	用酸性稀奶油（发酵稀奶油）制成的奶油，目前用纯乳酸菌发酵剂发酵加工而成，有加盐和不加盐的两种，具有微酸和较浓的乳香味，含乳脂肪 80％～85％
重制奶油	用稀奶油和甜性、酸性奶油，经过熔融，除去蛋白质和水分而制成。具有特有的脂香味，含脂肪 98％以上
无水奶油	杀菌的稀奶油制成奶油粒后经熔化，用分离机脱水和脱除蛋白，在经过真空浓缩而制成，含乳脂肪高达 99.9％
连续式机制奶油	用杀菌的甜性或酸性稀奶油，再连续式操作制造机内加工制成，其水分及蛋白质含量有的比甜性奶油高，乳香味高

奶油除以上主要种类外还有各种花色奶油，如巧克力奶油、含蜜奶油、果汁奶油等，及含乳脂肪 30％～50％的发泡奶油、掼奶油、加糖和加色的各种稠液状稀奶油，还有内蒙古少数民族地区的"奶皮子""奶扇子"等。

3. 奶油的组成　不同种类奶油的主要成分见表 15-2。

表 15-2　不同种类奶油的组成

项　目		无盐奶油	加盐奶油	重制奶油
水分/％	≤	16.0	16.0	0.1
脂肪/％	≥	82.0	80.0	99.8
盐/％	≤	—	2.5	—
酸度/°T	≤	20	20	—

二、干酪

1. 干酪的概念 干酪是在鲜乳或脱脂乳中加入适量的乳酸菌发酵剂与凝乳酶，使乳蛋白凝固，排去乳清压制成块，经成熟发酵而制成一种乳制品。

2. 干酪的种类 干酪的种类很多，目前世界上干酪已达 900 余种，其分类方法随干酪产地、制造方法、理化性质、外观形状等而异。一般归纳为天然干酪，融化干酪和干酪食品三大类，主要定义和要求见表 15-3。其中天然干酪又分为软质干酪、半硬质干酪和特硬质干酪。

表 15-3 天然干酪，融化干酪和干酪食品的定义和要求

名 称	规 格
天然干酪	以乳、稀奶油、部分脱脂乳、酪乳或混合乳为原料，经凝乳后，排出乳清而获得的新鲜或经微生物作用而成熟的产品，允许添加天然香辛料以增加香味和滋味
融化干酪	用 1 种或 1 种以上的天然干酪，添加食品卫生标准所允许的添加剂（或不加添加剂），经粉碎、混合、加热融化、乳化后而制成的产品，含乳固体 40%以上。此外，还有下列两条规定： ①允许添加稀奶油、奶油或乳脂以调整脂肪含量 ②添加的香料、调味料及其他食品，必须控制在乳固体的 1/6 以内。不得添加脱脂乳粉、全脂乳粉、乳糖、干酪素以及不是来自乳中的脂肪、蛋白质及糖类
干酪食品	用 1 种或 1 种以上的天然干酪或融化干酪，添加食品卫生标准所规定的添加剂（或不加添加剂），经粉碎、混合、加热融化而制成的产品。产品中干酪数量须占 50%以上。此外，还规定 ①添加香料、调味料或其他食品时，须控制在产品干物质的 1/6 以内 ②添加不是来自乳中的脂肪、蛋白质、糖类时，不得超过产品的 10%

3. 世界主要几种干酪品种

（1）农家干酪。这种干酪是以脱脂乳、浓缩脱脂乳或脱脂乳粉的还原乳为原料而制成的一种不经成熟的新鲜软质干酪。成品税费含量在 80%以下（通常 70%～72%）。

（2）稀奶油干酪。以稀奶油或稀奶油与牛乳混合物为原料而制成的一种浓郁、醇厚的新鲜非成熟软质干酪。成品中添加食盐、天然稳定剂和调味料等。一般含水 48%～52%，脂肪 33%以上，蛋白质 10%，食盐 0.5%～1.2%。

（3）里科塔干酪。此种干酪是意大利生产的乳清干酪，也称白蛋白干酪，分为新鲜和干燥的两种。前者制作时加入全脂乳，成品含水 68%～73%，脂肪 4%～10%，蛋白质 16%，糖类 3%左右，食盐 1.2%；后者制作时加入脱脂乳，成品含水 60%，脂肪 5.2%，蛋白质 18.7%，糖类 4%，食盐 1.5%。

（4）比利时干酪。这种干酪具有特殊的芳香味，是一种细菌表面成熟的软质干酪。成品水分含量在 50%以下，脂肪 26.5%～29.5%，蛋白质 20%～24%，食盐 1.6%～3.2%。

（5）法国羊乳干酪。原产于法国的洛克伐尔村，是以绵羊乳为原料制成的半硬质干酪，属霉菌成熟的青纹干酪。美国、加拿大、英国、意大利等国也生产与此相似类型的干酪。成品含水 38.5%～41.0%，脂肪 30.5%，蛋白质 21.5%，食盐 1.1%。

（6）砖状干酪。起源于美国，是以牛乳为原料的细菌成熟的半硬质干酪，成品内部有许多圆形或不规则形状的孔眼，含水 44%以下，脂肪 31%，蛋白质 20%～23%，食盐 1.8%～2.0%。

（7）瑞士干酪。是以牛乳为原料，经细菌（嗜热链球菌、保加利亚乳酸菌、薛氏丙酸杆菌）发酵成熟的一种硬质干酪。成品富有弹性，稍带甜味，是一种大型干酪。由于丙酸菌作用，成熟期间产生大量 CO_2，在内部形成许多孔眼。含水 41% 以下，脂肪 27.5%，蛋白质 27.4%，食盐 1.0%～1.6%。

（8）契达干酪。原产于英国契达村，是以牛乳为原料，经细菌成熟的硬质干酪。现在美国大量生产，故又称"美国干酪"。成品含水 39% 以下，脂肪 32%，蛋白质 25%，食盐 1.4%～1.8%。

（9）荷兰干酪。原产与荷兰的高达村，也叫高达干酪，是以全脂牛乳为原料，经细菌成熟的硬质干酪。目前在各干酪生产国基本都有生产，其口感风味良好，组织均匀。成品水分在 45% 以下（通常为 37% 左右），脂肪 26%～30.5%，蛋白质 25%～26%，食盐 1.5%～2%。

4. 干酪的营养价值 干酪有"乳品之王"的美誉，其蛋白质和脂肪含量是生乳的 10 倍左右，另外还含有有机酸、矿物质元素钙、磷、钠、钾、镁、铁、锌及维生素 A、维生素 B_1、维生素 B_2、维生素 B_6、维生素 B_{12}、烟酸、泛酸、叶酸、生物素等多种营养成分及生物活性物质。干酪中乳糖已被分解成半乳糖和葡萄糖，不必担心"乳糖不耐症"问题。每 100g 干酪中含钙约 720mg，是牛乳的 14 倍。干酪中蛋白质在蛋白酶的作用下分解生成活性肽、必需氨基酸等可溶性物质，极易被人体消化吸收，干酪中蛋白质的消化率在 96% 以上，大大高于其他动物性蛋白质。

三、冰淇淋

1. 冰淇淋的概念 冰淇淋是以牛乳或乳制品和蔗糖为主要原料，并加入蛋与蛋制品、乳化剂、稳定剂以及香料等原料，经混合配制、杀菌、均质、成熟凝冻、成型、硬化等加工而成。冰淇淋为极富于营养价值的冷饮品，含有较高的脂肪和无脂固形物，且色香味俱佳，易于消化吸收，不仅是夏令的优良饮料，同时也是一种营养食品。

2. 冰淇淋的种类

（1）按含脂率分类

①高级奶油冰淇淋。脂肪含量 14%～16%，总干物质含量在 38%～42%。其中加入不同成分的物料，又可制成奶油、巧克力、胡桃、葡萄、果味、鸡蛋以及夹心冰淇淋等。

②奶油冰淇淋。脂肪含量在 10%～12%，总干物质含量在 34%～38%。依加入不同成分的物料，亦可制成各种相应的产品。

③牛乳冰淇淋。脂肪含量在 5%～8%，总干物质含量 32%～34%，其中因加入物料的不同，又可制成牛乳的、牛乳可可的、牛乳果味的和浆果的、牛乳鸡蛋的以及牛乳夹心的。

④果味冰淇淋。脂肪含量在 3%～5%，总干物质含量在 28%～30%。可制成橘子、香蕉、菠萝、杨梅等水果味的冰淇淋等。

（2）按形状分类。按冰淇淋浇注形状可分为：散装冰淇淋、蛋卷冰淇淋、杯状冰淇淋、夹层冰淇淋、软质冰淇淋。

（3）按原料及加入的辅料分。有香料冰淇淋，水果、果仁冰淇淋，布丁冰淇淋，酸味冰淇淋和外涂巧克力冰淇淋。

3. 冰淇淋的组成 冰淇淋的组成和冰淇淋的标准成分见表 15-4、表 15-5。

表 15-4　冰淇淋的组成（单位：%）

组成成分	乳脂肪	非脂乳固体	糖分	增稠剂	乳化剂	总固体物
最低	3	7	12	0	0.1	28
最高	16	14	13	0.5	0.4	41
平均	8～14	8～11	13～15	0.2～0.3	0.2～0.3	35～39

表 15-5　冰淇淋的标准成分（单位：%）

成　分	Ⅰ	Ⅱ	Ⅲ	Ⅳ	Ⅴ	Ⅵ
脂肪	3.0	6.0	8.0	10.0	12.0	16.0
非脂乳固体	11.7	11.0	11.0	10.5	10.0	10.0
糖分	15.0	15.0	15.0	15.0	14.0	14.0
乳化、稳定剂	0.35	0.35	0.30	0.30	0.30	0.30
香料、色素	适量	适量	适量	适量	适量	适量
总固体物	30.05	32.35	34.30	35.80	36.30	40.30

冰淇淋的原辅料成分及配合表，见表 15-6、表 15-7。

表 15-6　原辅料的成分

原　料	脂肪/%	非脂肪固体/%	甜度	总固形物/%
脱脂乳	—	8.5	—	8.5
牛乳	3.3	8.2	—	11.5
稀奶油	40.0	5.1	—	45.1
奶油	82.0	1.0	—	83.0
全脂炼乳	8.0	21.5	43.0	72.5
脱脂炼乳	—	30.0	42.0	72.0
脱脂乳粉	—	97.0	—	97.0
蔗糖	—	—	100.0	100.0
饴糖粉	—	—	19.0	95.0
乳化增稠剂	—	—	—	100.0

表 15-7　配合表（单位：%）

原辅料	配合比	乳脂肪	非脂乳固体	砂糖	总固体物
奶油	7.32	5.00	0.07	—	5.07
稀奶油	15.00	6.00	0.77	—	6.77
脱脂炼乳	13.87	—	4.16	5.83	9.99
脱脂乳粉	5.15	—	5.00	—	5.00
砂糖	9.7	—	—	9.17	9.17
乳化增稠剂	0.50	—	—	—	0.50
加水量	48.93	—	—	—	0.00
合计	100.0	11.00	10.00	15.00	37.50

「任务 1 奶油加工」

一、产品特点

乳经离心分离得到的稀奶油，经成熟、搅拌、压炼而制成的乳制品。可直接食用或作为其他食品的原料。

二、材料、仪器及设备

1. 材料 生乳、生石灰、食盐、乳酸菌发酵剂、营养强化剂。

2. 仪器与设备 原料罐、乳脂分离机、巴氏杀菌机、真空脱气机、发酵罐、奶油搅拌器、压炼器、包装机。

三、工艺流程

原料乳的验收→稀奶油的分离→中和→真空脱气→杀菌→冷却→
物理成熟→添加色素→搅拌→排除酪乳及洗涤→加盐压炼→包装贮藏

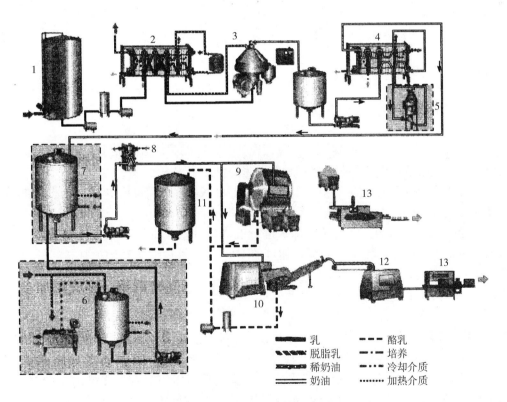

图 15-1 批量和连续生产发酵奶油的生产线
（李晓东，2011. 乳品工艺学）

1. 原料罐 2、4. 巴氏杀菌机 3. 乳脂分离机 5. 真空脱气机 6. 发酵制备系统 7. 稀奶油成熟和发酵
8. 板式热交换器 9. 奶油搅拌器 10. 连续奶油制造机 11. 酪乳暂存罐 12. 带传动的奶油仓 13. 包装机

四、操作要点

1. 原料乳的选择 制造奶油用的原料乳符合 GB 19301—2010 的要求。

2. 稀奶油的分离 用奶油分离机将乳分成稀奶油和脱脂乳。

3. 稀奶油的中和 加工奶油的稀奶油必须进行中和，以降低酸度，这样处理可改变奶油的风味，防止加工过程脂肪和酪蛋白凝结从酪乳中排出，还可防止奶油变质。中和后酸度以 0.15%～0.25% 为宜，常用的中和剂为 20% 的石灰乳，用量因稀奶油的酸度而异。

4. 稀奶油的杀菌 杀菌参数依据稀奶油的质量而定。新鲜稀奶油采用 63℃、30min 杀菌；稀奶油略有金属味，采用 70℃、30min 杀菌；质量稍差的稀奶油采用 85～90℃、15min 杀菌。

5. 稀奶油的冷却 杀菌后的稀奶油应尽快冷却，可采用二段冷却法，先冷到 25℃ 左右，再继续冷却至 2～10℃。

6. 稀奶油的物理成熟 乳脂肪由液状转变为结晶的固体状态，称物理成熟，成熟通常需 4～15h，与温度有关（表 15-8）。稀奶油物理成熟一般控制在 5℃ 以下。

表 15-8 稀奶油物理成熟的时间与温度的关系

成熟温度/℃	成熟持续时间/h	成熟温度/℃	成熟持续时间/h
0	0.5～1	4	4～6
1	1～2	6	6～8
2	2～3	8	8～12
3	3～5		

7. 添加色素 常用的天然色素为 3% 安那妥，一般添加量为稀奶油的 0.01%～0.05%，可对照标准奶油色标本，调整色素加入量，通常在搅拌前直接加入搅拌器中。

8. 搅拌 稀奶油经过物理成熟后，即可搅拌，搅拌的目的在于使脂肪球膜遭到机械撞击而破坏，使乳脂肪互相黏合形成奶油颗粒并将酪乳分离出来。

搅拌是在搅拌机中进行的，奶油颗粒形成情况可从搅拌机窥视镜中观察。搅拌结束后放出酪乳即可进行洗涤，通常需要洗涤 2～3 次。

9. 洗涤 放出酪乳后，用杀菌冷却水进行洗涤以冲洗奶油颗粒粘浮的酪乳，第一次，加水的温度为 8～10℃，加水量为稀奶油量的 30%，加水后慢慢转动搅拌机 4～5 圈，放出洗涤水；第二次，加 5～7℃ 的杀菌冷水，加水量为稀奶油量的 50%，慢慢旋转 10 圈，放出洗涤水；最后再加 5℃ 的杀菌冷水，水量同第二次，旋转 10 圈，放出洗涤水即可结束。

10. 加盐压炼 为了增加风味和延长制品保存时间，可加入 2.5%～3.0% 的食盐加工成鲜制咸奶油。食盐放在奶油压炼器内，通过压炼过程与奶油混合。

压炼就是将奶油压成奶油层，使水分、食盐、奶油均匀混合，并排出多余水分。将奶油颗粒置于奶油压炼器内进行压炼，碾压 5～10 次，压炼后的奶油含水量应不超过 10%。

11. 包装 传统的包装多以木桶（50kg 装）或木箱（25kg 装）灌装。装前先将木箱用蒸汽灭菌，待干后再喷以 115～120℃ 的石蜡浸入木质中，冷却后再将灭菌硫酸纸衬于箱内，然后装入奶油。包装后贮藏在 2～5℃ 冷库内。

五、注意事项

（1）原料乳中不得含有抗生素或残留的消毒剂；原料乳的来源，如泌乳阶段和季节对稀奶油的成熟、搅拌、水洗及压炼参数有影响。

（2）杀菌后的稀奶油应尽快地冷却，稀奶油的快速冷却可更有效地抑制残存微生物的活动，阻止芳香物质的挥发，以获得较好的成品。

（3）由于乳脂肪中含有多种不同的脂肪酸，这些脂肪酸凝固点不同，有些脂肪酸在较高的温度下，也能硬化成结晶状态，而有些即使在0℃时仍保持液体状态。稀奶油成熟时的温度越低，脂肪结晶越快，成熟所需的时间也越短。

（4）为了使奶油颜色一致，对白色或色淡的稀奶油添加天然色素3％安那妥植物油溶液。

（5）奶油颗粒洗涤水质要求总硬度（碳酸钙）低于100mg/kg，有效氯小于200mg/kg；细菌污染的水先煮沸再冷却使用，含铁量高的水易促进奶油脂肪氧化。

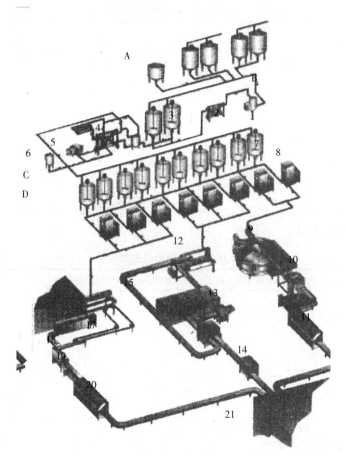

图15-2 奶油生产线

（詹现璞，2012. 乳制品加工技术）

A. 原料贮存 B. 原料的混合 C. 巴氏杀菌、均质和标准化 D. 冰淇淋生产罐

1. 混合机 2、4. 板式换热器 3. 混合罐 5. 均质机 6. 奶油罐 7. 老化罐 8. 连续凝冻机 9. 自动冻结机
10、19. 包装机 11、14. 装箱 12. 灌装机 13. 速冻隧道 15. 空杯回送输送带 16. 连续挤出冰淇淋机
17. 涂布巧克力 18. 冷冻隧道 20. 装箱机 21. 冷库

六、质量标准

1. 奶油的感官指标 参见表 15-9。

表 15-9 稀奶油、奶油、无水奶油的感官要求

项　目	要　求	检验方法
色泽	呈均匀一致的乳白色、乳黄色或相应辅料应有的色泽	取适量试样置于 50mL 烧杯中，在自然光下观察色泽和组织状态。闻其气味，用温开水漱口，品尝滋味
滋味、气味	具有稀奶油、奶油、无水奶油或相应辅料应有的滋味和气味，无异味	
组织状态	均匀一致，允许有相应辅料的沉淀物，无正常视力可见异物	

2. 奶油的理化指标 参见表 15-10。

表 15-10 奶油的理化性质

项　目	指　标			检验方法
	稀奶油	奶油	无水奶油	
水分/% ≤	—	16.0	0.1	奶油按 GB 5009.3 的方法测定；无水奶油按 GB 5009.3 中的卡尔·费休法测定
脂肪/% ≥	10.0	80.0	99.8	GB 5413.3[a]
酸度[b]/°T ≤	30.0	20.0	—	GB 5413.34
非脂乳固[c]/% ≤		20.0		

注：a. 无水奶油的脂肪（%）=100%-水分（%）。

b. 不适用于以发酵稀奶油为原料的产品。

c. 非脂乳固体（%）=100%-脂肪（%）-水分（%）（含盐奶油还应减去食盐含量）。

3. 奶油的微生物指标 参见表 15-11。

表 15-11 奶油的微生物限量

项　目	采样方案[a]及限量（若非指定，均以 CFU/g 或 CFU/mL 表示）				检验方法
	n	c	m	M	
菌落总数[b]	5	2	10 000	100 000	GB 4789.2
大肠菌群	5	2	10	100	GB 4789.3 平板计数法
金黄色葡萄球菌	5	1	10	100	GB 4789.10 平板计数法
沙门氏菌	5	0	0/25g	—	GB 4789.4
霉菌[b] ≤	90				GB 4789.15

注：a. 样品的分析处理按 GB 4789.1 和 GB 4789.18 执行。

b. 不适用于以稀奶油为原料的产品。

七、思考与应用

1. 简述奶油的概念、种类。

2. 稀奶油中和的目的及方法是什么？

3. 简述稀奶油物理成熟和要求。

4.稀奶油采用哪些杀菌条件？

5.奶油添加色素的目的是什么？

「任务 2 干酪加工」

一、产品特点

干酪是在乳或脱脂乳中加入适量的乳酸菌发酵剂和凝乳酶，使乳蛋白质凝固后，排除乳清，将凝块压成所需形状而制成的产品。

二、材料、仪器及设备

1. 材料与配方 新鲜乳、脱脂乳、脱脂乳粉、酪乳、凝乳酶、色素、食盐、石蜡。

2. 仪器与设备 净乳机、均质机、干酪槽、干酪缸、压榨器、干盐机、包装机。

三、干酪天然工艺流程

原料乳→标准化→杀菌→冷却→添加发酵剂→调整酸度→加氯化钙→加色素→

加凝乳剂→凝块切割→搅拌→加温→排出乳清→成型压榨→盐渍→成熟→上色挂蜡

四、操作要点

1. 原料乳的预处理 用于生产干酪的原料乳符合 GB 19301 的要求，且抗生素检验阴性。

（1）净乳。用离心除菌机进行净乳，可以除去乳中大量杂质和 90% 的细菌，尤其对比重较大的芽孢菌特别有效。

（2）标准化。要准确测定原料乳的乳脂率和酪蛋白的含量，调整原料乳中的脂肪和非脂乳固体之间的比例，使其符合产品要求。

（3）原料乳杀菌。生产中多采用 63℃、30min 的保温杀菌或 71～75℃、15s 的高温短时杀菌。

2. 添加发酵剂和预酸化 原料乳杀菌后，打入有保温夹层及搅拌器的干酪槽中。将干酪槽中的牛乳冷却到 30～32℃，然后加入发酵剂。

（1）干酪用发酵剂的种类。常用的菌种有乳酸链球菌、乳油链球菌、干酪杆菌、丁二酮链球菌、嗜酸乳杆菌、保加利亚乳杆菌，以及噬柠檬酸明串珠菌等。通常选取其中两种以上的乳酸菌配成混合发酵剂。

（2）添加发酵剂的目的。通过发酵乳糖产生的乳酸，可提高凝乳酶的活性，缩短凝乳时间；促进切割后凝块中乳清的排出；发酵剂产生的各种酶类能促进干酪的成熟；防止杂菌的繁殖。

（3）发酵剂的制备方法（见项目十三 发酵乳的加工）。

（4）发酵剂的加入方法。取原料乳量的 1%～2% 的工作发酵剂，边搅拌边加入，并在 30～32℃ 条件下充分搅拌 3～5min。加入发酵剂后进行短时间的发酵，此过程称为预酸化，经 10～15min 的预酸化后，取样测定酸度，酸度在 0.18%～0.22% 为宜。

3. 加入添加剂与调整酸度

（1）添加剂的加入。为了改善凝固性能，可在 100kg 原料乳中添加 5～20g 的氯化钙

（10％的溶液），促进凝块的形成。在原料乳中添加胡萝卜素使产品的色泽一致。加入适量的硝酸盐来防止和抑制产气菌。

（2）调整酸度。经 30～60min 发酵，酸度达 0.18％～0.22％，但该发酵酸度很难控制。为使干酪成品质量一致，可有 1mol/L 的盐酸调整酸度，一般调整酸度到 0.21％左右。具体的酸度值应根据干酪的品种而定。

4. 添加凝乳酶和凝乳的形成　生产干酪所用的凝乳酶以皱胃酶为主，除此之外，如胃蛋白酶、植物性凝乳酶、微生物凝乳酶及遗传工程凝乳酶等。

（1）凝乳酶的添加。通常按凝乳酶效价和原料乳的量计算凝乳酶的用量。用 1％的食盐水将酶配成 2％溶液，并在 28～32℃下保温 30min。然后加入到乳中，充分搅拌 2～3min 后加盖。

（2）凝乳的形成。添加凝加乳酶后，在 32℃ 静置 30min 左右，即可使乳凝固。

5. 凝块切割　当乳凝块达到适当硬度时，用刀在凝乳表面切深 2cm、长 5cm 的切口，用食指斜向从切口的一端插入凝块中约 3cm，当手指向上挑起时，如果切面整齐平滑，指上无小片凝块残留，且渗出的乳清透明时，即可开始切割。切割用干酪刀分为水平式和垂直式两种，钢丝刀间距一般为 0.79～1.27cm。先沿着干酪槽和轴用水平式刀平行切割。再用垂直式刀沿长轴垂直切后，沿短轴垂直切，使其成 0.7～1.0cm 的小立方体。

6. 凝块的搅拌　凝块切割后，用干酪搅拌器轻轻搅拌，此时凝块较脆弱，应防止将凝块碰碎。经过 15min 后，搅拌速度可稍快。同时，在干酪槽的夹层中通入热水加热，使温度缓慢升高。升温的速度控制在初始时每 3～5min 升高 1℃，升高至 35℃时，每 3min 升高 1℃。当温度达到 38～42℃（因干酪的种类而确定终止温度）时，停止加热并维持此时的温度。

7. 排除乳清　在搅拌升温的后期，乳清酸度达 0.17％～0.18％时，凝块收缩至原来的一半，手捏干酪粒感觉有适度弹性或用手握一把干酪粒，用力压出水分后放开，如果干酪粒富有弹性，搓开仍能重新分散时即可排除乳清，乳清由干酪槽底部金属网排出。此时将干酪粒堆积在干酪槽的两侧，促进乳清的进一步排出。排除的乳清脂肪含量约为 0.3％，蛋白质 0.9％。若脂肪含量在 0.4％以上，表明操作不理想，应将乳清回收，作为副产物进行综合加工利用。

8. 堆叠　乳清排除后，将干酪粒堆积在干酪槽的一端或专用堆积槽中，上面用带孔不锈钢板压 5～10min，压出乳清使其成块，这一过程即为堆积，有的干酪品种在此过程中还要保温，调整排出乳清的酸度，进一步使乳酸菌达到一定的活力，以保证成熟过程中对乳酸菌的需要。

9. 成型压榨　成型压榨是将堆积后的干酪块切成方砖形或小立方体，装入成型器中进行定型压榨。干酪成型器依干酪的品种不同，其形状和大小也不同。成型器周围设有小孔，由此渗出乳清。在内衬衬网的成型器内装满干酪块后，放入压榨机上进行压榨定型。压榨的压力与时间依干酪的品种各异。先预压榨，一般压力 0.2～0.3MPa，时间 20～30min。预压榨后取下进行调整，视其情况，可以再进行一次预压榨或直接正式压榨。将干酪反转后再装入成型器内，以 0.4～0.5MPa 的压力在 15～20℃（有的品种要求在 30℃左右）条件下再压榨 12～24h。压榨结束后，从成型器中取出的干酪称为生干酪。

10. 加盐　加盐的目的在于改进干酪的风味、组织和外观，排除内部乳清或水分，增加干酪硬度，限制乳酸菌的活力，调节乳酸的生成和干酪的成熟，防止和抑制杂菌的繁殖。加盐的量应按成品的含盐量确定，一般在 1％～3％，加盐的方法有三种①干盐法：在定型压榨前，将所需的食盐撒布在干酪粒（块）中，或者将食盐涂布于生干酪表面。②湿盐法：将压榨后和生干酪浸于盐水池中浸盐，盐水浓度前两天为 $17\%\sim18\%$，以后保持 $20\%\sim23\%$ 的浓度。为了防止干酪内部产生气体，盐水温度应控制在 $8℃$ 左右，浸盐 $4\sim6d$。③混合法：是指在定型压榨后先涂布食盐，过一段时间后再浸入食盐水中的方法。

11. 干酪的成熟　将生鲜干酪置于一定温度（$10\sim12℃$）和湿度（相对湿度 $85\%\sim90\%$）条件下，经一定时期（$3\sim6$ 个月），在乳酸菌等有益微生物和凝乳酶的作用下，使干酪发生一系列的物理和生物化学的变化的过程中，称为干酪的成熟。成熟的主要目的是改善干酪的组织状态和营养价值，增加干酪的特有风味。干酪的成熟时间应按成熟度进行确定，一般为 $3\sim6$ 个月。

（1）成熟的条件。干酪的成熟通常在成熟库（室）内进行。成熟时低温比高温效果好，一般为 $5\sim15℃$。相对湿度，在一般细菌成熟硬质和半硬质干酪为 $85\%\sim90\%$，而软质干酪及霉菌成熟干酪需 $20\sim30d$。硬质干酪在 $7℃$ 条件下需 8 个月以上成熟，在 $10℃$ 需 6 个月以上，在 $15℃$ 则需 4 个月。

（2）成熟的过程。

①前期成熟。将待成熟的新鲜干酪放入温度、湿度适宜的成熟库中，每天用洁净的棉布擦拭其表面，防止霉菌的繁殖。为了使表面的水分蒸发均匀，擦拭后要反转放置。此过程一般要持续 $15\sim20d$。

②上色挂蜡。为了防止霉菌生长和增加美观，将前期成熟后的干酪清洗干净后，用食用色素染成红色（也有不染色的）。待色素完全干燥后，在 $160℃$ 的石蜡中进行挂蜡。为了食用方便和防止形成干酪皮，现多采用塑料真空及热缩密封。

③后期成熟和贮藏。为了使干酪完全成熟，以形成良好的口感、风味、还要将挂蜡后的干酪放在成熟库中继续成熟 $2\sim6$ 个月。成品干酪应放在 $5℃$ 及相对湿度 $80\%\sim90\%$ 条件下贮藏。

（3）成熟过程中的变化。

①水分的减少。成熟期间干酪的水分有不同程度的蒸发而使重量减轻。

②乳糖的变化。生干酪中含 $1\%\sim2\%$ 的乳糖，其大部分在 $48h$ 内被分解，在成熟后 2 周内消失。所形成的乳酸则变成丙酸或乙酸等挥发酸。

③蛋白质的分解，蛋白质分解在干酪的成熟中是最重要的变化过程，且十分复杂。凝乳时形成的不溶性副酪蛋白在凝乳酶和乳酸菌的蛋白水解酶作用下形成胨、陈、肽、氨基酸等可溶性的含氮物。成熟期间蛋白质的变化常以总蛋白中所含水溶性蛋白质和氨基酸的量为指标。水溶性氮与总氮的百分比被称为干酪的成熟度。一般硬质干酪的成熟度约为 30%，软质干酪则为 60%。

④脂肪的分解。在成熟过程中，部分乳脂肪被解脂酶分解产生多种水溶性挥发脂肪酸及其他高级挥发性酸等，这与干酪风味的形成有密切关系。

⑤气体的产生。在微生物的作用下，使干酪中产生各种气体。尤为重要的是有的干酪品种在丙酸菌作用下所生成的 CO_2，使干酪形成带孔眼特殊组织结构。

⑥风味物质的形成。成熟中形成的各种氨基酸及多种水溶性挥发脂肪酸是干酪风味物质的主体。

五、注意事项

（1）原料乳中不得含有抗生素或残留的消毒剂等。

（2）净乳。某些形成芽孢的细菌，在巴氏杀菌时不能杀灭，对干酪的生产和成熟造成很大危害。如丁酸梭状芽孢杆菌在干酪的成熟过程中产生大量气体，破坏干酪的组织状态，且产生不良风味。

（3）杀菌的目的是杀灭原料乳中的致病菌和有害菌，使酶类失活，使干酪质量稳定、安全卫生。由于加热杀菌使部分白蛋白凝固，留存于干酪中，可以增加干酪的产量。但杀菌温度的高低直接影响干酪的质量。如果温度过高，时间过长，则受热变性的蛋白质增多，破坏乳中盐类离子的平衡，进而影响皱胃酶的凝乳效果，使凝块松软，收缩作用弱，易形成含水量过高的干酪。

为了确保杀菌效果，防止和抑制丁酸菌等产气芽孢菌，在生产中常添加适量的硝酸盐（硝酸钠或硝酸钾）或过氧化氢。硝酸盐的添加量应特别注意，过多的硝酸盐能抑制发酵剂的正常发酵，影响干酪的成熟和成品风味。

（4）搅拌时，在整个升温过程中应不停地搅拌，以促进凝块的收缩和乳清的渗出，防止凝块沉淀和相互粘连。另外，升温速度不宜过快，否则干酪凝块收缩过快，表面形成硬膜，影响乳清的渗出，使成品水分含量过高；在升温过程中还应不断地测定乳清的酸度，以便控制升温和搅拌的速度。

（5）干酪的成熟条件是影响其品质的重要因素。环境条件对成熟的速率、重量损失、硬皮形成和表面菌丛有重要影响。

六、质量标准

1. 干酪的感官指标　参见表 15-12。

表 15-12　干酪的感官要求

项　目	要　　求	检验方法
色泽	具有该类产品正常的色泽	取适量试样置于 50mL 烧杯中，在自然光下观察色泽和组织状态。闻其气味，用温开水漱口，品尝滋味
滋味、气味	具有该类产品特有的滋味和气味	
组织状态	组织细腻，质地均匀，具有该类产品应有的硬度	

2. 干酪的微生物指标　参见表 15-13。

表 15-13　干酪的微生物限量

项　目	采样方案[a] 及限量（若非指定，均以 CFU/g 表示）				检验方法
	n	c	m	M	
大肠菌群	5	2	100	1 000	GB 4789.3 平板计数法
金黄色葡萄球菌	5	2	100	1 000	GB 4789.10 定性检验
沙门氏菌	5	0	0/25g	—	GB 4789.4
单核细胞增生李斯特氏菌	5	0	0/25g	—	GB 4798.30
酵母[b]　　≤	50				GB 4789.15
霉菌[b]　　≤	50				

注：a. 样品的分析处理按 GB 4789.1 和 GB 4789.18 执行。

　　b. 不适用于霉菌成熟干酪。

七、思考与应用

1. 简述干酪的概念与种类。
2. 干酪有哪些营养价值？
3. 天然干酪加工的一般工艺和操作要点是什么？
4. 影响干酪成熟的因素有哪些？
5. 加盐在干酪生产中起什么作用？

「任务 3　冰淇淋加工」

一、产品特点

以饮用水、乳、乳制品、糖等为主要原料，添加或不添加食用油脂、食品添加剂，经混合、灭菌、均质、老化、凝冻、硬化等工艺制成的冷冻饮品。具有轻滑而细腻的组织、紧密而柔软的形体、醇厚而持久的风味，以及营养丰富、冷凉甜美等特点。

二、材料、仪器及设备

1. 材料与配方　生乳、奶油、稀奶油、脱脂乳、脱脂乳粉、脱脂炼乳、果蔬料、甜味剂、稳定剂、蔗糖、葡萄糖、乳清粉。

2. 仪器与设备　净乳机、均质机、混合罐、板式换热器、凝冻机、老化罐、包装机。

三、工艺流程

原辅料混合→均质→杀菌→冷却→成熟（老化）→凝冻→成型→硬化→包装→冷藏

四、操作要点

1. 原料的配合

（1）原料的标准化。为了使产品符合标准要求，具有稳定的产品质量，必须对原料进行标准化，并制作好原料配合表。在制作原料配合表时，首先要知道各种原料的成分含量。常用各种原料的成分如表 15-6、表 15-7。

制作配合表时，一般以 100kg 为单位，各种原料的配合量就是配合比率（％）。

例：配成的混合料成分为乳脂肪 12.00、非脂肪固体 10.00、砂糖 15.00、乳化增稠剂0.50、总固体物 37.50、可供选用的原料包括奶油、稀奶油、脱脂炼乳、脱脂乳粉、蔗糖和乳化增稠剂，要求奶油和稀奶油提供的乳脂肪各占一半，脱脂乳粉提供的非脂乳固体占一半，计算原料配合量。

$$奶油的配合量：12.00×1/2×1/0.82＝7.32$$
$$稀奶油的配合量：12.00×1/2×1/0.40＝15.00$$
$$脱脂乳粉的配合量：10.00×1/2×1/0.87＝5.15$$

脱脂炼乳的配合量：

$$奶油的非脂乳固体含量：7.32×0.01＝0.07$$
$$稀奶油中非脂乳固体含量：15.00×0.051＝0.77$$

脱脂乳粉中非脂乳固体含量：$5.15 \times 0.97 = 5.00$

应由脱脂炼乳提供的非脂乳固体量：$10.00 - (0.07 + 0.77 + 5.00) = 4.16$

脱脂炼乳配合量：$4.16 \times 1/0.30 = 13.87$

砂糖的配合量：脱脂炼乳中蔗糖含量：$13.87 \times 0.42 = 5.83$

蔗糖的配合量：$(15.00 - 5.83) \times 1/1.00 = 9.17$

乳化增稠剂的配合量：$0.50 \times 1/1.00 = 0.50$

加水量的计算：$100.00 - (7.32 + 15.00 + 5.15 + 13.87 + 9.17 + 0.56) = 48.93$

（2）混合料的调制。混合料调制时首先将液体原料如牛乳、稀奶油、炼乳等放到带搅拌器的圆形夹层罐中加热，然后添加脱脂乳、砂糖、稳定剂等加热到 65～70℃。增稠剂与等量以上的砂糖混合并添加砂糖 3 倍量的水，用带有高速搅拌器的乳化泵溶解，也有先将明胶浸水膨胀后添加的方法。为了防止乳化剂的凝胶化，并充分发挥乳化剂的作用，应预先混合入油脂中使其充分分散，再与混合料进行混合。如用鸡蛋、乳粉等，也可先用少量液料或水混合，然后和其他液料混合。各种原料完全溶解后，通常用孔径 80～100 目筛孔的不锈钢金属网或带有孔眼的金属过滤器过滤。添加酸性水果时，为了防止混合料形成凝块，应在混合料充分凝冻后添加。添加香料、色素、果仁、点心等，则应在混合料成熟后添加。混合料的酸度应控制在 0.18%～0.20%，一般不超过 0.25%，否则杀菌时有凝固的危险。当酸度过高时，可用小苏打中和。

2. 均质 均质的目的在于将混合料中的脂肪球微细化至 $1\mu m$ 左右，以防止乳脂层的形成，使各成分完全混合，改善冰淇淋组织，缩短成熟时间，节省乳化剂和增稠剂，有效地预防在凝冻过程中形成奶油颗粒等。

混合料的均质一般采用两段均质，温度范围为 60～70℃。高温均质混合料的脂肪球集结的机会少，有降低稠度、缩短成熟时间的效果，但也有产生加热臭的缺陷。

均质压力随混合料的成分、温度、均质机的种类等而不同，一般第一段为 14～18MPa，第二段为 3～4MPa，这样可使混合料保持较好的热稳定性。

3. 杀菌 混合料的杀菌可采用不同的方法，如低温间歇杀菌，高温短时杀菌和超高温瞬时杀菌三种方法。

低温间歇杀菌法，通常为 68℃保持 30min 或 75℃保持 15min。如果混合料中使用海藻酸钠时，以 70℃加热 20min 以上为好，如果使用淀粉，杀菌温度必须提高或延长保温时间。高温短时杀菌法采用 80～83℃，保持 30s。超高温杀菌温度为 100～130℃，保持 2～3s。

4. 成熟 成熟是指杀菌后的混合料应迅速冷却至 0～4℃，并在此温下保持一定的时间进行物理成熟。成熟过程中，由于脂肪的固化和黏稠度的增加，可提高成品的膨胀率，改善成品的组织状态。这是因为均质后的冰淇淋混合料中，脂肪球的表面积有了很大的增加，增强了脂肪球在溶液界面间的吸附能力，在卵磷脂等乳化剂的存在下，脂肪在混合料中能形成较为稳定的乳浊液。随着分散相体积的增加，乳浊液的黏度也相应增加，这样的凝冻过程中形成的泡沫较为坚韧，为冰淇淋起泡创造了条件。当然，上述界面吸附层的形成并不是在均质后即能形成，需要一定的时间。根据混合料组成的不同，成熟时间一般为 4～12h，总固体物少的混合料成熟时间适当延长为好。另外，巧克力冰淇淋或用奶油、脱脂乳粉和水制造的冰淇淋混合料，需要成熟 12～24h。

最近，由于加工设备的改进，乳化剂、增稠剂的改良，省去成熟工序对成品质量影响也不大。但一般还需成熟 2h，若有可能，以成熟 4h 为宜，因为脂肪的固化、蛋白质与增稠剂的完全水合需要一个过程。

5. 添加香料　在成熟终了的混合料中添加香精、色素等，通过强力搅拌，在短时间内使之混合均匀，然后送到凝冻工序。

6. 凝冻　凝冻是冰淇淋加工中的一个重要工序，它是将混合原料在强制搅拌下进行冷冻，使空气更易于呈极微小的气泡均匀地分布于混合料中，使冰淇淋的水分在形成冰晶时呈微细的冰结晶，防止粗糙冰屑的形成。凝冻的主要作用在于：①冰淇淋混合料在制冷剂的作用下，温度逐渐下降，黏稠度逐渐增大而成为半固体状态，即凝冻状态；②由于凝冻机搅拌器搅拌作用，冰淇淋混合料逐渐形成微细的冰屑，防止凝冻过程中形成较大的冰屑；③凝冻过程中，由于强烈的搅拌空气的极微细气泡逐渐混入，混合料容积增加，这一现象称为增容，以百分率表示即称为膨胀率。

$$膨胀率 = \frac{混合料重量 - 同容积冰淇淋的重量}{同容积的冰淇淋的重量} \times 100\%$$

冰淇淋膨胀率一般为 80%～100%。过低则风味过浓，食用时溶解不良，组织粗硬；过高则变成海绵状组织，气泡大，保形性和保存性不良，食用时溶解过快，风味弱，凉爽感小。

冰淇淋在凝冻过程中，大约 30% 水分凝结成细微的冰结晶，使混合料由流体变为半流体，无数细小的气泡均匀地分布于其中，使冰淇淋体积相应地增加。所以冰淇淋实际的体积是由混合料中固体含量、水分和空气所组成。

7. 灌装成型　冰淇淋的形状、包装类型多样，但主要为杯形。另外还有其他如蛋卷锥、盒式包装等。

8. 硬化　为了保证质量，便于销售和运输，凝冻后的冰淇淋在灌装成型后，必须迅速进行 10～12h 的低温冷冻（−25～−40℃），以固体冰淇淋的组织形态，并使其保持适当的硬度，即冰淇淋的硬化。硬化的优劣与品质有密切的关系。硬化迅速，则冰淇淋融化减少，组织中冰结晶细小，成品细腻；若硬化迟缓，则部分冰淇淋融化，冰的结晶变大，成品组织粗糙，品质低劣。

9. 贮藏　硬化后的冰淇淋产品，在销售前应保存在低温冷藏库中。冷藏库的温度以−20℃为标准，库内的相对湿度为 85%～90%。若温度高于−16℃，则冰淇淋的一部分冻结水溶化，此时即使温度再次降低，其组织状态也会明显粗糙化。更有甚者，由于温度变化，使乳糖再结晶与砂状化，从而影响成品质量。因此，贮藏期间，冷库温度不能忽高忽低。

五、注意事项

（1）原料依其物理状态贮存于罐、乳仓、桶或袋中。大量原料如糖、乳粉可袋装贮送；液体原料如乳、稀奶油、炼乳等由罐运送；奶油需先融化并保持温度在 35～40℃ 再泵送，为防止乳脂氧化，还需贮存于厌氧环境中。

（2）原料混合时，混合顺序宜从浓度低的液体原料如牛乳等开始，其次为炼乳、稀奶油等，再次为糖、乳粉、乳化剂、稳定剂等固体原料。

（3）均质压力应适当，过低，脂肪粒没有充分粉碎，乳化不良，影响冰淇淋的形体；过高，脂肪粒过于微小，混合料黏度过高，凝冻时空气难以混入，膨胀率过低。均质温度，低于52℃，均质后混合料黏度过高，对凝冻不利，形态不良；高于70℃，凝冻时膨胀率过大。

（4）成熟温度的选择，以2～4℃为宜，大于5℃，则易出现脂肪分离现象；低于0℃，易出现冰结晶。

六、质量标准

1. 感官指标　参见表15-14。

表 15-14　冰淇淋的感官要求

项　目	要　求	
	清型	组合型
色泽	具有品种应有的色泽	
形态	形态完整，大小一致，不变形，不软塌，不收缩	
组织	细腻滑润，无明显粗糙的冰晶，无气味	具有品种应有的组织特征
滋味气味	滋味协调，有乳脂或植脂香味，香味纯正	具有品种应有的滋味和气味，无异味
杂质	无肉眼可见外来杂质	

2. 冰淇淋的理化指标　参见表15-15。

表 15-15　冰淇淋的理化指标

项　目	指　标					
	全脂乳		半脂乳		植脂	
	清型	组合型a	清型	组合型a	清型	组合型a
非脂乳固体b/% ≥	6.0					
总固形物/% ≥	30.0					
脂肪/% ≥	8.0		6.0	5.0	6.0	5.0
蛋白质/% ≥	2.5	2.2	2.5	2.2	2.5	2.2
膨胀率/%	10～140					

注：a. 组合型产品的各项指标均指冰淇淋的主体部分。
b. 非脂乳固体含量按原始配料计算。

3. 微生物指标　菌落总数，按照GB/T 4789.2—2010规定的方法检验；大肠菌群，按照GB/T 4789.2—2010规定的方法检验；致病菌，按照GB/T 4789.4—2010、GB/T 4789.5—2010和GB/T 4789.10—2010规定的方法检验。

七、思考与应用

1. 什么是冰淇淋？如何分类？
2. 简述冰淇淋生产的基本生产工艺流程及操作要点。
3. 均质后的冰淇淋料液为何要进行老化？如何老化？
4. 简述凝冻的主要作用。

蛋品加工部分

XUCHANPIN
JIAGONG

项目十六 蛋的验收与保鲜贮藏

【能力目标】

1. 掌握原料蛋的验收及品质评定；
2. 能独立进行原料蛋的预处理与分级；
3. 能独立进行鲜蛋的冷藏保鲜操作；
4. 掌握鲜蛋的涂膜保鲜操作；
5. 能够对鲜蛋保鲜期间进行科学管理。

【知识目标】

1. 理解蛋的构造与化学组成、鲜蛋贮藏保鲜的概念、基本原理；
2. 掌握蛋的特性及鲜蛋贮藏保鲜的方法、基本原则；
3. 鲜蛋的分级标准；
4. 影响鲜蛋质量的因素。

【相关知识】

一、蛋的构造

禽蛋主要由蛋壳、蛋白和蛋黄三大部分组成，各部有其不同形态结构和生理功能。三者各占全蛋质量的 12%～13%、55%～56%、32%～35%。其比例受产蛋家禽年龄、产蛋季节、蛋禽饲养管理条件及产蛋量的影响。

1. 蛋壳外膜 蛋壳表面涂布着厚度为 $(5\sim10)\times10^{-3}$ mm 的一层胶质性的物质，称为外蛋壳膜，也称壳外膜，是一种无定形结构、无色、透明、具有光泽的可溶性蛋白质。蛋在母禽的阴道部或当蛋刚产下时，外蛋壳膜呈黏稠状；待蛋排出体外，受到外界冷空气的影响，在几分钟内黏稠的黏液立即变干，紧贴在蛋壳上，赋予蛋表面一层肉眼不易见到的有光泽的薄膜，只有把蛋浸湿后，才感觉到它的存在。外蛋壳膜的作用主要是保护蛋不受细菌和霉菌等微生物的侵入，防止蛋内水分蒸发和 CO_2 逸出。对保证蛋的内在质量起有益的作用。鸡蛋涂膜保鲜方法就是人工仿造外蛋壳膜的作用。而发展起来的一种保持蛋新鲜度的方法。

2. 蛋壳 蛋壳是包裹在蛋内容物外面的一层厚度为 $270\sim370\mu m$ 的石灰质硬蛋壳，它使蛋具有固定形状并起着保护蛋白、蛋黄的作用，但质脆，不耐碰撞或挤压。蛋壳的厚度受禽的品种、气候条件和饲料等因素的影响而不同。蛋壳的厚薄与其表面色素的沉积有关，一般而言，色素越多，蛋壳越厚。

蛋壳上有许多肉眼看不见的、不规则呈弯曲状的微小气孔（7 000～17 000 个/枚）。这些气孔沟通蛋的内外环境。空气可由气孔进入蛋内，而蛋内的水分和 CO_2 可由气孔排出，因而蛋久存后质量减轻。若角质层脱落,细菌、霉菌均可通过气孔侵入蛋内,造成蛋的质量降低或腐败变质。气孔使蛋壳具有透视性,故在灯光下可观察蛋内存物。

3. 蛋壳内膜 在蛋壳内面、蛋白的外面有一层白色薄膜称为蛋壳内膜,又称壳下膜。蛋壳膜分内、外两层。内层称为蛋白膜,外层称为内蛋壳膜,或简称内壳膜。蛋壳膜通透性比蛋壳小.对微生物均有阻止通过的作用,具有一定的保护蛋内容物小受微生物侵蚀的作用,并保护蛋白不流散。蛋壳内膜不溶于水、酸和盐类溶液中,能透水、透气。

4. 气室 在蛋的钝端,由蛋白膜和内蛋壳膜分离形成一气囊,称气室。新生蛋没有气室,当蛋接触空气,蛋内容物遇冷发生收缩,使蛋的内部暂时形成一部分真空,外界空气便由蛋壳气孔和蛋壳膜网孔进入蛋内,形成气室。里面贮存着一定的气体。由于蛋的钝端部分比尖端部分与空气接触面广,气孔分布最多最大,外界空气进入蛋内的机会非常大,因而蛋的气室只在钝端形成。气室的大小与蛋的新鲜度有关,是评价和鉴别蛋的新鲜度的主要标志之一。

5. 蛋白 蛋白也称为蛋清,位于蛋白膜的内层,系白色透明的胶体物质。蛋白是半流动体,并以不同浓度分层分布于蛋内。对于蛋白的分层,大部分学者将蛋白的结构由外向内分为四层:第一层为外层稀薄蛋白,紧贴在蛋白膜上,占蛋白总体积的 23.2%。第二层为中层浓厚蛋白,占蛋白总体积的 57.3%;第三层为内层稀薄蛋白,占蛋白总体积的 16.8%;第四层为系带层浓蛋白,占蛋白总体积的 2.7%。可见,蛋白按其形态分为两种,即稀薄蛋白与浓厚蛋白。

在蛋白中,位于蛋黄的两端各有一条浓厚的白色的带状物,叫做系带,一端和大头的浓厚蛋白相连接,另一端和小头的浓厚蛋白相连接。其作用是将蛋黄固定在蛋的中心。系带是由浓厚蛋白构成的,新鲜蛋的系带很粗、有弹性,含有丰富的溶菌酶。随着鲜蛋存放时间的延长和温度的升高,系带受酶的作用会发生水解,逐渐变细,甚至完全消失,造成蛋黄移位上浮出现靠黄蛋和贴壳蛋。因此,系带存在的状况也是鉴别蛋的新鲜程度的重要标志之一。

6. 蛋黄 蛋黄呈圆球形,位于蛋的中心位置。由蛋黄膜、蛋黄内容物和胚盘三个部分组成。蛋黄膜是包在蛋黄内容物外边,一个透明的、平均厚度为 $16\mu m$ 的薄膜,其质量占蛋黄的 2%～3%。蛋黄共分为三层:内层与外层由黏蛋白组成,中层由角蛋白组成。蛋黄膜富有弹性,起着保护蛋黄和胚盘的作用,防止蛋黄和蛋白混合。蛋黄内容物是一种浓稠不透明的半流动黄色乳状液,由深浅两种不同黄色的蛋黄所组成,可分数层。由蛋黄膜向内分别为浅黄色蛋黄、黄色蛋黄、淡黄色蛋黄。在蛋黄表面有一颗乳白色的小点,未受精的呈圆形,称为胚珠;受精的呈多角形,称为胚盘(或胚胎),直径 2～3mm。在胚盘的下部至蛋黄的中心有一细长近似白色的部分,称为蛋黄心。胚盘浮在蛋黄的表面,其原因是相对密度比蛋黄轻。

蛋随着贮存时间的延长,蛋黄的体积会因蛋白中水分的渗入而逐渐增大,当达到原来体积的 119% 时,将导致蛋黄膜破裂,使蛋黄内容物外溢,形成散黄蛋。

二、蛋的化学组成与特性

禽蛋的化学组成成分主要有水分、脂肪、蛋白质、糖类、类脂、矿物质及维生素等。这些成分的含量因家禽种类、品种、年龄、饲养条件、产蛋期及其他因素不同而有较大的差异。几种禽蛋的主要化学组成见表 16-1。

表 16-1　蛋的主要化学组成（单位：%）

禽蛋种类	水分	蛋白质	脂肪	糖类	灰分
鸡蛋（白皮）	75.8	12.7	9.0	1.5	1.0
鸡蛋（红皮）	73.8	12.8	11.1	1.3	1.0
鸭蛋	70.3	12.6	13.0	3.1	1.0
鹅蛋	69.3	11.1	15.6	2.8	1.2
鹌鹑蛋	73.0	12.8	11.1	2.1	1.0

1. 水分　蛋白中水分含量为85%～88%，鸡蛋中水分的含量稍高于鸭蛋和鹅蛋。随着蛋贮存时间的延长，稀蛋白所占水分的比例逐渐增加，浓蛋白逐渐减少，因而蛋白的水分含量也逐渐增高，蛋白变得稀薄。

2. 蛋白质　蛋中含有多种蛋白质，蛋白中的蛋白质含量为总量的11%～13%。蛋黄中的蛋白质占14%～16%，其中占比例最大的是卵白蛋白、卵黄磷蛋白及卵黄球蛋白，三者都是全价蛋白，含有人体所必需的各种氨基酸。

3. 脂肪　蛋中的脂肪主要集中在蛋黄内，占30%～33%，主要是卵磷脂，其次是脑磷脂和少量神经磷脂等，磷脂有很强的乳化作用，能使蛋黄保持很稳定的乳化状态。磷脂对神经系统的发育具有重要意义。

4. 糖类　蛋中的糖类的含量为1%，分两种状态存在。一种与蛋白质结合形成糖蛋白，呈结合状态；另一种呈游离状态，如葡萄糖、乳糖。蛋白中糖类含量虽少，但与蛋白片、蛋白粉等产品的色泽有关。

5. 矿物质　蛋中含有多种矿物质，主要有钾、钠、钙、镁、磷、铁，还含有微量锌、铜、锰、碘等。其中以磷、钙、铁的含量较多，而且易被吸收。尤其是铁，可以作为人体铁的重要来源。

6. 维生素　蛋中含有丰富的维生素，其中维生素 A、维生素 B_1、维生素 B_2 等含量较高，还含有一定量的泛酸、维生素 D、维生素 E、维生素 K、维生素 C 等。

7. 酶　蛋中含有多种酶类，如蛋白分解酶、溶菌酶、淀粉酶、蛋白酶、脂解酶和过氧化氢酶。蛋白分解酶对蛋白质有分解作用，溶菌酶有一定的杀菌作用。

8. 色素　蛋黄中含有丰富的色素，从而使蛋黄呈浅黄乃至橙黄色。其中主要为叶黄素，其次胡萝卜素、核黄素等。蛋黄色素的深浅，与蛋的营养价值无关，与饲料有关。

三、蛋的质量指标

1. 禽蛋的一般质量指标

（1）蛋形指数。蛋形指数表示蛋的形状，用蛋的纵径与横径之比表示，或者用蛋的横径与纵径之比的百分率表示。大于或小于正常值的蛋，都不符合要求，一般称之为畸形蛋。形状不正常的蛋，其耐压程度是不同的，圆筒形蛋耐压程度最小，球形蛋耐压程度最大。蛋形正常的蛋品质较好，蛋形异常的蛋品质较差，在运输过程中易破损。

（2）蛋重。蛋重指包括蛋壳在内的蛋的质量，它是评定蛋的等级、新鲜度和蛋的结构的重要指标。

（3）蛋的密度。蛋的密度与蛋的新鲜度有密切关系。禽蛋存放时间越长。蛋内水分蒸发越多，气室越大，内容物质量减轻，其密度变小，蛋就越不新鲜。

2. 禽蛋的内部品质指标

（1）气室高度。气室高度是评价鸡蛋新鲜度的一个重要指标，它受鸡蛋质量和贮藏的相对湿度影响。新鲜蛋的气室很小。存放越久，水分蒸发越多，气室越大。气室过大者为陈旧蛋。

①最新鲜蛋。透视时全蛋呈红黄色，蛋黄不显影，内容物不转动，气室高度在 3mm 以内。

②新鲜蛋。透视时全蛋呈红黄色，蛋黄所在处颜色稍深，内容物略转动，气室高度在 5mm 以内。此系产后 2 周以内的蛋，可供冷冻贮存。

③普通蛋。内容物呈红黄色，蛋黄阴影清楚，能够转动，气室高度在 10mm 以内。此系产后 2~3 个月的蛋，应速销售，不宜贮存。

④可食蛋。因浓厚蛋白完全水解，卵黄显现，易摇动，且上浮而接近蛋壳。气室移动，高度达 10mm 以上，这种蛋应速销售，只作普通食用蛋，不宜作蛋制品加工原料。

（2）蛋白指数。一般用蛋白指数来衡量蛋白状况。蛋白指数是指浓厚蛋白与稀薄蛋白的质量之比。新鲜蛋浓厚蛋白与稀薄蛋白之比为 6：4 或 5：5，浓厚蛋白越多则蛋越新鲜。可用过滤方法将浓厚蛋白稀薄蛋白分开，称重计算浓厚蛋白所占比例。

（3）蛋黄指数。蛋黄指数表示蛋黄的品质和禽蛋的新鲜程度。新鲜蛋的蛋黄膜弹性大，蛋黄厚度高，直径小。随着存放时间的延长，蛋黄膜松弛，蛋黄平塌，高度下降，直径变大。正常新产蛋的蛋黄指数为 0.38~0.44，合格蛋的蛋黄指数为 0.30 以上。当蛋黄指数小于 0.25 时，蛋黄膜破裂，出现散黄现象，这是质量较差的陈旧蛋。

（4）哈夫单位。哈夫单位是根据蛋重和浓厚蛋白的高度，按一定公式计算出其指标的一种先进方法，可以衡量蛋白质和蛋的新鲜度，它是现代国际上评定蛋品质量的重要指标和常用方法。新鲜蛋的哈夫单位在 80 以上。随着存放时间的延长，由于蛋白质的水解，会使浓厚蛋白变稀，蛋白高度下降，哈夫单位变小。试验表明 AA 级蛋在 37℃下保存 3d 后即变为 C 级。因此，蛋的冷藏保鲜是保持禽蛋质量的关键。

美国农业部根据哈夫单位对禽蛋等级的划分见表 16-2。

表 16-2 根据哈夫单位对禽蛋等级的划分

哈夫单位	状态与用途
72 以上（AA 级）	食用蛋：蛋白微扩散，蛋黄呈圆形，高高地在中间，浓厚蛋白高而围绕蛋黄，水样蛋白较少
72~60（A 级）	食用蛋：蛋白适当扩散，蛋黄呈圆形，浓厚蛋白较高，水样蛋白少
59~31（B 级）	加工蛋：蛋白有较大面积，蛋黄稍平，浓厚蛋白低，水样蛋白多
30 以下（C 级）	仅部分供加工用：蛋白扩散极广，蛋黄扁平，浓厚蛋白几乎没有，仅见水样蛋白

（5）血斑和肉斑率。血斑和肉斑率指含血斑和肉斑的蛋数占总数的比率，是表明禽蛋质量的指标之一。

血斑是由于排卵时滤泡囊的血管破裂或输卵管出血，血附在蛋黄上而形成的，呈红色小点。肉斑是卵子进入输卵管时因黏膜上皮组织损伤脱落混入蛋白中而造成的，呈白色、不规则形状。蛋中可能含有一个或更多的血斑和肉斑，直径超过 3.2mm 的称为大血斑或大肉斑，小于 3.2mm 的称为小血斑或小肉斑。可用强光透视或破壳检验法发现。

（6）蛋黄百分率。蛋黄百分率为蛋黄重占蛋重的百分率。蛋的大部分固形物、所有的维生素、微量元素、油脂等均在蛋黄内。蛋黄百分率越高，蛋的营养价值也越高。蛋重越大，蛋黄百分率越低。老的品种如褐色来航、新汉夏、浅花的蛋重 53.1～53.7g，蛋黄百分率为 27.7%～30.1%；现代商品系褐壳蛋鸡 35 周龄蛋重为 61.1g，蛋黄百分率仅 22.2%。

（7）蛋黄色泽。蛋黄色泽是指蛋黄颜色的深浅，对蛋的商品价值和价格有影响。消费者喜欢金黄色的蛋黄。在制作蛋糕、蛋黄粉、咸蛋等制品时，要求使用深黄色的禽蛋。国际上通常用罗氏（Roche）比色扇的 15 种不同黄色色调等级比色，要求鲜蛋和再制蛋的蛋黄色泽达到 8 级以上，还要统计每批蛋各色级的数量和百分比。饲料是影响蛋黄色泽的主要因素。

（8）内容物的气味和滋味。蛋的内容物的气味和滋味是说明蛋内容物成分有无变化或变化大小的质量指标。质量正常的蛋，打开后没有异味，有时有轻微腥味，这与饲料有关，可以食用。若有臭味，则是轻微腐败蛋。如果在蛋壳外面便闻到蛋内容物分解的氨及硫化氢的臭气味，则是严重腐坏蛋。煮熟后，质量新鲜的蛋无异味，蛋白白色无味，蛋黄呈黄色，具有蛋香味。

（9）蛋白状况。蛋白状况能准确反映蛋的结构是否正常，是评定蛋质量优劣的重要指标。质量正常的蛋，其蛋白状况是浓厚蛋白含量多，占全蛋的 50%～60%，无色、透明，有时略带淡黄绿色。随着贮藏时间延长，浓厚蛋白逐渐变稀。蛋白的状况可以用灯光透视法和直接打开法判断。若灯光透视时见不到蛋黄暗影，蛋内呈完全透明，表明浓厚蛋白很多，蛋的质量优良。打开蛋时，可通过测定蛋白指数来反映出蛋白的状况。在对外贸易和商业经营中，均把蛋白状况作为评定蛋的级别标志。

（10）系带状况。正常蛋的蛋黄两端紧贴着粗白、有弹性的系带。系带变细并同蛋黄脱离甚至消失的蛋，属质量低劣的蛋。

四、鲜蛋的分级标准

1. 中国鲜蛋的分级标准 我国国家标准或颁布标准制订的《鲜蛋卫生标准》（GB 2748—2003）包括产品品种规格。感官指标、卫生指标三部分。其中，蛋重是主要衡量标准，只有蛋重达到标准，才进一步考虑感官指标和卫生指标。同时，制订标准多以鸡蛋为例，其他禽蛋可参照鲜鸡蛋的标准执行。

鲜禽蛋分级标准从分级鲜禽蛋的质量要求、感官、哈夫单位将鲜禽蛋分为 AA 级、A 级、B 级三个等级，从重量方面将禽蛋分为 XXL、XL、L、M 和 S 五种大小码。

2. 感官指标 感官指标主要包括蛋壳、蛋白、蛋黄、蛋中的异物以及气味。

表 16-3 鲜鸡蛋和鲜鸭蛋的品质分级要求

项　目	指　标		
	AA 级	A 级	B 级
蛋壳	清洁、完整、呈规则卵圆形，具有蛋壳固有的色泽，表面无肉眼可见污物		
蛋白	黏稠、透明、浓蛋白、稀蛋白清晰可辨	较黏稠、透明、浓蛋白、稀蛋白清晰可辨	较黏稠、透明
蛋黄	居中，轮廓清晰，胚胎未发育	居中或稍偏，轮廓清晰，胚胎未发育	居中或稍偏，轮廓较清晰，胚胎未发育
异物	无血斑、肉斑等异物		
哈夫单位	≥72	≥60	≥55

3. 重量分级 我国《鲜鸡蛋》（SB/T 10277—1997）中把鸡蛋分为一级、二级和三级三个等级，在《禽蛋清选消毒分级技术规范》（NY/T 1551—2007）中将鸡蛋分为 7 个等级。考虑到我国壳蛋生产企业的实际情况，以及参照欧盟的标准，新制定的行业标准按照重量分级标准如下：

（1）鲜鸡蛋的重量分级。分级的鸡蛋根据重量分为 XI、L、M 和 S 4 个级别，重量分级要求见表 16-4。

表 16-4 鲜鸡蛋的重量分级要求

级别		单枚鸡蛋重范围/g	每 100 枚鸡蛋最低蛋重/kg
	XL	≥68	≥6.9
L	L（+）	≥63 且＜68	≥6.4
	L（－）	≥58 且＜63	≥5.9
M	M（+）	≥53 且＜58	≥5.4
	M（－）	≥48 且＜53	≥4.9
S	S（+）	≥43 且＜48	≥4.4
	S（－）	＜43	—

注：在分级过程中生产企业根据技术水平可以将 L、M 进一步分为"+"和"－"两种级别。

（2）鲜鸭蛋的重量分级。分级的鸭蛋根据重量分为 XXL、XL、L、M 和 S 五个级别，重量分级要求见表 16-5。

表 16-5 鲜鸭蛋的重量分级

级别	单枚鸭蛋蛋重范围/g	每 100 枚鸭蛋最低蛋重/kg
XXL	≥85	≥8.6
XL	≥75 且＜85	≥7.6
L	≥65 且＜75	≥6.6
M	≥55 且＜65	≥5.6
S	＜55	—

4. 哈夫单位指标的确定 我国鲜蛋分级标准规定 AA 级蛋哈夫单位应≥72，A 级蛋哈夫单位应≥60，B 级蛋哈夫单位应≥55。

5. 包装产品分级判别要求 包装产品分级判别要求见表 16-6。

表 16-6 包装产品分级判别要求（单位:%）

级别	AA 级鲜禽蛋比例	A 级鲜禽蛋比例	B 级鲜禽蛋比例
AA	≥90	—	—
A	—	≥90	—
B	—	—	≥90

6. 卫生指标 鲜蛋卫生指标见表 16-7。

表 16-7　鲜蛋卫生指标

项　目	指　标
无机砷/（mg/kg）	≤0.05
铅/（mg/kg）	≤0.2
镉/（mg/kg）	≤0.05
总汞（以汞计）/（mg/kg）	≤0.05
六六六、滴滴涕	符合《食品中农药最大残留限量》（GB 27630—2005）

五、出口鲜蛋的分级标准

近年来，随着对外贸易的发展以及国际市场的变化，供应出口的商品其质量分级标准也有所变化，尤其是对外贸易中还要经双方协商，将分级标准具体规定在合同上。因此，供应出口的鲜蛋分级标准变化也较大，对不同国家和地区其分级标准有所不同。

1. 普通禽类品种的鲜蛋标准　品质新鲜，蛋壳完整，蛋白浓厚或稀薄，蛋黄居中或略偏。及时出口鲜蛋气室固定，高度低于 7mm，气室波动不超过 3mm；冷藏蛋气室高度低于 9mm，气室波动不超过蛋高的 1/4。破损蛋（流清蛋、硌窝蛋、裂纹蛋、穿孔蛋等）、次蛋（血丝蛋、血圈蛋、热伤蛋、异味蛋等）、劣蛋（霉蛋、红贴壳蛋、黑贴壳蛋、散黄蛋、泻黄蛋、腐败蛋、绿色蛋白蛋、孵化蛋、熟蛋、橡皮蛋等）、污壳蛋（油迹蛋、染色蛋、图案蛋、字迹蛋等）、加工剔出蛋（气泡蛋、出汗蛋、雨淋蛋、异物蛋、沙壳蛋、畸形蛋、水洗蛋）不能出口。要求鲜鸡蛋、冷藏鲜鸡蛋分 6 级（特级、超级、大级、一级、二级、三级），鲜鸭蛋、冷藏鲜鸭蛋分 3 级（一级、二级、三级）。

鉴于鲜蛋在加工、装卸、贮运过程中可能发生的变化与误差，规定特殊的容许量，即及时加工出口鲜蛋，在检验时破蛋、次蛋、劣蛋总数不得超过 3%，其中劣蛋不超过 1%；冷藏鲜蛋在检验时破蛋、次蛋、劣蛋总数不得超过 4%，其中劣蛋不超过 2%，除油迹蛋、染色蛋、图案蛋、字迹蛋以外的污壳蛋不得超过 5%，沙壳蛋、畸形蛋合计不超过 5%，邻级蛋不得超过 10%，隔级蛋不得存在。

2. 地方禽类品种的鲜蛋标准　品质新鲜、蛋壳清洁、完整、大小均匀，特级每 360 个净重不低于 19.8kg（平均每个蛋重 55g 以上），一级每 360 个净重不低于 18.0kg（平均每个蛋重 50g 以上），二级每 360 个净重不低于 16.7kg（平均每个蛋重 46.4g 以上），三级每 360 个净重不低于 15.5kg（平均每个蛋重 43g 以上），四级每 360 个净重不低于 13.5kg（平均每个蛋重 37.5g 以上）。

禽蛋的保鲜工作非常重要。家禽产蛋有强烈的季节性，旺季生产有余，淡季供应不足，由于受内外诸多因素的影响，禽蛋品质的劣变过程较快。尤其是在夏季，这一问题更加突出。为了调节供求之间的矛盾，需要采取适当的贮藏方法，保证鲜蛋的质量，延长禽蛋可供食用的时间。

六、鲜蛋的低温保鲜原理

利用低温来抑制微生物的生长繁殖和分解作用以及蛋内酶的作用，延缓鲜蛋内容物的变化，延缓浓厚蛋白的变稀并降低重量损耗，使蛋在较长的时间内保持蛋质量新鲜。

七、鲜蛋保鲜的基本原则

1. 保持蛋壳和壳外膜的完整性　蛋壳是蛋本身具有的一层最理想的天然包装材料。分布在蛋壳上的壳外膜可以将蛋壳上的气孔封闭，但是这层薄膜很容易被水溶解而失去作用。因此无论采用什么方法贮藏鲜蛋，都应当尽量保持蛋壳和壳外膜的完整性。

2. 抑制微生物的繁殖　蛋在放置过程中不可避免地会被各种微生物污染，污染的过程视包装容器和库房的清洁程度而异。在鲜蛋贮藏时应尽量设法抑制这些微生物的繁殖，如对蛋壳进行消毒或者低温贮藏等。

3. 防止微生物接触与侵入　在禽蛋的贮存和流通过程中，要尽量控制环境，减少和外界微生物的接触。同时采取各种方法，防止外界微生物的侵入。如在贮存前把严重污染的蛋挑出，另行处理；贮藏库严格杀菌消毒；用具抑菌作用的涂料涂抹蛋壳；将蛋浸入具有杀菌作用的溶液中，使蛋与空气隔绝等。

4. 保持蛋的新鲜状态　蛋在产出之后，会不断地发生理化和生物学的变化。如水分损失，蛋内 CO_2 的逸出及 O_2 的渗入，蛋液 pH 升高，浓蛋白变稀，蛋黄膜弹性降低，气室增大，蛋的品质下降。鲜蛋在贮藏过程中应尽量减缓这些变化。通过低温或气调贮藏鲜蛋均可收到良好的效果。

5. 抑制胚胎发育　胚胎发育会降低蛋的品质，所以在蛋的贮藏中必须要想办法抑制胚胎发育。最好采用低温贮藏，尤其是在夏季，必须使库温低于 23℃，否则就有胚胎发育的可能。

6. 安全卫生　贮存鲜蛋使用的药剂对人体无毒、无害、无副作用，价格低廉，贮存效果良好。

八、鲜蛋在贮藏期间的变化

禽蛋在贮藏过程中，由于贮藏方法、环境条件不同，会使禽蛋发生一系列物理、化学、生理及微生物学等方面的变化，这些变化会影响禽蛋的品质和加工、食用价值。为了做好禽蛋的贮藏保鲜工作，必须了解禽蛋在贮藏保鲜中的各种变化，以便掌握规律，使变化降低到最低程度。

1. 物理变化

（1）重量变化。鲜蛋在贮藏期间重量会逐渐减轻，贮存时间越长，减重越多。重量减轻越多，气室越大。这是由于蛋内水分经由蛋壳上的气孔蒸发所致。影响蛋重变化的主要因素有温度、湿度、贮藏期及涂膜、蛋壳的厚薄、贮藏方法。

①温度。贮藏温度的高低与蛋减重的多少有直接关系，温度越高，减重越多，温度低则减重少。有报道，在 9℃ 与 18℃ 条件下贮藏，鸡蛋每昼夜的减重量是相同的，而在 22℃ 和 37℃ 下的减重也相近，但 9~18℃ 和 22~37℃ 两段温度范围内，蛋的减重相差悬殊，达40~50 倍之多。

②湿度。环境湿度高则减重少，相反则减重多。如空气相对湿度为 50% 时，每枚蛋每昼夜减重 0.025 8g，若湿度为 90% 时，每枚蛋每昼夜减重为 0.007 5g，前者为后者的3.44 倍。

③贮藏期及涂膜。蛋贮藏时间越长，减重越多，涂膜贮藏则蛋减重少。

④蛋壳的厚薄。蛋壳越薄，水分蒸发越多，失重则越大。

⑤贮藏方法。减重还与贮存方法有关，水浸法几乎不失重，涂膜法失重少，谷物贮存法失重多。

（2）气室变化。气室是衡量蛋新鲜程度的一个重要标志。在贮藏过程中，气室的大小随贮存时间的延长而增大。气室的增大是由于水分蒸发，CO_2的逸散，蛋内容物干缩所造成。所以，气室增大和蛋重减小是相对应的，也受贮存温度、湿度、蛋壳状况和贮存方法等的影响。孵化过的蛋比一般贮藏蛋的气室要大。

（3）蛋内水分的变化。随着贮存时间延长，蛋白中的水分由于不断通过气孔向外蒸发，同时通过蛋黄膜向蛋黄渗透，其含量不断下降，可降至71%以下。而蛋黄中的水分则逐渐增加。蛋内水分的变化主要同贮存时间和温度有关。

（4）蛋白层的变化。鲜蛋在贮藏过程中，由于浓厚蛋白的变稀作用，蛋白层之间的组成比例将发生显著的变化，浓厚蛋白逐渐减少，稀薄蛋白逐渐增加，最后使蛋黄膜变薄而破裂。随着浓厚蛋白的减少，溶菌酶的杀菌作用也降低，蛋的耐贮性也大为降低。蛋白层的变化主要同温度有关。因此，降低温度是防止浓厚蛋白变稀的有效措施。

（5）蛋黄的变化。鲜蛋在贮藏过程中，由于蛋白水分向蛋黄内渗透，蛋黄逐渐变稀。同时蛋黄膜强度降低，使蛋黄的高度明显降低，蛋黄指数减小。正常鲜蛋的蛋黄指数在0.35以上，当蛋黄指数在0.25以下时，蛋黄膜就会破裂。蛋黄指数的下降主要同贮存时间及温度有关。

2. 化学变化 化学变化主要是指鲜蛋在贮存期间pH、含氨量、可溶性磷酸、脂肪酸等化学物质的变化。

（1）pH变化。蛋在贮存期间，pH不断发生变化，尤其是蛋白pH变化较大。一般情况下，鲜蛋白的pH呈碱性，在8左右。在贮存初期，由于CO_2的快速蒸发，可使pH上升到9左右。但随着贮存时间延长，蛋内CO_2蒸发减少，反而使pH降低，可降到7左右。贮存期间，蛋黄的pH也发生变化，只是变化缓慢。鲜蛋黄的pH为6左右，由于蛋内化学成分的变化及CO_2少量蒸发，pH缓慢增高，可达到7左右。当蛋黄和蛋白的pH均接近7时，说明蛋已相当陈旧，但尚可食用。当蛋腐败后，CO_2难以排出，加上腐败后蛋内有机物分解产生酸类，pH下降到中性或酸性，这种蛋不能食用。

（2）氨量的变化。蛋在贮存期间，由于酶和微生物的作用，使蛋中蛋白质发生分解，而使蛋内含氨量增加。

（3）脂肪酸的变化。贮存期间，蛋黄中的脂类逐渐氧化，使游离脂肪酸逐步增加。

（4）磷酸的变化。由于蛋黄中含有卵黄磷蛋白、磷脂类及甘油磷酸等，蛋在贮存期间，由于贮存时间延长，使这些物质分解出可溶性无机态磷酸，尤其是腐败的蛋，可溶性磷酸增加更多。

3. 生理变化 当贮藏温度较高（25℃以上）时，禽蛋的胚胎（胚珠）将发生生理变化。受精卵在胚胎周围产生网状血丝、血圈甚至血筋，而未受精卵的胚珠也会出现膨大现象。蛋的生理变化常常引起蛋的品质下降，耐贮性也随着降低。防止这种生理变化的有效措施是降低温度。

4. 微生物变化 贮存期间蛋内微生物变化，主要是感染了微生物所致。蛋感染微生物的途径主要有两种：一是母禽体内感染，由于产蛋母禽本身带菌，在蛋的形成和产出过程中使蛋感染；另一种途径是蛋在贮藏过程中受到微生物侵入而感染。

鲜蛋的外蛋壳膜能够防止微生物的侵入，蛋内含溶菌酶，能杀死侵入的微生物。但外蛋壳膜极易脱落，溶菌酶也极易失活，微生物容易从蛋壳气孔侵入感染。感染的微生物通过蛋壳气孔和壳内膜纤维间隙侵入蛋内，大量繁殖，使蛋变质。蛋内微生物生长繁殖的适宜温度是 20～40℃，低温能减缓微生物的侵入速度和繁殖速度。干燥的空气能使蛋壳表面微生物的活动能力大为减弱。高湿度条件下，霉菌和细菌能很快侵入蛋内。此外，微生物的侵入与蛋壳的裂纹、产蛋时卫生条件、鲜蛋包装的填充料等有关。

蛋腐败变质的主要原因是微生物的侵入。蛋变质最初是蛋白变稀，呈淡绿色，并逐渐扩大到全部蛋白，系带变细，蛋黄贴近蛋壳，蛋黄膜破裂，蛋白和蛋黄相混，以致逐渐开始变质，蛋白变蓝或变绿，产生腐臭味，蛋黄变成褐色。

「任务 1　原料蛋的检验与验收」

一、材料与仪器

蛋、照蛋器、电子台秤、游标卡尺、白瓷盘、玻璃平板、气室规尺、蛋形指数计、蛋壳颜色反射计。

二、原料蛋检验与验收程序

原料蛋→感官鉴别→光照鉴别→测定

（蛋重、蛋形指数、蛋密度、气室高度、蛋壳厚度、哈夫单位、蛋黄指数、蛋黄色泽）

三、原料蛋检验与验收要点

1. 感官鉴别　感官鉴别法是我国广大基层业务人员收购鲜蛋采用的一种较为普遍的简易方法。该方法主要靠检验人员的技术经验来判断，采用眼看、耳听、手摸、鼻嗅等方法，从外观来鉴定蛋的质量。

"看"，就是用肉眼来查看蛋壳颜色是否新鲜、清洁，壳以及壳上膜有无破损，形状是否正常。新鲜蛋蛋壳比较粗糙，色泽鲜明，表面干净，附有一层乳状胶质薄膜。如表皮胶质脱落，不清洁，壳色油亮或发乌，则为陈蛋。蛋壳上如有霉斑、霉块或像石灰样的粉末是霉蛋；蛋壳上有水珠或潮湿发滑的是出汗蛋；蛋壳上有红疤或黑疤的是贴皮蛋；壳色深浅不匀或有大理石花纹的蛋是水湿蛋；蛋表面光滑，眼看气孔很粗的是孵化蛋；蛋壳肮脏，色泽灰暗或散发臭味的是臭蛋。

"听"，是从敲击蛋壳发出的声音来区别有无裂损、变质和蛋壳厚薄程度。方法一是敲击法：将两枚蛋拿在手里，用手指轻轻回旋相敲，或用手指甲在壳上轻轻敲击。新鲜蛋发出的声音坚实，似砖头碰击声；裂纹蛋发音沙哑，有啪啪声；空头蛋大头上有空洞声；钢壳蛋发音尖脆，有叮叮响声；贴皮蛋、臭蛋发音像敲瓦片声；用指甲竖立在蛋壳上推击，有吱吱声的是雨淋蛋。方法二是振摇法：即将禽蛋放在手中振摇，没有内容物晃动响声的为鲜蛋，有晃动响声的可能是散黄蛋。

"摸"，主要靠手感。新鲜蛋拿在手中有"沉"的压手感觉。孵化过的蛋，外壳发滑，分量轻。霉蛋和贴皮蛋外壳发涩。

"嗅"，即嗅闻蛋的气味。鲜鸡蛋、鹌鹑蛋无异味，鲜鸭蛋有轻微的鸭腥味。霉蛋有霉蒸味，臭蛋有臭味，

感官鉴定是以蛋的结构特点和性质为基础的。有一定的科学道理，也有一定的经验性。但仅凭这种方法鉴定，对蛋的鲜陈好坏只能作个大致的鉴定。

2. 光照透视鉴别法 光照透视鉴定法是采用日光和灯光两种不同的光源对蛋进行照射，根据蛋本身具有透光性的特点，在灯光透视下观察蛋内部结构和成分变化的特征，来鉴别蛋品质的方法。

新鲜蛋在光照透视时，蛋白完全透明，呈淡橘红色；气室极小；深度在 5mm 以内；略微发暗，不移动；蛋白浓厚澄清，无杂质；蛋黄居中，蛋黄膜包裹得紧，呈现朦胧暗影。蛋转动时，蛋黄亦随之转动；胚胎不易看出。通过照验，还可以看出蛋壳上有无裂纹，气率是否固定，蛋内有无血丝血斑、肉斑、异物等。

我国采用灯光透视鉴别法的最多，具体照蛋方法有手工照蛋、机械传送照蛋及电子自动照蛋三种。

（1）手工照蛋。照蛋灯灯罩由白铁皮做成，罩壁有一个或多个照蛋孔，供一人或多人操作。照蛋孔的高度以对准灯光最强的部位为宜。

（2）机械传送照蛋。机械传送照蛋目前有两种形式。一种是采用由电机传动的长条形输送带传送，在传送带的两侧装上照蛋的灯台。灯台设置多少要视场地和操作人员的数量而定。每一灯台的间距为 1m 左右。输送带将蛋运到每个照蛋者操作的位置上，照完后，将优质蛋和各类次劣蛋移到输送带上送到出口处，出可磅员分别过秤。另一种是联合照蛋机，集照蛋、装箱等一体化，其工艺流程大体是：

上蛋→槽带输送→吸风除草→输送→人工照蛋→输送→下蛋斗→装箱→过秤

该方法是半机械化操作，即由人将鲜蛋搬到上蛋部位，机械手便夹住蛋箱（篓），把蛋倒入槽带，输送到风筒下面，风机将草从风筒中抽出，然后再输送到灯光照验部位，由人工剔出次劣蛋，剩下的好蛋被送入到蛋斗中，下蛋斗翻转后，将蛋装入木箱。

（3）电子自动照蛋。电子自动照蛋是利用光学原理，采用光电元件组装装置代替人的肉眼照蛋。以机械手代替人工手操作，以机器输送代替人力搬运，实现自动鉴别的科学方法。自动鉴别有两种方法：一种是应用光谱变化的原理来进行照验，鲜蛋腐败时，氨气的增加会引起光谱的变化，在荧光灯照射下，鲜蛋发出深红、红或淡红的光线，而变质蛋发出紫青或淡紫的光线，由此判断蛋的好坏。另一种方法是根据鲜蛋的透光度来进行照验，鲜蛋变质后，其蛋黄位置、体积和形态以及色泽都将发生变化。光照时，它的透光度也有差异。因此，它是根据不同的通光量来分辨蛋的质量优劣。

3. 蛋的测定

（1）蛋重的测定。在进行系统测定之前，先将鸡蛋样本编号，按编号次序逐一称重，做各项测定。使用电子台秤测定蛋重，以 g 为单位，灵敏度至小数点后一位。

（2）蛋容积的测定。鲜蛋的容积可以根据其排水量测得，或者按式 16-1 计算：

$$V = 0.913m \qquad\qquad (16\text{-}1)$$

式中：V——蛋的容积，cm^3；

m——蛋重，g；

0.913——常数。

（3）蛋形指数的测定。采用蛋形指数计测定或用游标卡尺测量蛋的纵径与最大横径，以mm为单位，精确度为0.5mm，然后按式16-2或式16-3进行计算：

$$蛋形指数＝纵径（mm）/横径（mm）\qquad(16-2)$$
$$蛋形指数（\%）＝[横径（mm）/纵径（mm）]×100\%\qquad(16-3)$$

（4）蛋密度的测定。测定蛋密度的方法有多种，现介绍常用的两种。

①普通方法一般用9种不同密度的盐溶液，盐液密度从1.060g/mL到1.100g/mL，每种相差0.005g/mL。每3L水中加盐量与盐液密度的关系见表16-8。将待测鲜蛋依次放入密度由低到高的盐溶液内，蛋在哪一密度的盐液中飘浮，此密度即为该蛋的密度。密度越大，蛋越新鲜，优质鲜蛋的密度为1.080g/mL以上。蛋密度与蛋壳破损率成负相关，与蛋壳百分率成正相关，即蛋密度越大，破损率越低，蛋壳百分率越高。

表16-8　加盐量与盐液密度的关系

盐液密度/（g/mL）	加盐量/g	盐液密度/（g/mL）	加盐量/g
1.060	276	1.085	390
1.065	298	1.090	414
1.070	320	1.095	438
1.075	343	1.100	462
1.080	365		

②商业方法配制三种不同密度的盐水溶液（用密度计标定），分别是a.11%盐水溶液，密度为1.081g/mL；b.10%盐水溶液，密度为1.073g/mL；c.8%盐水溶液，密度为1.059g/mL。

测定时，将鲜蛋依次放入密度从大到小的盐水溶液中，在密度1.081g/mL盐水溶液中的下沉蛋为最新鲜蛋，在密度1.073g/mL盐水溶液中的下沉蛋为一般新鲜蛋，在密度1.059g/mL盐水溶液中的下沉蛋是介于鲜蛋与陈蛋之间的次鲜蛋，悬浮蛋是陈蛋，漂浮蛋是臭蛋或坏蛋。

4. 蛋变形度的测定　采用变形仪测定蛋的变形程度。其基本工作原理：用一根顶针，经粗细旋钮调节刚好顶着鸡蛋，顶针的上部有一顶杆，顶杆的上部可以加一定重量的负载，顶杆与顶针是同心，加在顶杆上的负载经微米表与顶针将轴压力加在蛋上，蛋因受压而变形，变形的程度由微米表上的指针指示。变形度以微米计，一般着力点在蛋的横径处负载为1kg时，变形度在$65\mu m$左右。

测定蛋壳品质时放上同等重量的负载，观其不同的变形度，蛋变形的程度越大，偏离量越多，强度越差，破损率也就越高。变形度与蛋壳厚度等有关，蛋壳越厚，变形度越低，其相关系数如下：

变形度：蛋壳百分率－0.768

变形度：蛋壳厚度－0.743

因此，变形度与蛋壳百分率和蛋壳厚度均有高度负相关。因而，测定蛋的变形度也是鉴定蛋壳品质的一种可靠方法。

5. 气室高度的测定　采用气室规尺测定禽蛋的气室高度。测定时，将蛋的大头放在照蛋器上照视，用铅笔在气室的左右两边画一记号，然后再放到用透明角质板或塑料板制成的气室高度测定规尺半圆形切口内，读出两边刻度线上的刻度数（单位：mm），按式 16-4 计算：

$$气室高度（mm）=（气室左边高度＋气室右边高度）/2 \qquad (16-4)$$

6. 蛋壳的测定　测定项目包括蛋壳颜色与强度，以后者为主。

（1）蛋壳颜色的测定。采用蛋壳颜色反射计，测定时将其头端的小孔压于蛋壳表面，该仪器与微处理器相接，输出读数并作记录。由于反射计装有蓝色滤片的表头，可以提供更为灵敏的读数。

（2）壳厚的测定。蛋壳厚度可用蛋壳厚度测定仪、游标卡尺、安装在固定台架上的测微仪等进行测定。先将蛋打开，除去内容物，再用清水冲洗壳的内面，然后用滤纸吸干，剔除（或不剔除）蛋壳膜，取蛋壳钝端、中部、锐端各一小块（或者将蛋的短径三等分后取三点），再测量其厚度，求其平均厚度，以 mm 为单位，精确到 0.01mm。

（3）蛋壳百分率的测定。先称蛋重，然后打开蛋壳，将内容物倒入玻璃器皿中，用吸管吸去蛋壳上的蛋白（或者在室温下将蛋风干 1～2d），称量壳重，然后计算壳重占蛋重的百分率：

$$蛋壳百分率（\%）=壳重（g）/蛋重（g）\times100\% \qquad (16-5)$$

（4）蛋壳强度的测定。采用蛋壳强度测定仪进行测定，单位为 Pa。或者采用 TSSQS-SPA 蛋壳分析仪，用电子器件给蛋施压测定蛋的变形度和（或）压强。此仪器可高速进行测定，并可联机输出数据。

（5）蛋壳密度的测定。将风干的蛋壳（包括壳膜在内）称重，并按式 16-6 计算蛋壳表面积。

$$S=3.279\left[（L+r）/2\right] \qquad (16-6)$$

式中：S——蛋壳表面积，cm^2；

r——蛋的短径，cm；

L——蛋的长径，cm。

再根据式 13-7 计算蛋壳密度：

$$蛋壳密度（mg/cm^2）=蛋壳重（mg）/蛋壳表面积（cm^2） \qquad (16-7)$$

由于蛋壳密度与厚度有关，Tyler 及 Geake（1953）制定了式 16-8：

$$T=3.98（SW/SA）+16.8 \qquad (16-8)$$

式中：T——蛋壳表观厚度，μm；

SW/SA——蛋壳密度。

因此，只要测得蛋壳表观厚度，就可以计算出蛋壳密度。

7. 蛋白的测定　将蛋打开后，采用过滤的方法，将浓厚蛋白与稀薄蛋白分开，称重后，按式 16-9 计算。

$$蛋白指数=浓厚蛋白质量（g）/稀薄蛋白质量（g） \qquad (16-9)$$

实际工作中，可以根据实测的蛋重与浓厚蛋白高度从哈夫单位速查表（表 16-9）中直接查出哈夫单位。

目前，国外生产出了鸡蛋多参数测试仪，可以自动计算哈夫单位数值，并给予分类。还可以采用电子测量蛋重、蛋高以及蛋黄颜色，显示并打印全部测量结果及计算数据，测量时间很短（每次约 25s），并提供恒定的高精度。

表 16-9　哈夫单位速查表

蛋白高度/mm	蛋重/g																				
	50	51	52	53	54	55	56	57	58	59	60	61	62	63	64	65	66	67	68	69	70
3.0	52	51	51	50	49	48	48	47	46	45	44										
3.1	53	53	52	51	50	50	49	48	48	47	46										
3.2	54	54	53	52	52	51	50	50	49	48	48										
3.3	56	55	54	54	53	52	52	51	50	50	49										
3.4	57	56	56	55	54	54	53	52	52	52	51										
3.5	58	58	57	56	56	55	54	54	53	53	52										
3.6	59	59	58	58	57	56	56	55	54	54	53										
3.7	60	60	59	59	58	58	57	56	56	55	54										
3.8	62	61	60	60	59	59	58	57	57	56	56										
3.9	63	62	61	61	60	60	59	59	58	57	57										
4.0	64	63	63	62	61	61	60	60	59	59	58										
4.1	65	64	64	63	62	62	61	61	60	60	59										
4.2	67	65	65	64	64	63	62	62	61	61	60										
4.3	67	66	66	65	65	64	64	63	63	62	60										
4.4	68	67	67	66	66	65	65	64	64	63	63										
4.5	69	68	68	67	67	66	66	65	65	64	64										
4.6	69	69	68	68	68	67	67	66	66	65	65										
4.7	70	70	69	69	68	68	68	67	67	66	66										
4.8	71	71	70	70	69	69	69	68	68	67	67										
4.9	72	72	71	71	70	70	70	69	69	68	68										
5.0	73	72	72	72	71	71	70	70	69	69	69	68	68	67	67	67	66	66	65	65	64
5.1	74	73	73	72	72	71	71	71	70	70	69	69	69	68	68	67	67	67	66	66	65
5.2	74	74	74	73	73	72	72	71	71	71	70	70	70	69	69	68	68	68	67	67	66
5.3	75	75	74	74	73	73	73	72	72	71	71	71	70	70	70	69	69	68	68	68	67
5.4	76	76	75	75	74	74	73	73	73	72	72	71	71	71	70	70	70	69	69	69	68
5.5	77	76	76	76	75	75	74	74	74	73	73	72	72	72	71	71	71	70	70	69	69
5.6	77	77	77	76	76	75	75	75	74	74	74	73	73	72	72	72	71	71	71	70	70
5.7	78	78	77	77	76	76	76	75	75	75	74	74	74	73	73	73	72	72	71	71	71
5.8	78	78	78	78	77	77	77	76	76	75	75	75	74	74	74	73	73	73	72	72	72

蛋白高度/mm	蛋重/g																				
	50	51	52	53	54	55	56	57	58	59	60	61	62	63	64	65	66	67	68	69	70
5.9	79	79	79	78	78	78	77	77	77	76	76	75	75	75	75	74	74	73	73	73	72
6.0	80	80	80	79	79	78	78	78	77	77	77	76	76	76	75	75	75	74	74	74	73
6.1	81	81	80	80	79	79	79	79	78	78	77	77	77	76	76	76	75	75	75	74	74
6.2	82	81	81	80	80	80	79	79	78	78	78	78	77	77	77	76	76	76	75	75	75
6.3	83	82	81	81	81	80	80	80	79	79	79	78	78	78	77	77	77	76	76	76	76
6.4	83	83	82	82	81	81	81	80	80	80	79	79	79	78	78	78	78	77	77	76	76
6.5	83	83	82	82	82	82	81	81	81	80	80	80	80	79	79	79	78	78	78	77	77
6.6	84	84	83	83	83	82	82	82	81	81	81	81	80	80	80	79	79	79	78	78	78
6.7	85	84	84	84	83	83	83	82	82	82	81	81	81	80	80	80	80	79	79	79	78
6.8	85	85	85	84	84	84	83	83	83	82	82	82	82	81	81	81	80	80	80	79	79
6.9	86	86	85	85	85	84	84	84	84	83	83	82	82	82	82	81	81	81	80	80	80
7.0	86	86	86	86	85	85	85	84	84	84	83	83	83	83	82	82	82	81	81	81	80
7.1	87	86	86	86	86	86	85	85	85	84	84	84	84	83	83	83	82	82	82	81	81
7.2	88	87	87	87	86	86	86	86	85	85	85	84	84	84	84	83	83	83	82	82	82
7.3	88	88	88	87	87	87	86	86	86	86	85	85	85	84	84	84	84	83	83	83	83
7.4	89	89	88	88	88	87	87	87	86	86	86	86	85	85	85	85	84	84	84	83	83
7.5	89	89	89	89	88	88	88	87	87	87	87	86	86	86	85	85	85	85	84	84	84
7.6	90	90	89	89	89	89	88	88	88	87	87	87	87	86	86	86	86	85	85	85	84
7.7	91	90	90	90	89	89	89	89	88	88	88	88	87	87	87	86	86	86	86	85	85
7.8	91	91	91	90	90	90	90	89	89	89	88	88	88	88	87	87	87	86	86	86	86
7.9	92	91	91	91	90	90	90	89	89	89	89	89	88	88	88	88	87	87	87	87	86
8.0	92	92	92	91	91	91	90	90	90	90	89	89	89	89	88	88	88	88	87	87	87
8.1	93	92	92	91	91	91	90	90	90	90	89	89	89	89	88	88	88	88	87	87	87
8.2	93	93	93	92	92	92	92	91	91	91	91	90	90	90	89	89	89	89	88	88	88
8.3	94	93	93	93	93	92	92	92	92	91	91	91	91	90	90	90	90	89	89	89	89
8.4	94	94	94	93	93	93	93	92	92	92	92	91	91	91	91	90	90	90	90	89	89
8.5	95	95	94	94	94	94	93	93	93	92	92	92	92	91	91	91	91	90	90	90	90
8.6	96	96	95	95	94	94	94	93	93	93	93	93	92	92	92	92	91	91	91	91	90
8.7	96	96	95	95	95	94	94	94	94	93	93	93	93	93	92	92	92	92	92	91	91
8.8	96	96	96	95	95	95	95	94	94	94	94	93	93	93	93	93	92	92	92	92	91
8.9	97	96	96	96	96	95	95	95	95	94	94	94	94	94	93	93	93	93	92	92	92
9.0	97	97	97	96	96	96	96	95	95	95	95	94	94	94	94	93	93	93	93	92	92

8. 蛋黄的测定

（1）蛋黄指数的测定。将蛋打开放在蛋质检查台上，使用高度测微仪和精密游标卡尺，分别测定蛋黄高度和蛋黄直径，按式 16-10 或式 16-11 计算。

$$蛋黄指数＝蛋黄高度（mm）/蛋黄直径（mm） \qquad (16-10)$$

$$蛋黄指数(\%)＝[蛋黄高度(mm)/蛋黄直径(mm)]×100\% \qquad (16-11)$$

（2）蛋黄百分率的测定。将蛋称重后，打蛋分开蛋白与蛋黄，将蛋黄单独称重，按式 16-12 计算。

$$蛋黄百分率（\%）＝蛋黄重（g）/蛋重（g）×100\% \qquad (16-12)$$

（3）蛋黄色度的测定。国际上通用罗谢色扇（Roche color fan）人工比色法。罗谢色扇有 15 种扇片或制成塑料标签，颜色由浅至深，从浅黄到深橘红色。颜色越深，色度级别越高。评定时用蛋黄与 1～15 级的色度对比，与哪一等级扇片颜色近似即取为读数。目前，也可以采用 TSSQCC 蛋黄色度计测定蛋黄色度。当打破的蛋在平板玻璃上测定蛋的高度后，将其倾于该仪器的蛋黄杯中，蛋黄即自动分离于杯中，比色计立即自动比定色度，并输出数据于微机中，存贮或打出测定数字。

（4）血斑率的测定。采用强光透视或破壳检验可以发现蛋黄中存在的血斑，通过计数，按式 16-13 计算。

$$血斑率（\%）＝（血斑蛋总数/总蛋数）×100\% \qquad (16-13)$$

四、注意事项

（1）在进行蛋的测定之前，先将鸡蛋样本编号，以防发生错误。

（2）在进行密度的测定时，一定注意温度对密度的影响。

（3）蛋壳厚度测定时要用清水冲洗壳的内面，剔除（或不剔除）蛋壳膜，测量钝端、中部、锐端各一小块，求其平均值。

（4）哈夫单位是由蛋白高度和蛋重来决定的，可以表示蛋的新鲜度，除了可以直接计算外，还可以查哈夫单位速查表得之。

五、思考与应用

1. 蛋的感官鉴别包括哪些内容？

2. 蛋的光照鉴别包括哪些内容？

3. 如何进行蛋的密度测定？

4. 怎么用哈夫单位来表明蛋的新鲜度？

5. 蛋黄色泽怎么测定？

「任务 2　鲜蛋的冷藏保鲜」

一、冷藏蛋的特点

禽蛋冷藏是利用冷藏库中的低温抑制微生物的生长繁殖及其对蛋内容物的分解作用，并抑制蛋内酶的活性，使鲜蛋在较长时间内能较好地保持原有的品质。冷藏法操作简单，管理方便，贮藏效果较好，一般贮藏半年以上，仍能保持新鲜蛋的品质，适宜于大批量贮藏，是我国大中城市的鲜蛋经营部门广泛采用的一种方法。但冷藏法需一定的设备，成本较高。

二、鲜蛋冷藏保鲜的设备

冷却间、冷藏库、照蛋器、塑料包装膜、包装机、电子秤、蛋托、蛋盒、纸箱、塑料周转箱。

三、鲜蛋冷藏保鲜的工艺流程

冷库消毒→选蛋→包装→预冷→入库码垛→恒定温度和湿度→定期检查→出库升温→市场销售

四、鲜蛋冷藏保鲜的操作要点

1. 冷库消毒 鲜蛋入库前，冷藏库应预先打扫干净、消毒和通风换气，以杀灭库内残存的微生物和害虫。消毒的方法，可采用石灰水或漂白粉溶液喷雾消毒法或乳酸熏蒸消毒法。

2. 严格选蛋 鲜蛋冷藏的好坏，同蛋源有密切的关系。鲜蛋入库前要经过严格的感官检验和灯光透视，剔除破碎、裂纹、雨淋、孵化、异形等次劣蛋和破损蛋，并把新鲜蛋、陈蛋按程度分类。

3. 合理包装 入库鲜蛋的包装要清洁、干燥、完整、结实，没有异味，以防止鲜蛋受污染发霉，要轻装轻卸。

4. 鲜蛋预冷 选好的鲜蛋入库前要经过预冷。若把温度较高的鲜蛋直接送入冷库，会使库温上升，导致水蒸气在蛋壳上凝成水珠，给霉菌生长创造了条件；另一方面，蛋的内容物是半流动的液体，若遇骤冷，内容物很快收缩，外界微生物易随空气一同进入蛋内。预冷的方法有两种：一种是在冷库的穿堂、过道进行预冷，每隔 $1\sim2h$ 降温 $1℃$，待蛋温降到 $1\sim2℃$ 时入冷库；另一种是在冷库附近设预冷间，预冷间温度为 $0\sim2℃$，相对湿度为 $75\%\sim85\%$，预冷 $20\sim40h$，蛋温降至 $2\sim3℃$ 时转入冷藏库。

5. 入库合理码垛 为了改善库内通风，均匀冷却库内温度，便于检查贮藏效果，码垛应间隔适宜，垛与垛、垛与墙、垛与风道之间应留有一定的间隔。准备保存较长时间的蛋品放在里面，短期保存的放在外面，以便出库。每批蛋进库后应挂上货牌、入库日期、数量、类别、产地和温湿度变化情况。

6. 恒定温度和湿度 控制冷库内温度和湿度是保证取得良好冷藏效果的关键。鲜蛋冷藏最适宜温度为 $-2\sim-1℃$，相对湿度为 $85\%\sim90\%$，一般可冷藏 $6\sim8$ 个月。在鲜蛋冷藏期内，库温应保持稳定均匀，不能有忽高忽低现象，昼夜内温差不超过 $\pm0.5℃$，否则易影响蛋品质量。温度过低，蛋内水分冻结，蛋壳冻裂；湿度过高为霉菌提供生长条件，湿度过低则蛋失水失重。因此，要定期检查库内温湿度。为防止库内污浊气体影响蛋的品质，应按时换入新鲜的空气，换气量一般是每昼夜 $2\sim4$ 个库室的容积。

7. 定期检查鲜蛋质量 定期翻箱和检查鲜蛋质量。检查鲜蛋质量要求在 $0\sim1.5℃$ 下，每月翻箱 1 次；在 $-2.5\sim-2.0℃$ 下，每隔 $2\sim3$ 个月翻箱 1 次，翻箱是为了防止蛋黄贴壳散黄。冷藏期间每隔 $20d$ 用照蛋器抽检一定数量的鲜蛋，以鉴定其质量，确定以后贮存的时间，如发现质量问题可增加抽查数量，蛋出库前也要抽查 1 次。

8. 出库升温　经过冷藏的鲜蛋出库前，需逐步升温，否则蛋品若突然遇热，蛋壳表面会凝结一层水珠（俗称"出汗"），使蛋壳外膜遭破坏，易感染微生物，从而加速蛋品库外变质。冷藏蛋的升温可在专设的升温间进行，也可在冷库的穿堂、过道进行，每隔 $2\sim3h$ 室温升高 $1℃$，当蛋温比外界温度低 $3\sim5℃$ 时，升温工作即可结束。

五、注意事项

（1）蛋类进库要合理堆垛，否则就会缩短贮存时间、降低蛋的品质。蛋箱、蛋篓之间要保持空隙，码垛不宜过大、过高，蛋重量一般不超过 $2\sim3kg$，高度要低于风道口 $0.3m$，要留缝通风，离墙 $0.3m$，垛距 $0.2m$，保持空气流通。

（2）鲜蛋不能同水分高、湿度大、有异味的商品（如蔬菜、水果、水产品等）放在同一冷库堆放。

（3）每个堆垛要挂货卡，严格控制温湿度是鲜蛋储存中质量好坏的关键，最佳冷库温度为 $-2\sim-1℃$，$\pm0.5℃$。相对湿度 $85\%\sim90\%$ 为宜，$\pm2\%$。冷库温度过高，会缩短鲜蛋储存期和降低鲜蛋的品质；温度过低，会使鲜蛋冻裂。相对湿度过高会导致鲜蛋霉变；过低会增加干耗。为有效控制温湿度，必须做到：每次进冷库的鲜蛋数量不宜过大，一般不超过冷库容量的 5%；冷库昼夜内温差不得超 $\pm0.5℃$；冷风机冲霜每周 2 次，时间不宜过长；应定时换入新鲜空气，换入每昼夜相当于 $2\sim4$ 个库室的容积；定期抽查和翻箱，一般每 $10d$ 抽查 2% 至 3%；压缩机房应每隔 $2h$ 对库间温度检查一次。

六、思考与应用

1. 禽蛋冷藏的步骤有哪些？
2. 禽蛋冷藏过程中重要的工艺参数有哪些？
3. 禽蛋冷藏入库前的预冷和出库销售前的升温各有何作用？
4. 简述禽蛋冷藏工艺流程。
5. 结合实训体会，谈谈禽蛋冷藏中应注意哪些问题？

「任务3　蛋的涂膜保鲜」

一、涂膜蛋的特点

禽蛋使用常温涂膜保鲜，保鲜效果好，不需要大型设备，投资小，适应性广，见效快，及时保持了禽蛋的新鲜度，干耗率低，同时由于涂膜后增加了蛋壳的坚实度，可以降低运输中的破损率，具有较高的实用价值和经济效益。

涂膜保鲜法就是利用无毒害作用的物质涂布于鲜蛋表面，以堵塞蛋壳上的气孔，阻止微生物的侵入，减少蛋内水分和 CO_2 的挥发，延缓鲜蛋内的生化反应速度，达到较长时间保持鲜蛋品质和营养价值的方法。一般鲜蛋涂膜剂有水溶性涂料、乳化剂涂料和油质性涂料等几种。一般多采用油质性涂膜剂，如液体石蜡、植物油、矿物油、凡士林等，此外还有聚乙烯醇、聚苯乙烯、聚乙酰甘油一酯、白油、虫胶、聚乙烯等涂膜剂。鲜蛋涂膜的方法有浸渍法、喷雾法和涂刷法三种。生产中以液体石蜡涂膜法较常见，现将工艺介绍如下。

二、鲜蛋涂膜保鲜的设备

照蛋器、专用蛋箱、蛋篓、专用塑料周转箱、塑料薄膜、涂膜机、喷码机等。

三、鲜蛋涂膜保鲜的工艺流程

选蛋→（清洗）→涂膜→晾干→装盘→贮藏

四、鲜蛋涂膜保鲜的操作要点

1. 选蛋 采用涂膜法保鲜的鸡蛋必须选用品质新鲜，蛋壳完整的的蛋，并经光照检验，剔去次劣蛋、破损蛋。夏季要求最好是产后 1 周以内的蛋，春秋季最好是产后 10d 以内的蛋。

2. 清洗消毒 蛋涂膜前要清洗消毒，尤其污壳蛋必须清洗，清洗是为了清除蛋壳上的粪便、血渍和细菌，最好经过高锰酸钾溶液消毒，清洗并晾干，然后涂膜。

3. 涂膜 涂膜的方法可分为手工涂膜和浸泡涂膜。目前采用涂膜机比较少。

（1）手工涂膜。手工涂膜适用于小规模生产。用手操作直接涂膜时，先将少许液蜡放入碗或盆中，右手蘸取蜡油少许于左手心中，双手相搓，然后把蛋在手心中快速旋转，使液蜡均匀而微量涂满蛋壳，不必涂得太多。

（2）浸泡涂膜。将液体石蜡油倾倒入缸内，把经过挑选照检合格、洗净而晾干的鲜蛋放入有孔的容器内，入缸浸没数秒，取出沥干。

4. 晾干 将涂膜后的蛋晾干，喷码装盘，移入塑料箱中入库保存。

5. 入库贮藏 将涂膜后的蛋放入蛋箱或蛋篓内贮存。放蛋装箱时，要放平放稳，以防贮存时移位破损。入库后，库内应通风良好，温度控制在 25℃以下，相对湿度在 70％～80％。如遇阴雨潮湿天气，可用塑料薄膜制成帐子覆盖。帐中的涂膜蛋箱可叠几层，但层间要有间隔，最下层要离地 6cm 左右，以利下层蛋的湿气顺利上升。蛋箱堆叠排列要整齐，并留人行通道。最上层蛋箱上面要铺一层纸，纸上放吸潮剂。入库管理时要注意温湿度，定期观察，不要轻易翻动蛋箱，一般 20d 左右检查 1 次。

五、注意事项

（1）蛋库内吸潮剂如发现有结块、潮湿现象，应搅拌碾碎后，烘干再用，或者更换吸潮剂。

（2）保鲜温度掌握在 25℃以下，炎热的夏季气温在 32℃以上时，要密切注意蛋的变化，防止变质。

（3）鲜蛋涂膜前要进行杀菌消毒。

（4）注意及时出库，保证涂膜的效果。

六、思考与应用

1. 简述蛋涂膜保鲜的工艺流程。

2. 蛋的涂膜保鲜有何特点？

3. 蛋涂膜前为什么要清洗消毒？

4. 结合实训体会，谈谈禽蛋涂膜保鲜中应注意哪些问题？

项目十七　再制蛋的加工

【能力目标】

1. 能独立进行皮蛋、咸蛋及糟蛋的生产加工；
2. 掌握皮蛋、咸蛋及糟蛋的生产配方设计及质量控制。

【知识目标】

1. 了解皮蛋、咸蛋及糟蛋的概念及分类；
2. 掌握皮蛋、咸蛋及糟蛋的加工工艺流程及操作要点；
3. 知道皮蛋、咸蛋及糟蛋营养；
4. 掌握影响皮蛋、咸蛋及糟蛋质量的因素。

【相关知识】

再制蛋也叫腌制蛋，它是在保持蛋原形的情况下，经过食盐、碱、酒糟等加工处理制成的蛋制品。主要产品有皮蛋、咸蛋和糟蛋。

一、皮蛋

皮蛋（又称松花蛋、彩蛋、变蛋）指以鲜蛋为原料，经用生石灰、碱、盐等配制的料液（泥）或氢氧化钠等配制的料液加工而成的蛋制品，是我国著名蛋制品。皮蛋种类很多，按蛋黄是否凝固分溏心皮蛋和硬心皮蛋；按辅料不同分为无铅皮蛋、五香皮蛋等。

1. 皮蛋的加工原理

（1）蛋白与蛋黄的凝固。

①凝固原理。纯碱与熟石灰化合生成的 NaOH 或直接加入的 NaOH，由蛋壳渗入蛋内，而逐步向蛋黄渗入，使蛋白中变性蛋白分子继续凝聚成凝胶状，并有弹性。同时，溶液中的氧化铅、食盐中的钠离子、石灰中的钙离子、植物灰中的钾离子、茶叶中的单宁物质等，都会促使蛋内的蛋白质凝固和沉淀，使蛋黄凝固和收缩。

蛋白和蛋黄的凝固速度和时间与温度的高低有关。温度高，碱性物质作用快；反之，则慢。所以，加工皮蛋需要一定的温度和时间。但适宜的碱量则是关键，如果碱量过多、时间过长，会使已凝固的蛋白变为液体，称为"碱伤"。因此，在皮蛋加工过程中，要严格掌握碱的使用量，并根据温度掌握好时间。

②凝固过程。凝固过程分为以下几个阶段。

a. 化清阶段。这是鲜蛋泡入料液后发生明显变化的第一阶段。蛋白从黏稠变成稀的透明水样溶液，蛋黄有轻度凝固。其中含碱量为 $44 \sim 57 \mathrm{mg/g}$（以 NaOH 计），蛋白质的变性达到完全，蛋白质分子变为分子团胶束状态，卵蛋白在碱性条件及水的参与下发生了强碱变性作用。坚实的刚性蛋白质分子变为结构松散的柔性分子，从卷曲状态变为伸直状态，束缚水变成了自由水。但这时蛋白质分子的一、二级结构尚未受到破坏，化清的蛋白还没有失去热凝固性。

b. 凝固阶段。卵蛋白从稀的透明水样溶液凝固成具有弹性的透明胶体，蛋白胶体呈现出无色或微黄色，蛋黄凝固厚度为 $1\sim3mm$，含碱量为 $61\sim68mg/g$，是凝固过程中含碱量最高的阶段。在 NaOH 的继续作用下，完全变性的蛋白质分子二级结构开始受到破坏，氢键断开，亲水基团增加，使蛋白质分子的亲水能力增强，相互之间作用形成新的弹性极强的胶体。

c. 转色阶段。此阶段的蛋白呈深黄色透明胶体状，蛋黄凝固 $5\sim10mm$，转色层分别为 $0.5\sim2.0mm$。蛋白含碱度降低到 $30\sim53mg/g$。这时蛋白质分子在 NaOH 和 H_2O 的作用下发生降解，一级结构受到破坏，使单个分子的相对分子质量下降，放出非蛋白质性物质，同时发生了美拉德反应。这些反应的结果使蛋白、蛋黄均开始产生颜色，蛋白胶体的弹性开始下降。

d. 成熟阶段。这个阶段蛋白全部转变为褐色的半透明凝胶体，仍具有一定的弹性，并出现大量排列成松枝状（由纤维状氢氧化镁水合晶体形成）的晶体簇；蛋黄凝固层变为蛋白质分子同 S^{2-} 反应的墨绿色或多种色层，中心呈溏心状。全蛋已具备了皮蛋的特殊风味，可以作为产品出售。此时蛋内含碱量为 $35mg/g$。

e. 贮存阶段。这个阶段发生在产品的货架期。此时蛋的化学反应仍在不断地进行，其含碱量不断下降，游离脂肪酸和氨基酸含量不断增加。为了保持产品不变质或变化较小，应将成品在相对低温条件下贮存，还要防止环境中菌类的侵入。

（2）皮蛋的呈色。

①蛋白呈褐色或茶色。浸泡前侵入蛋内的少量微生物和蛋内多种酶等发生作用，使蛋白质发生一系列变化；蛋白中的糖类发生变化，一部分与蛋白质结合，另一部分处于游离的状态，如葡萄糖、甘露糖和半乳糖，它们的羰基和氨基酸的氨基会发生化学反应，生成褐色或茶色物质。

②蛋黄呈草绿或墨绿色。蛋黄中含硫较高的卵黄磷蛋白和卵黄球蛋白，在强碱的作用下，分解产生活性的硫氢基（—SH）和二硫基（—S—S—），与蛋黄中的色素和蛋内所含的金属离子铅、铁相结合，使蛋黄变成草绿色、墨绿色或黑褐色；蛋黄中含有的色素物质在碱性情况下受硫化氢的作用，会变成绿色，此外，红茶末中的色素也有着色作用，因此，常见的皮蛋蛋黄色泽有墨绿、草绿、茶色、暗绿、橙红等，再加上外层蛋白的红褐色或黑褐色，便形成五彩缤纷的彩蛋。

③松枝花纹的形成。经过一段时间成熟的皮蛋，剥开壳，在蛋白和蛋黄的表层有朵朵松枝针状的结晶花纹和彩环，称为"松花"。李树青等（1988）分析表明是纤维状氢氧化镁水合结晶。当蛋内 Mg^{2+} 浓度达到足以同 OH^- 化合形成大量 $Mg(OH)_2$ 时，在蛋白质凝胶体中形成水合晶体，即松花晶体。

（3）皮蛋的风味。蛋白质在混合料液成分及蛋白分解酶的作用下，分解产生氨基酸，再经氧化产生酮酸，酮酸具有辛辣味。产生的氨基酸中有较多的谷氨酸，同食盐生成谷氨酸钠，是味精的主要成分，具有鲜味；蛋黄中的蛋白质分解产生少量的氨和硫化氢，有一种淡淡的臭味；添加的食盐渗入蛋内产生咸味；茶叶成分使皮蛋具有香味；因此各种气味滋味的综合，使皮蛋具有一种鲜香、咸辣、清凉爽口的独特风味。

2. 皮蛋的营养价值　皮蛋的营养价值大致与原料蛋相近，但因强碱的作用，维生素大部分被破坏，蛋白质和脂肪发生了显著的分解，由于部分蛋白质分解成为简单的蛋白质和氨基酸，易于消化，提高了消化吸收率。在蛋白质分解过程中形成的硫化氢和氨成为皮蛋特有的风味，能刺激消化器官，增进食欲。由于皮蛋呈碱性，故有中和胃酸的作用。

皮蛋营养丰富、味美可口、风味独特、食用方便、易于贮存，是一种理想的食品，皮蛋具有清凉作用，中国一般家庭可将皮蛋做凉菜、拼盘及做成皮蛋粥。

3. 皮蛋的质量要求和检验方法

（1）感官指标与检验方法，见表 17-1。

表 17-1　感官指标

项　目		指　标	检验方法
外　观		包泥蛋的泥层和稻壳应薄厚均匀，微湿润，允许有少数露壳或干枯现象，涂料蛋及光身蛋都不应有霉变，蛋壳要清洁完整，敲摇时无水响声。包膜蛋和真空包装蛋的包膜应完好，无破损，无泄漏现象	1. 外观检验。将按抽样方法抽取的样品蛋依次摆开，观察并记录包泥或涂料的均匀性，有无霉变现象。然后洗净壳外泥、涂料或去除塑料包装膜、袋，擦干，观察记录蛋壳的清洁程度及破损情况 2. 剖检。将经上述检验的蛋去壳后，放在干净的盘中，先观察整体蛋的整体形态和光泽，然后用刀或线将蛋剖开，进行形态、颜色、气味和滋味等项目的检验，记录检验结果
蛋内品质	形态	蛋体完整，有光泽，有弹性，不黏壳或允许部分蛋体不够完整、黏壳，一般有松花或花纹、呈溏心，可有大溏心、小溏心、硬心	
	颜色	蛋白呈半透明的青褐色、棕色或不透明的深褐色，透明的黄色蛋黄呈墨绿色或绿色	
	气味和滋味	具有皮蛋应有的气味和滋味，无异味，可略带辛辣味	
破次率/%		≤7	
劣皮蛋率/%		≤1	

（2）理化指标与检验方法，见表 17-2。

表 17-2　理化指标

项　目	要　求	检验方法
砷（以 As 计）/（g/kg）	≤0.5	GB/T 5009.11
铅（以 Pb 计）/（g/kg）	≤2.0（传统工艺生产）≤0.5（其他工艺生产）	GB/T 5009.12
铜（以 Cu 计）/（g/kg）	<10	GB/T 5009.13
锌（以 Zn 计）/（g/kg）	≤30	GB/T 5009.14
镉（以 Cd 计）/（g/kg）	<0.05	GB/T 5009.15
汞（以 Hg 计）/（g/kg）	<0.03	GB/T 5009.17
铬（以 Cr 计）/（g/kg）	≤1.0	GB/T 14964
六六六（HCH）/（g/kg）	≤0.2	GB/T 5009.19
滴滴涕（DDT）/（g/kg）	≤0.1	GB/T 5009.19
土霉素/（g/kg）	≤0.2	GB/T 14931.4
金霉素/（mg/kg）	不得检出	GB/T 14931.4

（3）微生物指标与检验方法，参见表 17-3。

表 17-3　微生物指标

项　目	要　求	检验方法
菌落总数/（CFU/g）	≤500	GB 4789.2
大肠菌数/（MPN/100g）	≤30	GB 4789.3
致病菌（沙门氏菌）	不得检出	GB 4789.4

二、咸蛋的加工

咸蛋以鲜蛋为原料，经用盐水或含盐的纯净黄泥、红泥、草木灰等腌制而成的蛋制品。咸蛋制作方法简单，食用方便，是我国著名的传统食品。

1. 咸蛋的加工原理　咸蛋的腌制过程，就是食盐通过蛋壳及蛋壳膜向蛋内进行渗透和扩散，并最终使蛋液中的食盐浓度与泥料或食盐水溶液中的食盐浓度基本相近的过程。溶液的浓度越高，渗透压就越大，就温度来说，每增加 1℃渗透压就会增加 0.30％～0.35％，因而腌制速度也越快。

腌制时，首先是含有食盐的泥料或食盐水溶液包围在鲜蛋的外面，这时蛋内和蛋外含有两种不同程度的食盐浓度而产生渗透压，蛋外的食盐溶液的浓度高于蛋内的食盐浓度，蛋外食盐溶液的渗透压也大于蛋的内部，从而泥料里的食盐成分或食盐水溶液里的食盐成分通过蛋壳、蛋壳膜和蛋黄膜渗入蛋内，而蛋中的水分通过渗透，也不断地被脱出而向外渗出，而移入泥料或食盐水溶液中。

蛋腌制成熟时，蛋液里所含的食盐浓度，与泥料或含盐水溶液中的食盐浓度基本相近时，渗透和扩散作用也将停止。

2. 咸蛋的营养价值　由于食盐的渗透作用，咸蛋的含水量降低；糖类、矿物质和微量元素有所增加，能量也有所上升；维生素 E 含量有所提高，其余维生素略有损失；蛋白质和脂肪没有多大变化。

咸蛋与新鲜鸭蛋相比，其营养价值极为接近。咸蛋具有特殊的风味，受人们喜爱，常用于拼盘作凉菜食用，也可供小吃用。

3. 咸蛋的质量要求　咸蛋的质量要求包括：蛋壳状况、气室大小、蛋白状况（色泽、有否斑点、细嫩程度）、蛋黄状况（色泽、是否起油）和滋味等。咸蛋蛋壳应完整、无裂纹、无破损、表面清洁，气室小、蛋白纯白、无斑点、细嫩。蛋黄色泽红黄变圆且黏度增加，煮熟后黄中起油或有油析出。咸味适中，无异味。

三、糟蛋加工

糟蛋是鲜蛋经糟渍而成的一类再制品。它品质柔软细嫩、气味芬芳、醇香浓郁、滋味鲜美、回味悠长，是我国著名的传统特产食品。糟蛋主要采用鸭蛋加工，根据加工方法的不同，可分为生蛋糟蛋和熟蛋糟蛋；又根据加工成的糟蛋是否包有蛋壳，可分为硬壳糟蛋和软壳糟蛋。硬壳糟蛋一般以生蛋糟渍，软壳糟蛋则有热蛋糟渍和生蛋糟渍两种。在这些种类中，尤以生蛋糟渍的软壳糟蛋质量最好，中国著名的糟蛋有浙江平湖糟蛋和四川叙府糟蛋。

1. 糟蛋的加工原理　鲜蛋经过糟制而成糟蛋，其原理目前还缺乏系统的研究，不十分明了。一般认为，糯米在酿制过程中，受糖化菌的作用，淀粉分解成糖类。再经酵母的酒精发酵产生醇类（主要为乙醇），同时一部分醇氧化转变为乙酸（醋酸），加上添加的食盐，共同存在于酒糟中，通过渗透和扩散作用进入蛋内，发生一系列物理和生物化学的变化，同时使糟蛋具有显著的防腐作用。最主要的是酒糟中的乙醇和乙酸可使蛋白和蛋黄中的蛋白质发生变性和凝固作用，而实际上制成的糟蛋蛋白呈乳白色或酱黄色的胶冻状，蛋黄呈橘红色或橘黄色的半凝固柔软状态，其原因是酒糟中的乙醇和乙酸含量不高，故不至于使蛋中的蛋白质发生完全变性和凝固；酒糟中的乙醇和糖类（主要是葡萄糖）渗入蛋内，使糟蛋带有醇香味和轻微的甜味；酒糟中的醇类和有机酸渗入蛋内后在长期的作用下，产生芳香的酯类，这是糟蛋具有特殊浓郁的芳香气味的主要来源。

酒糟中的乙酸具有侵蚀含有碳酸钙的蛋壳的作用，使蛋壳变软、溶化脱落成软壳蛋。乙酸对蛋壳所以能发生这样的变化，其原因：蛋壳中的主要成分为 $CaCO_3$，遇到乙酸后产生容易溶解的醋酸钙，所以蛋壳首先变薄、变软，然后慢慢与内蛋壳膜脱离而脱落，使乙醇等有机物更易渗入蛋内。

内蛋壳膜的化学成分主要是蛋白质，且其结构紧密，微量的乙酸对这层膜不致发生破坏作用，所以，内蛋壳膜是完整无损的。

糟蛋在糟渍过程中加入食盐，不仅赋予咸味，增加风味和适口性，还可增强防腐能力，提高贮藏性。

鸭蛋在糟渍过程中，由于酒糟中乙醇含量较少，所用食盐亦不多，所以糟蛋糟渍成熟时间长，但在乙醇和食盐长时间的作用下（4～6个月），能抑制蛋中微生物的生长和繁殖，尤其是致病性沙门氏菌都能被杀死，因此，成品糟蛋可以生食。

2. 糟蛋的营养价值　糟蛋在形成过程中，由于醇、酸、糖和食盐的作用，与鲜鸭蛋比较，水分含量明显下降，灰分、糖类和氨基酸增加。糟蛋营养丰富，醇香可口，易于消化吸收，具有开胃、助消化、促进血液循环等功能。糟蛋是冷食食品，不需烹调，食用时只要将糟蛋放在碟、碗内，用小刀轻轻划破糟蛋蛋膜即可。取少量慢食，鲜美无比，别有风味。

3. 咸蛋的质量要求

（1）蛋壳与内蛋壳膜完全分离，蛋壳全部或大部分脱落，呈软壳蛋，蛋形完整，略膨胀饱满，不起纹，呈乳白色。

（2）蛋白不流散，呈胶冻状，与蛋黄分清，呈乳白色。叙府糟蛋呈酱黄色，与蛋黄可融为一体。

（3）蛋黄呈橘红或黄色的半凝固状，与蛋白可明显分清。叙府糟蛋呈酱黄色。

（4）气味与滋味具有糯米酒糟所特有的浓郁的酒香和酯香味，略带甜味、咸味，无异味和酸辣味。

已成熟的糟蛋，一般不再分级，因为鸭蛋在糟渍前已分好了等级，只要按鸭蛋所分等级进行糟蛋的分级即可。

「任务 1　皮蛋加工」

一、产品特点

皮蛋体软而有弹性，滑而不黏手，蛋白通明透亮，蛋黄呈墨绿、草绿、暗绿、茶色、橙色五层深浅不同的色彩，味道鲜美，清腻爽口。

二、材料、仪器及设备

鲜鸭蛋或鲜鸡蛋、生石灰、纯碱、茶叶、食盐、硫酸铜、酚酞、盐酸、烧碱、氯化钡、液体石蜡、固体石蜡、黄土、稻壳、植物灰、水、秤、天平、酸式滴定管、滴定架、三角烧瓶、量筒、电炉、缸、桶、勺、盆、木棒、胶手套、锅、刮泥刀等。

三、工艺流程（溏心皮蛋的加工）

原料选择→分级→照蛋、敲蛋→配料→验料→装缸、注料→
浸泡期管理→出缸、清洗、晾干→检验→包泥、装缸（箱）→成品

四、操作要点

1. 原料选择　加工皮蛋多用鸭蛋为原料，也可使用鸡蛋。因鸡蛋较鸭蛋含水高，在配料时各种辅料用量应适当提高，要求原料蛋一定要新鲜。

2. 分级　一般按蛋的重量（或大小）进行分级，这样既有利于成品的销售，又能保证同一批产品质量的一致。

3. 照蛋、敲蛋　确保加工用的蛋新鲜，剔除黏壳蛋、散黄蛋、裂纹蛋等不适合加工的蛋。

4. 配料　各地加工溏心皮蛋料液配方参考表见表17-4。

表 17-4　各地加工溏心皮蛋料液配方参考表（以浸泡 100kg 鸭蛋计，kg）

地区	季节	纯碱	生石灰	氧化铅	食盐	红茶末	松柏枝	草木灰	水
北京	春、秋	7.0	28～30	0.3.0	4.0	3.0	0.3	2	100
	夏	7.5	30～32	0.30	4.0	3.0	0.3	2	100
天津	春、秋	7.5	30～32	0.30	3.0	3.0	少许		100
	夏	7.5～8.0	30～32	0.30	3.0	3.0	少许		100
浙江	春、秋	6.0～6.5	24～26	0.25	3.5	2.0		6	100
	夏	6.5～7	26～28	0.25	3.5	2.0		6	100
湖北	春、秋	6.0～6.5	25～27	0.30	4.5	3.5		6	100
	夏	6.5～7	27～29	0.30	4.5	4.0		6	100

常用的配料方法有熬料法和冲料法。

（1）熬料法。把耐碱性锅（最好使用不锈钢锅）清洗干净，加入称量好的纯碱、食盐、红茶末、松柏枝、水等煮沸，搅拌使其溶解或混匀；停止加热，依次加入氧化铅、草木灰，最后分次加入生石灰；当配料停止沸腾后，搅拌配料，捞出配料中的石块，再用等重量的石灰补足。

（2）冲料法。将食盐、纯碱、氧化铅、红茶末、松柏枝等倒入缸中，加入开水，搅拌均匀，把茶末泡开；再加入草木灰，搅拌均匀；最后分次加入生石灰，其他操作同熬料法。

配置好的料液静止冷却，待用。春秋季温度控制在 17～20℃，夏季 25～27℃。料液应放置在通风、干燥、卫生的室内，不可再加入生水。

5. 验料　料液中碱浓度是否适当，需经过检验后才可使用。验料的方法有简易判定法、相对密度测定法、酸碱滴度法等。

（1）简易判定法。取料液少许，把蛋白滴入其中，15min后观察蛋白凝固状况，若不凝固说明生成的氢氧化钠含量不足；凝固的蛋白捞出放入容器内观察1h，若经过0.5h凝固的蛋白化为稀水，说明碱液浓度过大；若1h左右蛋白化为稀水，说明碱液浓度合适；当1h后仍不能变稀液，同样说明碱浓度不足。碱浓度过高需加入凉开水，不足加入生石灰和纯碱，调至合格。

（2）相对密度法。取适量料液注入量筒内，用波美比重计测相对密度，若料液温度高于或低于15.5℃，根据比重计读数换算成标准相对密度，合格的料液浓度应为13～15°Bé′。

（3）酸碱滴定法。用移液管移取澄清料液4mL，注入300mL三角瓶中，加入100mL蒸馏水，再加入10％的氯化钡10mL，摇匀静置片刻，加入0.5％酚酞指示剂3滴，用0.1mol/L盐酸标准溶液滴定至终点。所消耗的盐酸的体积（mL）乘以10，即相当于氢氧化钠在料液中含量的百分数。通常要求料液中氢氧化钠的含量为4.5％～5.5％。

6. 装缸、注料　将检验合格的蛋轻轻放入缸内，蛋壳破损的应及时取出，装蛋至距缸口10～15cm，蛋上加盖竹算，并用竹条卡紧缸壁，防止蛋上浮。若入缸前蛋温低于15℃，应先升温至15℃以上，再装缸。再将料液（春秋控温15～20℃，夏季20～27℃）徐徐倒入缸内，使料液浸没最上层蛋5cm以上。用塑料薄膜和麻绳密封好缸口，贴上标签。

7. 浸泡期管理　加工车间最适宜温度应控制在20～25℃，春秋季不低于15℃，夏季最高不要超过30℃。温度过低浸泡时间延长，蛋黄不易变色；温度过高，渗透速度快，易出现"碱伤"。注意，在浸泡过程中蛋缸不要移动，以免影响凝固；需进行三次检查。

（1）第一次检查。夏季（25～30℃）经5～6d，春秋季（18～23℃）经6～8d。用照蛋法检验，若蛋黄紧贴蛋壳的一边，类似鲜蛋的红贴壳、黑贴壳，蛋白呈阴暗状，说明蛋凝固良好，料液碱度适宜。若还像鲜蛋一样，说明碱浓度不足，应补加碱。若全蛋绝大部分发黑，说明料液过浓，应提前出缸或向缸内加入凉开水稀释料液。

（2）第二次检查。蛋入缸15～20d进行剥壳检查，正常的蛋应为蛋白凝固、表面光洁，色泽褐黄带青，蛋黄部分变成褐绿色。

（3）第三次检查。蛋入缸后20～30d，剥壳检查，蛋白不粘壳、凝固、坚实、表面光洁，呈墨绿色，蛋黄呈绿褐色，蛋黄中心呈淡黄色溏心，说明蛋已成熟。若发现蛋白烂头或粘壳，则料液碱性强，应提前出缸。若蛋白柔软，色泽发青，应延长浸泡时间。

8. 出缸、清洗、晾干　皮蛋成熟时间一般为30～40d。灯光照蛋时钝端呈灰黑色，尖端呈红色或棕黄色，说明蛋已成熟。经检查成熟的蛋应立即出缸。

出缸时可戴上胶皮手套，用手把蛋从缸中捞出，也可用特制的捞子捞出。因蛋经长时间浸泡，蛋壳易碎，出缸时应注意轻拿轻放。可用浸蛋的清液把蛋冲洗干净，也可用凉开水冲洗，再把蛋放入竹筐或蛋框上，在阴凉通风的地方，晾干水分。

9. 检验　晾干水分后进行检验，检验方法以感官检验为主，灯光检验为辅。

（1）一观。看蛋壳是否完整，壳色是否正常，剔除皮壳黑斑过多蛋和裂纹蛋。

（2）二掂。将蛋抛起15～20cm高，落在手中有轻微弹性，并有沉甸甸的感觉者为优质蛋；弹性过大，则为大溏心蛋，过小则为无溏心蛋。

（3）三摇。用拇指、中指捏住皮蛋的两端，在耳边摇动，若听到有水流声则为水响蛋；

一端有水响声的为烂头蛋；几乎无水响声的为优质蛋。

（4）四照。即照蛋，若看到皮蛋大部分呈黑色（深褐色），少部分呈黄色或浅红色，且稳定不流动者，即为优质蛋；若内部呈黑色暗影，并有水泡阴影来回转动，即为水响蛋；若一端呈深红色，该部分有云片状黑色溶液晃动者，为烂头蛋。

10. 包泥（涂膜）、装箱、成品 经检验合格的皮蛋需进行包泥或涂膜，用以保护蛋壳，防止破损，延长保存期，促进皮蛋后熟，增加蛋白硬度。把包好的蛋放入缸内，再密封好缸口。也可放入内衬塑料薄膜袋的瓦楞纸箱内，放满后扎紧袋口。放入 10～20℃ 的库房内保存，经 10～30d 后熟即为成品。保质期一般为 2～4 个月。

（1）涂泥、包糠。取浸渍料液（30%～40%）和干燥、粉碎的黄土（60%～70%），调成浓厚的糨糊状。两手戴橡胶手套，取泥浆 50g 左右包裹在蛋上，厚度一般为 3mm，然后在稻壳上来回滚动，使稻壳等黏附在泥浆上。

（2）涂蜡。用食品包装石蜡（52～58 号）或食用石蜡（52～56 号）加热至 95～110℃ 使其熔化，把皮蛋放入并迅速取出，冷却后皮蛋表面就覆盖上一层石蜡。存放方法同涂泥皮蛋。

五、注意事项

1. 温度、湿度 加工松花蛋的温度范围为 14～30℃，最适温度为 20～22℃，不应低于 14℃ 或高于 30℃。温度低，蛋白质结构紧密，成品蛋白呈黄色透明状，无松花蛋应有的风味；温度过高，破伤蛋、烂头蛋出现率增加。温度与松花蛋的呈色也有密切关系。温度低于 16℃，松花蛋呈色不全，低于 8℃ 则不呈色。

加工松花蛋的相对湿度以 75%～95% 为适，湿度过低，蛋面泥料易干，影响碱在加工中的作用，延长成熟期，甚至蛋易变质。溏心松花蛋加工时，湿度过低，料液水分蒸发，浓度发生变化也影响蛋的正常成熟。成品保藏室内湿度过低，蛋面泥干，甚至脱落，蛋易变质。

2. 碱浓度大小 松花蛋加工时，料中 NaOH 含量范围为 3.6%～6.0%，最适含量为 4%～5%，硬心松花蛋可稍高。浓度过高，碱度大，碱透入快，可加速成熟期中的液化和凝固。碱度大，凝固后的蛋白会迅速转入液化而成次品，碱度近于 3.6%，可适当延长成熟时间而制出成品，低于 3.6% 很难加工出优质成品。

3. 原料蛋质量 松花蛋成熟的过程即是碱向蛋均匀、缓慢渗透的过程，因此，除了蛋必须新鲜外，蛋的大小也应均匀，还要注意蛋壳应完整，否则不能生产出优质产品。

六、质量标准

依据《蛋制品卫生标准》（GB 2749—2003）中的质量要求进行评价。

1. 感官指标 外壳包泥或涂料应均匀洁净，蛋壳完整，无霉变，敲摇时无水响声；剖检时蛋体完整，蛋白呈青褐、棕褐或棕黄色，呈半透明状，有弹性，一般有松花花纹。蛋黄呈深浅不同的墨绿色或黄色，略带溏心或凝心。具有皮蛋应有的滋味和气味，无异味。

2. 理化指标 皮蛋的理化指标请参见皮蛋的理化指标与检验方法。

3. 微生物指标 请参见皮蛋的微生物指标与检验方法。

七、思考与应用

1. 试述皮蛋的加工原理。
2. 简述皮蛋的生产工艺及操作要点。

「任务 2 咸蛋加工」

一、产品特点

咸蛋又称盐蛋、腌蛋、味蛋等，是一种风味特殊、食用方便的再制蛋。咸蛋的生产极为普遍，全国各地均有生产，其中以江苏高邮咸蛋最为著名，个头大且具有鲜、细、嫩、松、沙、油六大特点。用双黄蛋加工的咸蛋，风味别具一格。

二、材料、仪器及设备

鲜鸭蛋、食盐、稻草灰、黄泥、净水、水缸、水桶、秤、木棒、筛子、竹篾等。

三、工艺流程（盐水浸泡咸蛋的加工）

原料蛋验收→敲选→分级→入池→腌制→出池清洗→晾干→

真空包装→高温杀菌→冷却→包装→检验→入库

四、操作要点

1. 原辅料验收

（1）原料蛋必须来自合格供方。

（2）应提供同批产品的检疫合格证明。

（3）供方须保证所供鲜蛋来自健康鸭（鸡）群，在无污染地区放养，未采食含抗生素及国家规定的其他违禁药物饲料。

（4）按"鲜蛋验收标准"和"辅料验收标准"验收，不合格品严禁接受使用。

2. 鲜蛋敲选
外部观察：剔除瘪头蛋、流清蛋等外观异常蛋。照蛋：打开照蛋器电源，将蛋靠近照蛋孔旋转观察。

（1）正常蛋。整个蛋内容物呈均匀一致的微红色，蛋黄不见或略见暗影，胚珠无发育现象，转动蛋时，可见蛋黄也随之转动。

（2）贴壳蛋。蛋白透光性差，蛋内呈暗红色，转动时有一不动暗影贴在蛋壳上，轻者稍转动蛋后，蛋黄脱离蛋壳后见暗影流动上浮。

（3）散黄蛋。蛋体内呈云雾状或暗红色，蛋黄形状不正，不流动。

（4）黑腐蛋。蛋壳呈大理石花纹，除气室外，全部不透光。

（5）孵化蛋。蛋内呈暗红色，有血丝，呈网状，有黑色移动影子。

（6）异物蛋。蛋白或系带附近有暗色斑点或条形蠕动阴影。

（7）敲蛋。注意力要集中，保持安静，细致小心地进行操作，操作时身体坐端正，两腿合拢，把围裙铺在腿上（防止蛋落地打碎），左右手各拿鸭蛋相互对敲，若发出清脆的"咔咔咔"声为蛋壳完整、结构正常的蛋；若为嘶哑的"嗒嗒嗒"则是裂纹蛋。

3. 分级 敲蛋的同时，将蛋按重量大小分级后分别装入筐内，并放入标识卡（批号、工号、日期）。

4. 调制盐水（液腌法） 配方：食盐10kg、开水40kg、原料蛋50kg。

先向配料池中泵入一定量的开水，配制浓度为25%的盐水，按规定比例加入食盐，开动搅拌器搅拌，使之完全溶解，冷却至常温待用。

5. 入池（液腌法） 将装蛋的筐轻轻码放在腌制池内，摆好后，在顶层压上竹篾，防止灌液后蛋浮起。然后泵入检验合格的盐水，并及时、如实地记录池号、原料批号、数量、入池日期、盐水浓度、操作人。

6. 腌制 将冷却后的盐水注入腌制池内，至蛋全部淹没为止，并经常检查，防止有蛋露出。定期观察料液有无起泡、浑浊、异味，如有异常及时上报。

7. 出池清洗 一般情况下，成熟期夏季需23d左右，春秋季需35d左右，冬季则需50d左右。腌制到期后，取蛋进行检验是否成熟，成熟后及时出池，并用水清洗，晾干。

8. 照蛋 灯光透视检查，剔除次劣蛋，如损壳蛋：蛋壳上有裂纹、流清；泡花蛋：透视时，可见蛋内有水泡花，转动时水泡花随之转动；黑黄蛋：透视时，蛋黄变黑，蛋白清晰透明，严重者蛋白不透明，呈混暗黑色；混黄蛋：透视时，蛋内容物模糊不清，色暗浑浊，转动时蛋黄蛋白分辨不清。

9. 真空包装 启动真空包装机，预热，调节温度至封口平整、牢固、无漏气。根据真空状况设定封口时间，将套袋后的咸蛋进行抽气或真空，确保真空彻底，无气泡。

10. 高温灭菌 将真空包装后的咸蛋推入杀菌锅，关紧阀门，注入热水至蛋全部没入水中为止，通入蒸汽加热，温度升至约75℃时，开汽加压至压力为0.1MPa停汽，继续通入蒸汽至温度为120℃时关停蒸汽阀，此时压力升至0.18MPa，120±1℃条件下，维持30±1min。然后放掉压力，启动热水泵将杀菌锅内热水打入贮水槽，同时开启进水阀，给杀菌锅内降温，约至40℃后取出产品，送入冷却车间。

11. 冷却包装、入库 冷却后的咸蛋按不同的规格进行包装，然后贮存于清洁、干燥、阴凉的库房中，并进行标识，标识内容为：产品名称、规格等级、数量、批号、生产日期、操作人等。

五、注意事项

由于咸蛋加工的主要辅料是食盐，且用量较大，而且是决定咸蛋质量的关键因素。因此，对咸蛋加工所用食盐的选择最为重要。食盐的主要成分为氯化钠，一般相对密度为2.1~2.6。食盐中还含有镁盐和钙盐等物质，在腌制过程中，它们会影响食盐向蛋内扩散和渗透的速度，推迟咸蛋成熟的时间。同时，钙盐和镁盐具有苦味，且能与蛋中的化学成分发生化学变化，影响咸蛋质量。当钙盐和镁盐在食盐中的含量达到0.6%时，即可觉察出明显的苦涩味。因此，要求咸蛋加工所用食盐中的钙、镁及硫酸盐等的含量要低，氯化钠含量越高越好，且色白，无异味，咸味醇正，无其他杂质。腌制咸蛋一般选择纯洁的再制盐或海盐。

六、质量标准

依据《蛋制品卫生标准》（GB 2749—2003）中的质量要求进行评价。

1. 感官指标　外壳包泥（灰）或涂料均匀洁净，去泥后蛋壳完整，无霉斑，灯光透视时可见蛋黄阴影；剖检时蛋白液化，澄清，蛋黄呈橘红色或黄色环状凝胶体。具有咸蛋正常气味，无异味。

2. 理化指标　参见表 17-5。

表 17-5　理化指标

项　　目	要　　求
挥发性盐基氮/（mg/100g）	≤10
铅（以 Pb 计）/（mg/100g）	≤0.2
锌（以 Zn 计）/（mg/kg）	≤50
汞（以 Hg 计）/（mg/kg）	<0.05
六六六（BHC）/（mg/kg）	≤0.1
滴滴涕（DDT）/（mg/kg）	≤0.1

3. 微生物指标　参见表 17-6。

表 17-6　微生物指标

项　　目	要　　求
菌落总数/（CFU/g）	≤500
大肠菌数/（MPN/100g）	≤30
致病菌	不得检出

七、思考与应用

1. 试述咸蛋的加工原理。
2. 简述咸蛋的生产工艺及操作要点。

「任务 3　糟蛋加工」

一、产品特点

糟蛋是鲜蛋用优质糯米糟制而成，是我国别具一格的传统特产食品。成熟好的糟蛋，蛋壳薄软，自然脱落，蛋白呈乳白色嫩软的胶冻状，蛋黄呈橘红色半凝固状。糟蛋为冷食产品，不必烹调加佐料，划破蛋壳膜即可食用，味道醇香可口，食后余味绵绵。

二、材料、仪器及设备

鲜鸭蛋、糯米、药酒、食盐、净水、水缸、蒸锅等。

三、工艺流程

鲜鸭蛋→检验→分级→洗蛋→晾蛋→击蛋破壳
↓
糯米清洗→浸米→蒸饭→淋饭→拌酒药→酿糟→装坛糟制→封坛→成熟→成品

四、操作要点

1. 酿酒制糟

（1）浸米。糯米是酿酒制糟的原料，应按原料的要求精选。投料量以 100 枚蛋用糯米 9.0～9.5kg 计算。糯米淘净后放入缸内，加入冷水浸泡，其目的是使糯米吸水膨胀，便于蒸煮糊化。浸泡时间以气温 12℃浸泡 24h 为宜。气温上升 2℃，可减少浸泡 1h。反之，延长浸泡 1h。

（2）蒸饭。蒸饭的目的是促进淀粉糊化，改变其结构，利于糖化。把浸好的糯米从缸中捞出，用冷水冲洗 1 次，倒入蒸桶内，四周铺平。在蒸饭前，先将锅内水烧开，再将蒸饭桶放在蒸板上，待蒸汽从锅内透过糯米上升后，用木盖盖好。约 10min，用炊帚蘸热水散泼在米饭上，以使上层米饭蒸涨均匀，也防止上层米因水分蒸发而米粒水分不足，米粒不涨，出现僵饭。然后，再盖好蒸 15min，用木棒将米搅拌一次，再蒸 5min，使米饭全部蒸透。蒸饭的程度以出饭率 150％左右为宜，要求饭粒松散，无白心，透而不烂，熟而不劲。

（3）淋饭。亦称淋水，目的是使米饭迅速冷却，便于接种。将蒸好饭的蒸桶放于淋饭架上，用冷水浇淋使米饭冷却到 28～30℃。但温度不宜太低，以免影响菌种的生长和发育。

（4）拌酒药及酿糟。将淋水后的饭沥去水分，倒入缸中，撒上预先研成细末的酒药。酒药的用量以 50kg 米，出饭 75kg 计算，需加白酒药 165～215g，甜酒药 60～100g。还应根据气温的高低而适当增减用药量。加酒药后要搅拌均匀，拍平、拍紧，表面再撒一层酒药，中间挖一直径 30cm 的潭，上大下小。潭穴深入缸底，潭底不要留饭。缸体包上草席，缸口用干净草盖盖好，35℃保温，经 20～30h，即可出酒酿。当潭内酒酿有 3～4cm 深时，应将草盖用竹棒撑起 12cm 高，以降低温度，防止酒糟热伤、发红、产生苦味。待满潭时，每隔 6h，将潭内的酒酿用勺拨在糟面上，使糟充分酿制。经 7d 后，把酒糟拌和灌入坛内，静置 14d 待变化完成、性质稳定时，方可供制糟蛋用。品质优良的酒糟色白、味香、带甜味，乙醇含量为 15％左右。如发现酒糟发红，有酸辣味，则不可使用。

2. 选蛋击壳

将挑选好的蛋，在糟制前 1～2d 清洗后，置通风阴凉处晾干，然后击破蛋壳。击蛋破壳是平湖糟蛋加工的特有工艺，是保证糟蛋软壳的主要措施。其目的在于糟渍过程中使醇、酸、糖等物质易于渗入蛋内，并使蛋壳易于脱落和蛋身膨大。击蛋时用力轻重要适当，做到破壳而膜不破。

3. 装坛

糟制前检查坛是否破漏，然后清水洗净，蒸气消毒。取经过消毒的糟蛋坛，用酿制成熟的酒糟 4kg（底糟）铺于坛底，摊平后，将击破蛋壳的蛋放入。蛋大头朝上插入糟内，蛋间间隙不宜过大，以蛋四周均有糟，且能旋转自如为宜。第一层蛋排好后再放腰糟 4kg，放上第二层蛋。一般第一层放蛋为 50 多枚，第二层放 60 多枚，每坛放两层共 120 枚。第二层排满后，再用 9kg 面糟摊平盖面，然后均匀地撒上 1.6～1.8kg 食盐。

4. 封坛

封坛的目的是防止乙醇和乙酸挥发及细菌的侵入。蛋入糟后密封，标明日期、蛋数、级别，以便检验。

5. 成熟

糟蛋的成熟期为 4.5～5 个月。应逐月抽样检查，以便控制糟蛋的质量。5 个月时蛋壳大部分脱落，或虽有部分附着，只要轻轻一剥即脱落。蛋白成乳白胶冻状，蛋黄呈橘红色的半凝固状，此时蛋已糟制成熟。

五、注意事项

糟蛋加工的季节性较强，是在三月至端午节间，端午后天气渐热，不宜加工。加工糟蛋要掌握好 3 个环节，即酿酒制糟、选蛋击壳、装坛糟渍。糯米是酿糟的原料，它的质量好坏直接影响酒糟的品质，优质的成品酒糟色白、味香、带甜，如发现酒糟发红，有酸辣味，则不可使用。

六、质量标准

依据《蛋制品卫生标准》（GB 2749—2003）及《蛋与蛋制品标准》（NY/T 754—2003）中的质量要求进行评价。

1. 良质糟蛋　形态完整，蛋壳全脱落或基本脱落，壳内膜完整，蛋大而丰满，蛋清呈乳白色胶冻状，蛋黄呈桔红色半凝固状态，香味浓厚，稍带甜味。

2. 次质糟蛋　形态完整，蛋壳脱落不好，壳内膜完整，蛋内容物凝固不良，蛋清为液体状态，香味不浓或有轻微异味。

3. 劣质糟蛋

（1）矾蛋。就是糟与蛋及蛋壳粘连结在一起，如烧过的矾一样，这种糟蛋是因酒糟含醇量低或蛋坛有漏缝所致。

（2）水晶蛋。蛋内全部或者大部分都是水，色由白转红，蛋黄硬实，有异味。

（3）空头蛋。蛋内只有萎缩了的蛋黄，没有蛋白。

七、思考与应用

1. 试述糟蛋的加工原理。
2. 简述糟蛋的生产工艺。

项目十八　湿蛋制品的加工

【能力目标】

1. 能独立进行蛋液、冰蛋品及湿蛋品的生产加工；
2. 掌握冰蛋液、冰蛋品及湿蛋品的生产配方设计及质量控制。

【知识目标】

1. 了解蛋液、冰蛋品及湿蛋品的概念；
2. 掌握蛋液、冰蛋品及湿蛋品加工的工艺流程及操作要点；
3. 知道蛋液、冰蛋品及湿蛋品营养及影响其质量的因素。

【相关知识】

湿蛋制品是指将鲜蛋清洗、消毒、去壳后，将蛋清与蛋黄分离（或不分离），搅匀过滤后经杀菌或添加防腐剂（有些制品还经浓缩）后制成的一类蛋制品。这类蛋制品易于运输，贮藏期长，一般用作食品原料，主要包括蛋液、冰蛋、湿蛋品等蛋制品。

一、蛋液、冰蛋品及湿蛋品的概念

蛋液是指将鲜蛋蛋壳去掉，进一步进行低温杀菌、加盐、加糖、蛋黄蛋白分离、冷冻、浓缩等处理，从而形成一系列液体状态的蛋制品。

冰蛋品是将鲜鸡蛋去壳后，预处理、冷冻后制成的蛋制品。

湿蛋品是指以蛋液为原料，加入不同的防腐剂而制成的蛋液制品。湿蛋品既是食品工业的原料，又是其他工业的辅助材料。我国主要以蛋黄液为原料生产少量湿蛋黄制品。

二、蛋液、冰蛋品及湿蛋品的营养特点

蛋液、冰蛋品及湿蛋制品具有易于包装、贮藏、运输，营养保存全面等特点，作为糕点、饮料、糖果等食品的主要原料可以调节禽蛋供应淡旺季之间的平衡，满足市场需求。

三、蛋液、冰蛋品及湿蛋品的种类

蛋液分全蛋液、蛋白液、蛋黄液三种。

冰蛋品分为冰全蛋（简称冰全）、冰蛋黄（简称冰黄）、冰蛋白（简称冰白）三种。质量要求：冻结坚实均匀，具有各品种应有的色泽，气味正常，不含杂质，含水量不超过各种冰蛋品的最高要求，细菌总数不超过国家规定，肠道致病菌不得检出。

我国的湿蛋品主要是以蛋黄液为原料生产湿蛋黄，根据是否加盐，可分为：

（1）有盐湿蛋黄。蛋黄中加 1.5%～2.0%硼酸（或 0.75%苯甲酸钠）及 10%～12%

精盐。

（2）无盐湿蛋黄。蛋黄液中加入 1.5％的硼酸或 0.75％的苯甲酸钠。

（3）蜜湿蛋黄。黄液中加 10％优等甘油。

「任务 1　蛋液加工」

一、产品特点

蛋液是一种去壳的液态蛋制品，能有效解决鲜蛋易碎、难运输、难贮藏的问题，能有效避免蛋壳的污染问题，符合食品安全性的要求，同时有利于集中处理利用蛋壳和蛋残液。我国蛋液加工业基础比较薄弱。

二、材料、仪器及设备

1. 材料　鲜蛋、水、漂白粉、氢氧化钠、乳酸、硫酸铝等。

2. 仪器及设备　照蛋器、洗蛋机、干燥机、打蛋机、搅拌机、过滤机、杀菌器、冷却器等。

三、工艺流程

原料蛋的选择、整理与检验→洗蛋、蛋壳的杀菌消毒→晾蛋→

打蛋、去壳与过滤→蛋液的杀菌→杀菌后的冷却→蛋液的充填、包装及运输

四、操作要点

1. 原料蛋的选择、整理与检验　为了保证蛋液的品质，加工蛋液的原料蛋必须选择蛋壳清洁完整、无破损的鲜蛋。原料蛋进入加工厂后，清除各种包装填充材料（垫草或谷糠）和破损蛋、脏污蛋，把挑选出的合格鲜蛋送到照蛋车间，对鲜蛋逐个进行照蛋检验，剔除不能加工的次劣蛋，以确保产品的质量。

2. 洗蛋、蛋壳的杀菌消毒　鲜蛋因产蛋过程和贮存、运输等原因，使蛋壳上附着有许多粪便、异物和细菌，是造成打蛋厂微生物污染的主要原因。为防止蛋壳上微生物进入蛋液内，须在打蛋前将蛋壳洗净并杀菌。

洗蛋通常在洗蛋室中进行。选择好的蛋装入箱或蛋盘内运至洗蛋室（现代化蛋品加工厂使用真空吸蛋器取蛋后放入洗蛋槽）洗蛋。槽内水温应较蛋温高 7℃以上，避免洗蛋水被吸入蛋内。同时，蛋温升高，在打蛋时蛋白与蛋黄容易分离，减少蛋壳内蛋白残留量，提高蛋液的出品率。洗蛋用水中加入洗洁剂或含有氯的杀菌剂。洗涤过的蛋上还有很多细菌，因此须进行消毒。常用的蛋壳消毒方法有三种：

（1）漂白粉液消毒。用于蛋壳消毒的漂白粉溶液浓度对洁壳蛋有效氯含量为 100～200mg/kg，对污壳蛋为 800～1 000mg/kg。使用时将该溶液加热至 32℃左右，至少要高于蛋温 20℃，可将洗涤后的蛋在该溶液中浸泡 5min，或采用喷淋方式进行消毒。消毒可使蛋壳上的细菌减少 99％以上，其中肠道致病菌可完全被杀灭。经漂白粉溶液消毒的蛋再用清水洗涤，除去蛋壳表面的余氯。

（2）氢氧化钠消毒法。在 pH 为 9 的水溶液中，蛋壳上的沙门氏菌随着时间的延长而逐

渐减少，当 pH 大于 11 时，则细菌数量减少更快。因此，通常用 0.4% NaOH 溶液浸泡洗涤后的蛋 5min 来消毒。

（3）热水消毒法。热水消毒法是将清洗后的蛋在 78～80℃ 热水中浸泡 6～8s，杀菌效果良好。但此法水温和杀菌时间稍有不当，易发生蛋白凝固。

3. 晾蛋 经消毒冲洗后的鲜蛋送入晾蛋室晾干水分，其目的是防止打蛋时水珠滴入蛋液，使蛋液受到污染，从而提高蛋液的品质。晾蛋室应高大、空旷，并设有通风设备以加速水分的蒸发。晾干方法通常有自然晾干法、吹风晾干法、烘干法等。

4. 打蛋、去壳与过滤 无论何种蛋液制品都要经过打蛋、去壳、过滤等工序。

打蛋就是将蛋壳击破，取出蛋液的过程，它一般分为打全蛋和打分蛋两种，打全蛋就是将蛋壳打开后，把蛋黄、蛋白混装在一个容器内；打分蛋就是用打蛋器将蛋白、蛋黄分开，分别装入两个容器中。

（1）打蛋的方法。打蛋方法可分为手工打蛋和机械打蛋两种，视蛋量多少而选择。

手工打蛋采用人工打蛋去壳，并将蛋白、蛋黄分开（打分蛋），它主要使用打蛋台和打蛋器两种器具。手工打蛋的工作效率低，不适合大规模生产蛋液，但这种方法可以减少蛋白混入蛋黄或蛋黄混入蛋白的现象。

机械打蛋使用的主要设备是打蛋机，可以使蛋的清洗、消毒、晾干、打蛋和杀菌等过程连续化进行。根据我国目前的实际情况，在生产中采用机械打蛋的同时配合以手工打蛋是较为合理的做法，这样可以保证蛋液的质量。

打蛋是蛋液加工的重要环节，应该打蛋车间的卫生和打蛋人员的卫生，避免蛋液中有破碎蛋壳。

（2）蛋液的搅拌与过滤。由于蛋内容物并非均匀一致，可以通过搅拌、过滤除去碎蛋壳、壳内膜、系带、蛋黄膜等杂物，使所得到的蛋液组织均匀。

目前蛋液过滤多使用压送式过滤机。由于蛋液在搅拌、过滤前后均须冷却，而冷却会使蛋白与蛋黄因比重差呈不均匀分布，故需通过均质机或添加食用乳化剂使其能均匀混合。

5. 蛋液的杀菌 原料蛋在洗蛋、打蛋去壳以及蛋液混合、过滤处理过程中，均可能受微生物的污染，而且蛋经打蛋去壳后即失去了部分防御体制，因此生蛋液须经杀菌才可能保证其安全卫生。

蛋液的巴氏杀菌又称为巴氏消毒，是尽量保持蛋液营养品质不受损失的条件下，加热彻底消灭蛋中致病菌，最大限度地减少菌数的一种加工措施。

蛋液分为全蛋液、蛋白和蛋黄及添加糖、盐成分的蛋液，它们的化学组成不同，干物质含量不一样，对热的抵抗力也有差异，因此，采用的巴氏杀菌条件各异。

（1）全蛋液的巴氏杀菌。巴氏杀菌的全蛋液有经搅拌均匀的和不经搅拌的普通全蛋液，也有加糖、盐等添加剂的特殊用途的全蛋液，其巴氏杀菌条件各不相同。我国一般采用的杀菌温度为 64.5℃，保持 3min。经过这样的杀菌，能保证全蛋液在食品配料中的功能特性，可以杀灭致病菌并减少蛋液内的杂菌数。

（2）蛋黄的巴氏杀菌。蛋液中主要的病原菌是沙门氏菌，该菌在蛋黄中的热抗性比在蛋清、全蛋液中高。因此，蛋黄液的巴氏杀菌温度要比全蛋液或蛋白液高。热处理对蛋黄制品的乳化力影响很小，可以采用较高的巴氏杀菌温度。

（3）蛋清的巴氏杀菌。蛋清中的蛋白质更容易受热变性，使其功能特性受到影响，对蛋清的巴氏杀菌是很困难的。在对蛋清进行加热灭菌时同时要考虑流速、蛋清黏度、加热温度和时间及添加剂的影响。

往蛋清里添加乳酸和硫酸铝（pH7）可大大提高蛋清的热稳定性，从而可以对蛋清采用与全蛋液一致的巴氏杀菌条件，从而提高巴氏杀菌效果。加工时首先制备乳酸—硫酸铝溶液。将 14g 硫酸铝溶解在 16kg 的 25% 的乳酸中。巴氏杀菌前，在 1 000kg 蛋清液中加约 6.54g 该溶液。添加时要缓慢但需迅速搅拌，以避免局部高浓度酸或铝离子使蛋白质沉淀。添加后蛋清 pH 应在 6.0～7.0，然后进入巴氏杀菌器杀菌。

6. 杀菌后的冷却　杀菌之后的蛋液必须迅速冷却。如供本厂使用，可冷却至 15℃ 左右；若以冷却蛋或冷冻蛋形式出售，则需要迅速冷却至 2℃ 左右，然后再充填至适当容器中。

7. 蛋液的充填、包装及运输　蛋液的充填容器通常为 12.5～20.0kg 装的方形或圆形马口铁罐，其内壁镀锌或衬聚乙烯袋。空罐在充填前必须水洗、干燥。如衬聚乙烯袋，则充入液蛋封口后再加罐盖。为了方便零用，目前出现了塑料袋包装或纸板包装，一般为 2～4kg。

欧美的液蛋工厂多使用液蛋车或大型货柜运送蛋液。液蛋车备有冷却或保温槽，其内可以隔成小槽以便能同时运送液蛋白、液蛋黄及全蛋液。液蛋车槽可以保持液蛋最低温度为 0～2℃，一般运送液蛋温度应在 12.2℃ 以下，长途运送则应在 4℃ 以下。使用的蛋液冷却或保温槽每日均需清洗、杀菌一次，以防止微生物污染繁殖。

五、注意事项

1. 卫生管理要求　打蛋工序是蛋液生产中最重要的环节，如果生产中卫生不符合要求、操作不当等都会严重影响成品的质量，因此，在蛋液生产上，必须严格执行各项相应的卫生管理制度。

（1）打蛋车间的卫生要求。打蛋车间除了具备一般食品加工车间的基本要求以外，还应光线充足，无阳光直射，能防止蚊、蝇、老鼠等的侵入。车间内应安装空调设备，室内温度一般控制在 12℃ 左右，最高不能超过 18℃。

（2）打蛋设备及用具的卫生要求。车间内的固定打蛋设备，必须做到每一班次生产结束时进行彻底清洗，使用前再进行消毒；所有打蛋用具也必须经严格清洗、消毒后才能使用。例如打蛋机与原料蛋输送带每隔 4h 应停止并进行一次清洗与杀菌；手工打蛋所使用的受蛋杯等器具每隔 2.5h 应清洗、杀菌一次。

（3）操作人员的卫生。打蛋人员进入车间前应洗澡，换上已消毒的工作服和工作鞋帽，戴上口罩，然后将手洗净，并用酒精消毒。打蛋操作人员每隔 2h 应洗手和消毒一次。在打蛋时，如果遇到异味蛋或陈旧蛋，凡接触到次劣蛋的工具均须更换并送至消毒室洗涤消毒，还要将手彻底清洗干净并消毒。此外，打蛋人员在上班时不能涂抹化妆品，应勤剪指甲，定期进行身体检查。

2. 打蛋操作的注意事项　为了达到生产上的要求，提高蛋液的质量，打蛋时应注意以下几个问题：

（1）打蛋时应通过感官检查迅速判定蛋的质量状况，若遇污壳蛋、破损蛋、变质蛋等应将它们剔除，另行处理。

（2）打蛋时应尽量避免蛋壳混入蛋液之中。若有混入，应立即用消毒过的镊子夹出。

（3）打分蛋时要尽量把蛋白与蛋黄分开，不能相互混杂。

（4）为了提高蛋液的出品率，黏附于蛋壳内壁的蛋清必须用压缩空气吹风嘴吹干，另外，不少工厂将蛋打后的蛋壳收集并采用离心法回收残留的蛋液，这样又进一步减少了打蛋时蛋液的损失。

（5）打出的蛋液应及时收集，并转入冷库进行及时降温，切勿在打蛋车间积压，否则蛋液中的微生物会大量生长繁殖，使产品的质量下降。

六、思考与应用

1. 常见蛋壳消毒方法有哪些？
2. 打蛋的卫生管理要求有哪些？
3. 试述蛋液的杀菌方法。
4. 蛋液生产工艺流程有哪些？

「任务 2　冰蛋品加工」

一、产品特点

冰蛋品是鲜蛋去壳后所得的蛋液经一系列加工，最后冷冻而成的固态蛋制品，其加工方法相对简单，使用方便，是我国出口创汇的主要蛋制品，也是国内调节产蛋季节性的主要蛋制品。可以满足食品工业，如制造糕点、冷饮、糖果的常年需要，也可在产蛋淡季投入市场，弥补鲜蛋的供应不足。

二、材料、仪器及设备

1. 材料　鲜蛋、水、漂白粉、氢氧化钠、乳酸、硫酸铝等。

2. 仪器及设备　照蛋器、洗蛋机、干燥机、打蛋机、搅拌器、过滤机、杀菌器、蛋液泵、冷却器、贮存罐、冷库等。

三、工艺流程

原料蛋的选择、整理与检验→洗蛋、蛋壳的杀菌消毒→晾蛋→打蛋、去壳与过滤→
蛋液的杀菌→杀菌后的冷却→装听（桶）→急冻→包装→冷藏

四、操作要点

1. 材料准备　原料蛋的选择、整理与检验、洗蛋、蛋壳的杀菌消毒、晾蛋、打蛋、去壳与过滤、蛋液的杀菌、杀菌后的冷却，其要求同蛋液加工。

2. 装听（桶）　杀菌后蛋液冷却至 4℃ 以下即可装听。装听的目的是便于速冻与冷藏。一般优级品装入马口铁听内，一、二级冰蛋品装入纸盒内。马口铁罐的装量一般有 5kg、10kg、20kg 三种。为了便于销售，蛋液也可采用塑料袋灌装，塑料袋的装量通常分 0.5kg、1kg、2kg、5kg 等几种规格。

3. 急冻　蛋液装听后，送入急冻间，并顺次排列在氨气排管上进行急冻，急冻库温应在 −20℃ 以下。急冻至听或袋内中心温度达 −15℃ 左右时，移入库温为 −18℃ 左右冷库贮存。

急冻时冷冻库温度低冻结速度快。在同样温度下，蛋黄完成冻结早，全蛋次之，蛋白液虽然开始冻结早，但完成冻结最晚。在日本采用－30℃以下的冻结温度进行急冻，以更有效地抑制微生物的繁殖。

4. 包装　急冻好的冰蛋品，应迅速进行包装。一般马口铁听用包装纸箱，用塑料袋灌装的产品也应在其外面加硬纸盒包装，以便于保管和运输。

5. 冷藏　冰蛋品包装后送至冷库冷藏。冷藏库内的库温应保持在－18℃，同时要求冷藏库温不能上下波动过大。如果是冰蛋黄可放于－8℃左右的冷库中冷藏，冰蛋的冷藏期一般为6个月以上。

五、冰蛋品的解冻

冰蛋品的解冻是冻结的逆过程。解冻的目的在于将冰蛋品的温度回升到所需的温度，使其恢复到冻结前的良好流体状态，获得最大限度的可逆性。

1. 解冻的方法　冰蛋品常用的解冻方法有以下几种：

（1）常温解冻。常温解冻是将冰蛋从冷库取出后，放置在常温下进行解冻的方法。这是经常使用的方法，该法操作比较方便，但解冻较缓慢，解冻时间较长。

（2）低温解冻。低温解冻是将冰蛋品从冷藏库移到低温库进行解冻的方法。这样完成解冻的时间分别为5℃以下的低温库48h，10℃以下的低温库24h内解冻。国外常用该法解冻。

（3）水解冻。水解冻法分为水浸式解冻、流水解冻、喷淋解冻、加碎冰解冻等方法。对冰蛋品的解冻主要应用流水解冻法，即将盛冰蛋品的容器置入15～20℃的流水中，不仅可以在短时间内解冻，而且可以防止微生物的污染及繁殖。

（4）加温解冻。把冰蛋品移入室温保持在30～50℃的保温库中，可用风机连续送风使空气循环，在短时间内可以达到解冻目的。在日本常对加入食盐或砂糖的冰蛋品采用加温解冻，但温度必须严格控制。

（5）微波解冻。微波解冻能保持食品的色、香、味，而且微波解冻时间只是常规时间的十分之一到百分之几。冰蛋品采用微波解冻不会发生蛋白质变性，可以保证产品的质量。但是微波解冻法投资大，设备和技术水平要求较高，成本也很高，目前还不能普及。

上述几种解冻方法解冻所需要的时间，因冰蛋品的种类而有差异。加盐冰蛋和加糖冰蛋，由于其冰点下降，解冻较快。在一般冰蛋品中，冰蛋黄可在短时间内解冻，而冰蛋白则需要较长解冻时间。在解冻过程中细菌的繁殖状况也因冰蛋品的种类与解冻方法不同而异。例如，同一室温中解冻，细菌总数在蛋黄中比蛋白中增加的速度快。同一种冰蛋品，室温解冻比流水解冻的细菌数高。

2. 冷冻对蛋黄质量的影响　贮存于－6℃的冷冻蛋黄在解冻后其黏度远大于天然未冷冻的蛋黄。这种流动性的不可逆变化称作"凝胶作用"。在凝胶作用中，蛋黄的功能性质发生改变。例如，用凝胶化蛋黄制作的蛋糕体积比未冷冻蛋黄生产的蛋糕体积小得多。

蛋黄凝胶化的速度与程度取决于冷冻速度、温度和冷冻期及解冻的速度。在液氮中快速冷冻蛋黄，只要冷冻制品迅速解冻就能有效地制止凝胶作用。当冻藏的温度从－6℃降至－50℃，凝胶作用速度加快。

通过预冷冻处理，如加入冷冻保护剂或蛋白酶，或应用胶体磨，可使蛋黄的凝胶作用减小到最低程度。

六、注意事项

（1）装听时，盛装蛋液的容器必须先彻底消毒，干燥后方可使用，充填时防止污染和异物进入，并使蛋液不流至容器外侧，以免霉菌污染。如用铁罐则罐内侧需有涂层或内衬聚乙烯袋。

（2）急冻时，各包装容器之间要留有一定的间隙，以利于冷气流通。冷冻间温度应保持在－20℃以下，冷冻36h后，将听（桶）倒置，使听内蛋液冻结匀实，以防止听身膨胀，并缩短急冻时间。在急冻间温度为－23℃下，速冻时间不超过72h，听内中心温度应降到－18～－15℃方可取出进行包装。

七、质量标准

1. 状态色泽　各种冰蛋品均要求冻结坚实均匀。其色泽取决于蛋液固有成分。正常的冰全蛋为淡黄色，冰蛋黄应为黄色，冰蛋清应为微黄色。

2. 气味　正常冰蛋应该无异味，异味是由于原料异常或加工贮藏过程环境不良造成的。如使用霉蛋加工的冰蛋品带有霉味，冰蛋黄中的酸味则是脂肪酸败造成的。

3. 杂质　质量正常的冰蛋品不应含有杂质。冰蛋品中的杂质主要是由于加工时过滤不好，卫生条件差造成的。

4. 冰蛋品含水量　冰蛋品含水量取决于原料蛋，由于原料蛋的含水量受许多因素影响，因此生产出来的冰蛋品含水量往往不同。我国冰蛋品含水量有最高规定值，如冰全蛋不超过76%，冰蛋白不超过88.5%，冰蛋黄不超过55%。

5. 冰蛋的含油量　冰蛋的含油量又称脂肪含量，取决于原料蛋，它受很多因素影响，因此标准中只规定最低含量。

6. 游离脂肪酸含量　冰蛋品中游离脂肪酸含量的高低，可以反映冰全蛋和冰蛋黄的新鲜程度。贮藏条件差、时间长的含蛋黄的冰蛋品，脂肪会发生分解产生游离脂肪酸，进一步导致酸败。内销冰鸡全蛋，其中优级品游离脂肪酸（以油酸计）要求不超过4%，一级品不超过5%，二级品不超过6%。

7. 细菌指标　细菌指标又称微生物指标。由于冰蛋富含营养成分，在加工过程中如果卫生条件不合格或没有达到标准，细菌就会在冰蛋解冻后大量繁殖，引起产品腐败，甚至污染有肠道致病菌（沙门氏菌、志贺氏菌属），若控制不住，将直接危害广大消费者的身体健康。国家标准中对微生物种类及数量有规定。

八、思考与应用

1. 冰蛋品主要加工步骤有哪些？
2. 哪些工序会影响冰蛋品的质量？
3. 冰蛋品的解冻方法有哪些？

「任务3　湿蛋品加工」

一、产品特点

湿蛋品具有保质期长，多数不宜食用，多应用于工业领域。我国的湿蛋品品种少，主要是以蛋黄为原料生产湿蛋黄，主要有有盐湿蛋黄、无盐湿蛋黄和蜜湿蛋黄三种。

二、材料、仪器及设备

1. 材料 蛋黄液、苯甲酸、硼酸、上等甘油、安息香酸、精盐等。

2. 仪器及设备 搅拌器、贮蛋槽、木桶等。

三、工艺流程

蛋黄液→搅拌过滤→加防腐剂→静置沉淀→装桶贮藏

四、操作要点

1. 蛋黄的搅拌过滤 搅拌过滤的目的是割破蛋黄膜，使蛋黄液均匀，色泽一致，并除去系带、蛋黄膜、碎蛋壳等杂质。搅拌可用搅拌器，过滤可用离心过滤器，也可用每 $2.54cm^2$ 面积上有 18、24、32 孔的铜丝筛三次过滤，以达到搅拌过滤的目的。过滤后的纯净蛋黄液存于贮槽内。

2. 加防腐剂 加防腐剂的目的在于抑制细菌的繁殖，防止产品腐败，以便延长产品的贮存时间。防腐剂的使用应根据湿蛋黄的品种而定。湿蛋黄制品中常采用混合防腐剂，其防腐效果比单一防腐剂好，持续时间长。常用的有以下几种：

（1）新粉盐黄配方是用纯蛋黄液 100kg，精盐 8％～10％，苯甲酸钠 0.5％～1.0％。

（2）老粉盐黄配方是用纯蛋黄液 100kg，精盐 12％，硼酸 1％～2％。

（3）蜜黄的配方是用纯蛋黄液 100kg，上等甘油 10％。

3. 静置沉淀 加防腐剂后的蛋黄液在盐池内静置 3～5d，使泡沫消失，精盐溶解、杂质沉淀，待蛋黄液与防腐剂、食盐完全混匀后即可装桶。

4. 装桶贮藏 传统的湿蛋黄制品用榆木、柞木制作的木桶包装。一般用长圆桶形（中部稍膨大）的木制桶，桶外加有 5～6 道铁箍，桶侧面中部一小孔为装蛋黄液孔。木桶使用前必须洗净、消毒，然后将 60～65℃的石蜡涂于桶内壁。蛋黄液静置、沉淀后，将上面泡沫除去，经 28 孔筛过滤于木桶内，每桶装 100kg，用木塞塞住桶口，加封便成为湿蛋黄制品。

湿蛋黄由于装在密封的木桶内，内部有防腐剂，在普通仓库里贮存即可。仓库的库温要求不高于 25℃为宜，最好在 20℃以下。湿蛋黄在贮藏期间应经常翻动，以保证产品的均匀性，防止蛋黄液面生霉变质。在夏季，一般每 5～7d 要将桶翻转一次；在低温季节，每隔10～15d 翻桶一次。

五、注意事项

（1）国家《食品添加剂使用卫生标准》标准中规定只有苯甲酸、苯甲酸钠、山梨酸钾、二氧化硫可作防腐剂，而且以上防腐剂还存在一定的问题。生产老粉盐黄时所用的硼酸较多，多食或少量而常食均可引起肾疾病。因此，老粉盐黄主要供工业用。

（2）添加防腐剂的方法 根据蛋黄液量计算加防腐剂量，同时可根据蛋液质量加入 1％～4％的水后进行搅拌 5～10min，以使防腐剂充分混合溶化于蛋黄液内，搅拌速度 120r/min 为宜，过快会产生大量气泡，延长沉淀时间。

六、质量标准

1. 新粉盐黄质量要求　状态均匀，色泽橙黄，气味正常，无杂质，水分≤52%，油量（三氯甲烷冷浸出物）≥26%，游离脂肪酸（以油酸计）≤7%，氯化钠6%～8%，苯甲酸钠0.5%～1.0%，肠道致病菌不得检出，不能有微生物引起的腐败和变质现象。

2. 老粉盐黄质量要求　状态均匀，色泽橙黄，气味正常，无杂质，水分≤52%，油量（三氯甲烷冷浸出物）≥24%，游离脂肪酸（以油酸计）≤7%，氯化钠8%～12%，硼酸1%～2%，肠道致病菌不得检出，不能有微生物引起的腐败和变质现象。

七、思考与应用

1. 什么是湿蛋品？
2. 湿蛋品的加工步骤有哪些？
3. 湿蛋品中防腐剂主要种类有哪些？
4. 目前我国湿蛋品主要有哪些种类？

项目十九 干蛋制品的加工

【能力目标】

1. 能独立进行蛋白片及干蛋粉的生产加工；
2. 掌握蛋白片及干蛋粉的生产配方设计及质量控制。

【知识目标】

1. 了解蛋白片及干蛋粉的概念；
2. 掌握蛋白片及干蛋粉加工的工艺流程及操作要点；
3. 知道蛋白片及干蛋粉营养；
4. 掌握影响蛋白片及干蛋粉质量的因素。

【相关知识】

干蛋制品又称干燥蛋制品，干燥蛋制品是将蛋液除去水分或剩下水分很低的一类蛋制品。用来生产干蛋制品的原料主要是鸡蛋，很少用鸭蛋、鹅蛋。

鸡蛋中含有大量的水分，如蛋黄约含50%的水分，全蛋约含75%的水分，蛋白约含88%的水分。将含水分如此高的全蛋、蛋黄或蛋白进行冷藏或运输，既不经济，还容易变质。干燥是贮藏蛋液的很好方法，早在20世纪初（1900年）我国即有了干燥蛋，当时由我国输往美国的干蛋白片，其起泡性很好并且耐贮藏，令各国为之惊奇而佩服。据说各国经过长期研究，方知我国制造干蛋白片的秘诀是干燥前先用细菌发酵除去其中的葡萄糖。

干蛋制品可分为干蛋粉（又分为全蛋粉、蛋黄粉、蛋白粉）和干蛋片（又分为全蛋片、干蛋白片、蛋黄片）两种。我国生产的主要产品是干蛋白片、全蛋粉及蛋黄粉。干蛋制品在食品、化工、医药、纺织等工业上应用广泛。

干燥蛋制品有以下优点：①干燥蛋制品由于除去水分而体积减小，从而比带壳蛋或液蛋贮藏的空间少，成本低；②运输的成本比冰蛋或液蛋低；③管理卫生；④在贮藏过程中细菌不容易侵入繁殖；⑤在食物配方中的数量能准确控制；⑥干燥蛋制品成分均一；⑦可用于开发很多新的方便食品。

干蛋白片又称蛋白片，系指鲜蛋的蛋白经加工处理、发酵、干燥制成的蛋制品。干蛋粉是以蛋液为原料，经干燥加工除去水分而制成的粉末蛋制品。

干燥蛋制品的营养特点：①富含DHA和卵磷脂，对神经系统和身体发育有利，能健脑益智，改善记忆力，并促进肝细胞再生；②含有较多的维生素 B_2 和其他微量元素，可以分解和氧化人体内的致癌物质，具有防癌作用；③对肝组织损伤有修复作用。

「任务 1　蛋白片加工」

一、产品特点

蛋白片是以鲜蛋的蛋白为原料，经加工处理、发酵、干燥制成的蛋制品，蛋粉不仅很好地保持了鸡蛋应有的营养成分，而且具有显著的功能性质，具有使用方便，卫生，易于贮存和运输等特点。

二、材料、仪器及设备

鲜鸡蛋、漂白粉、氢氧化钠溶液、离心泵、过滤器、板式热交换器、发酵桶、水流烘架、烘盘、包装材料等。

三、工艺流程

原料蛋检验→洗涤→消毒→晾干→打蛋→蛋白液搅拌、过滤→

发酵→过滤、中和→烘制→干燥→挑选、分级→回软→包装、成品

四、操作要点

1. 原料蛋检验　原料蛋必须新鲜，蛋壳坚实、洁净，经照蛋检验合格后，才能用于蛋白片加工。

2. 发酵　蛋白液中含有约 0.4% 的葡萄糖，若直接把蛋液进行干燥，在干燥及贮藏过程中，葡萄糖与蛋液中的蛋白质及氨基酸会发生美拉德反应，生产出的制品会发生变色、溶解度降低、变味、打擦度下降等。因此，蛋液在干燥前必须除去葡萄糖，即脱糖。蛋白液的脱糖方法多采用发酵法，又分为自然发酵和人工发酵两种。

自然发酵就是利用蛋液中存在的细菌（主要为乳酸菌），在一定的温度下对蛋液进行培养，乳酸菌把蛋液中的葡萄糖转化为乳酸和二氧化碳，使蛋液的 pH 下降，pH 从 6.0～7.7 下降至 5.2～5.4，酸度下降使卵黏蛋白等凝固析出，同时把系带等物质澄清出来。

蛋液进行自然发酵，由于原料蛋液中初菌数不同，发酵很难保持稳定状态，且污染的菌中可能含有沙门氏菌等致病菌。现在由于采用机械打蛋，液蛋制备相当卫生，蛋液初菌少，不易发酵。蛋液发酵最好采用纯培养的细菌进行发酵，即人工发酵。把经过巴氏杀菌的蛋液，接种 2%～5% 经过扩大培养的发酵剂，进行发酵脱糖。

发酵终点蛋白液滋味为酸中带甜，无生蛋味。用拇指和食指沾少许蛋液对摸，几乎无黏性。蛋白液 pH 为 5.2～5.4，高于 5.5 为发酵不足，低于 5.0 为发酵过度。发酵终点的判定也可利用打擦度测定法。

打擦度测定：取蛋白液 284mL，加水 146mL，放入霍勃脱式打蛋机的紫铜锅内，以 2 号、3 号转速各搅拌 1.5min，削平泡沫，用尺子从中心插入，测量泡沫高度，高度在 16cm 以上为达到发酵终点的指标之一。

发酵成熟的蛋白醪液，从容器底部的放液口排出。第一次放出总量的 75%，再每隔 3～4h 进行第二次、第三次排放发酵醪，每次放出约 10%，剩余的 5% 为杂质，不能加工蛋白片。

3. 过滤、中和 用板框过滤机（40 目筛）除去发酵醪中的杂质，再用相对密度为 0.98 的纯氨水进行中和。使发酵醪从弱酸性变成弱碱性，这样就可以避免在烘干过程中产生气泡。经过中和生产出的蛋白片，产品的外观、透明度、色泽、溶解度等都保持较好，更耐贮藏。在中和过程中应注意缓慢加入，慢速搅拌，防止大量气泡产生，用精密试纸或酸度计及时检测蛋白液的酸碱度。

4. 烘干 蛋白片的干制采用浅盘式干燥法，加热方式有水浴式和炉式两种。我国多采用热水浅盘干制，美国、日本等国多采用 50～55℃热风干燥，其干制时间为 12～36h。不论采用哪种形式，干制过程中不能使蛋白质发生热变性。应选择适度的温度使蛋液水分蒸发，制成透明的蛋白薄片。

烘制过程。把清洗、灭菌的烘盘放在水槽上，用杀菌过的干毛巾擦去水珠，再用纱布在盘内均匀地抹上一层洁白凡士林，注意油量要适宜，此时控制水温 55～56℃。用铝勺将蛋白液倒入烘盘内，每盘加入 2～3kg，液深 2.0～2.5cm，从进水口至出水口每盘减少量为 50～70g。

蛋白液加热 11～13h，由于水分蒸发表面形成一层薄片。再经过 1～2h，薄片厚度可达 1mm，此时可进行第一次揭片。双手各握住一个竹镊，从一端的两边缓缓揭起，然后干面向上、湿面向下放在藤架上，以便附着的蛋白液流入烘盘。待湿面稍干后移到干燥室的布棚上，湿面向外搭成人字形进行晾干。第一次揭片后约 50min 进行第二次揭片，再经过 30min 进行第三次揭片。一般每盘可揭 2～3 次大片，余下的为不完整小片。最后用竹板刮下盘内及烘架上碎屑，送往成品车间。

5. 晾白 烘干揭出的蛋白片约含有 24% 的水分，不利于产品的保藏，必须进一步除去水分。大张片湿面向上搭成人字形，小片、碎片等直接摊在布棚上烘干。生产上采用 40～50℃的热风进行干燥，4～5h 水分含量降至 16% 以下。

6. 挑选、分级 将大片蛋白分成 2cm 的小片，碎片用竹筛除去碎屑，再用铜筛筛去粉末。处理过程中拣出厚片、湿片、无光片、杂质及含杂质片等。厚片、湿片应再次进行晾白，含杂质及粉末等先用水溶解、过滤，再进行烘干作为次品。

7. 回软 因不同片水分含量可能有差异，同一片的表面和内部含水量不同，为使其含水分均匀一致，把挑选分级后的蛋白片放在密闭容器内（如塑料箱等，注意要加盖密封好），放置 2～3d 进行回软。

8. 包装、成品 蛋白片可采用马口铁罐（内衬硫酸纸）进行包装，蛋白片和碎屑等根据成品质量要求按比例装入，如蛋白片 85%，晶粒 1.0%～1.5%，碎屑 13.5%～14.0%，注意密封好罐口。也可采用复合铝箔软包装进行包装，热封好袋口后，再装入瓦楞纸箱即为成品。成品放在清洁、干燥、通风良好的库内保存，库温要求不高于 24℃。

五、注意事项

1. 发酵

（1）发酵在发酵室里进行，发酵室应清洁、卫生、密闭良好。自然发酵的温度控制在 26～30℃，相对湿度控制在 80% 左右。发酵时间一般为 40～100h。温度过高发酵时间短，腐败菌生长繁殖速度快，易造成蛋白液败坏；温度过低，发酵时间长，甚至不能发酵。人工接种的发酵剂，应根据微生物的种类、添加量来确定最适的发酵温度和发酵时间。蛋液发酵传统法是在木桶或陶缸中进行，现在一般采用发酵罐（内设搅拌器和蛇管，顶部设有视镜）。

蛋液注入发酵设备前，应先对设备进行清洗和灭菌；注入量不要超过总量的75%，防止发酵过程中产生的泡沫溢出。木桶或陶缸上要盖上经灭菌的双层纱布。

（2）蛋白液是否完全发酵直接影响成品质量，发酵终点的确定极为重要。判定方法为发酵过程中生成的泡沫不再上升，并开始下塌，表面裂开，裂开处有一层白色的小泡出现，这是发酵达到终点的标志之一；从发酵液下部取30mL蛋白液，装入试管中盖紧橡胶塞，经5～6s反复倒置，若液体无气泡上升，颜色为澄清半透明的淡黄色，即发酵完成。

2. 烘干

（1）蛋白液及凡士林受热后，会产生泡沫及油污沫，若不除去这些泡沫，会影响成品光泽及透明度。蛋液加热2h左右，要用打泡沫板刮去水沫，加热8～9h刮去油沫。

（2）为保证产品质量，应严格控制好水浴温度及水流速度。干燥开始时要求进口水温56℃，此时应加快流速，维持出口水温55℃，经过4～6h使出口处温度升至53～54℃。每次揭片后水温下降1℃，最后控制在53℃，液温控制52℃。

六、质量标准

（1）状态。晶片或碎屑。

（2）色泽。浅黄。

（3）气味。正常。

（4）杂质。无。

（5）打擦度。泡沫高度不低于14.6cm。

（6）碎屑含量。不高于20%。

（7）水分。不高于16%。

（8）水溶物的含量。不低于79.0%。

（9）酸度。不高于1.2%。

（10）肠道致病菌。不得存在。

（11）不得有微生物引起的腐败和变质现象。

七、思考与应用

1. 简述干蛋制品的种类及特点。
2. 简述蛋白片的生产工艺及操作要点。

「任务2　干蛋粉加工」

一、产品特点

干蛋粉是由新鲜鸡蛋经清洗、磕蛋、分离、巴氏杀菌、喷雾干燥而制成的，产品包括全蛋粉、蛋黄粉、蛋白粉以及高功能性蛋粉产品。干蛋粉具有良好的功能性，如凝胶性、乳化性、保水性等，广泛应用于糕点、肉制品、冰淇淋、火腿肠等产品中。

二、材料、仪器及设备

鲜鸡蛋、漂白粉、氢氧化钠溶液、热水、包装材料、预冷罐、板式热交换器、速冻设备、冷冻间、冻藏库等。

三、工艺流程

蛋液搅拌、过滤→脱糖→过滤→杀菌→干燥→过筛→包装→成品

四、操作要点

1. 蛋液　蛋液种类包括全蛋液、蛋白液和蛋黄液，其制备、搅拌过滤同液蛋加工。

2. 脱糖　全蛋液、蛋白液和蛋黄液中分别含有约 0.3％、0.4％和 0.2％的葡萄糖，若不除去葡萄糖，会对产品质量造成不利影响，如变色、变味、溶解度下降等。生产上常用的脱糖方法有以下几种。

（1）细菌发酵法。一般用于蛋白液的发酵，发酵方法见蛋白片的加工。

（2）酵母发酵法。适用于全蛋液、蛋白液及蛋黄液的脱糖。常用的酵母有面包酵母和圆酵母等。发酵方法是先用 10％左右的有机酸把蛋液 pH 调至 7.5 左右，再用少量的水把占蛋液重 0.15％～0.20％的酵母制成悬浊液，加入蛋白液中，在 30～32℃下，发酵数小时即可完成。

（3）酶法。是利用葡萄糖氧化酶把葡萄糖氧化成葡萄糖酸进行脱糖。酶法适用于蛋白液、全蛋液的脱糖。

葡萄糖氧化酶的催化的最适 pH 为 6.7～7.2。用此酶对蛋白液脱糖时应先用 10％的有机酸调蛋白液 pH 为 7 左右，全蛋液、蛋黄液一般不需调整。在蛋液中加入 0.01％～0.04％的葡萄糖氧化酶，因该酶在催化葡萄糖氧化时需要氧气参与反应，所以应同时加入蛋液重 0.35％的 7％过氧化氢，并每隔 1h 补加相同重量的过氧化氢，或在催化过程中连续向蛋液中通入氧气。在该酶最适温度下，蛋白液脱糖需 5～6h，蛋黄液 3.5h，全蛋液 4h 左右。

3. 过滤　脱糖后蛋液过滤方法同蛋白片的加工。

4. 杀菌　使用酶法脱糖的蛋白液采用低温杀菌效果较好，杀菌方法同蛋液杀菌。发酵法除糖的蛋液，因蛋液中微生物数目多，多采用干燥后对蛋粉进行干热杀菌。

5. 干燥　蛋液干燥方法最常用的为喷雾干燥，也可用真空冷冻干燥、浅盘干燥等。喷雾法干燥速度快，成品复原性好、色正、营养损失少。蛋液先经过预热升温至 50～55℃，在高压或高速离心力作用下，通过雾化器分散成雾状微粒，微粒与热空气接触，瞬间（约 0.3s）水分迅速形成蒸汽，蒸汽被热风带走，固体颗粒因相对密度大而沉降下来。蛋粉温度一般为 60～80℃，为防止高温对蛋粉质量造成不利影响，应及时出粉降温。干燥过程中干燥塔温度控制在 120～140℃，热空气温度控制在 150～200℃。

真空冷冻干燥：先把蛋液在 40～50℃下进行真空浓缩，使固形物含量提高一倍，再将蛋液冷却至 0～4℃，注入浅盘中，在 -40～-30℃进行真空冷冻干燥。该法生产出的蛋粉溶解性好，起泡性及香味较好，但生产成本高。

6. 过筛　干燥后的蛋粉要进行过筛处理，除去粗大颗粒。

7. 包装　蛋粉的包装与蛋白片包装方法基本相同。

五、注意事项

蛋粉生产的过程中，喷雾干燥工序极为重要，为使产品的含水量、色、味正常，组织状

态均匀，必须将喷液量、热空气温度、排风量三方面配合好。在保证质量的前提下，适当提高蛋粉温度，以达杀菌目的，特别是消灭肠道致病菌。

一般在喷雾前，干燥塔的温度应在 120～140℃，喷雾后温度则下降 60～70℃。在喷雾过程中，热风温度应控制在 150～200℃，蛋粉温度在 60～80℃。这样蛋粉的色、味正常，含水量才能合乎质量标准。

六、质量标准

（1）感官指标。粉末状态、淡黄色，气味正常，无杂质，溶度良好。

（2）理化指标。水分：全蛋粉≤4.5%、蛋黄粉≤4.0%；脂肪：全蛋粉≥43%、蛋黄粉≥60%；游离脂肪酸：全蛋粉≤5.6%、蛋黄粉≤4.5%。

（3）微生物指标。细菌总数：全蛋粉和蛋黄粉，每克均不超过 10 000 个。大肠菌：全蛋粉每 100g 不超过 110 个，蛋黄粉每 100g 不超过 40 个。致病菌（沙门氏菌）：全蛋粉和蛋黄粉均不得检出。

七、思考与应用

1. 简述干蛋制品的一般生产工艺。
2. 简述干蛋粉的生产工艺及操作要点。

项目二十　其他蛋制品的加工

【能力目标】

1. 能独立进行蛋黄酱及茶蛋的生产加工；
2. 掌握蛋黄酱及茶蛋的生产配方设计及质量控制。

【知识目标】

1. 了解蛋黄酱及茶蛋的概念及分类；
2. 掌握蛋黄酱及茶蛋加工的工艺流程及操作要点；
3. 知道蛋黄酱及茶蛋的营养特点；
4. 掌握影响蛋黄酱及茶蛋质量的因素。

【相关知识】

蛋黄酱（Mayonnaise）是法国人发明的。在美国、西欧和日本等国，蛋黄酱和中国的面酱、豆瓣酱等调味品一样普遍。中世纪的欧洲美食大师们将鸡蛋清、蛋黄分开，然后逐渐加入橄榄油，再加入精盐和柠檬汁，便成了调制和装饰各种沙拉的奶油状浓沙司，这便是蛋黄酱。蛋黄酱可直接用于调味佐料，面食涂层和油脂类食品，目前在快餐、方便食品中也得到应用。蛋黄酱含有丰富的糖类，蛋白质和脂肪等营养成分，热量在所有沙拉酱中是最高的。还含有亚油酸、磷脂、维生素 A、维生素 D、维生素 E 等物质，对儿童的生长发育、提高智力、保护视力会起到良好的作用。另外，它还有排泄血清胆固醇和降低胆固醇的作用，对老年人也很适宜，特别是对动脉硬化，肝病等都有显著疗效。

茶蛋是煮制过程中加入茶叶的一种加味熟蛋制品，是我国的传统食物之一。因茶叶蛋的制作方法简单，携带方便，现煮现卖，物美价廉。可以做餐点，闲暇时又可当零食。茶叶有提神醒脑的功能，故在煮制过程中加入少许茶叶，煮出来的蛋便色泽褐黄。鸡蛋含有丰富的蛋白质、脂肪、维生素和铁、钙、钾等人体所需的矿物质，蛋白质为优质蛋白，对肝组织损伤有修复作用。富含 DHA 和卵磷脂、卵黄素，对神经系统和身体发育有利，能健脑益智，改善记忆力，并促进肝细胞再生。鸡蛋中含有较多的维生素 B 族和其他微量元素，可以分解和氧化人体内的致癌物质，具有防癌作用；茶叶中含有咖啡因，可提神醒脑，消除疲劳。含有单宁酸，能有效地预防脑卒中。所含氟化物，能够预防牙齿疾病。红茶能有效防治皮肤癌，是美容养颜佳品；绿茶所富含的茶多酚，更是优秀的抗氧化剂，可防癌抗癌、抗衰老、消炎杀菌等。

「任务 1　蛋黄酱加工」

一、产品特点

蛋黄酱又名沙拉酱或美乃滋，是以鸡蛋黄作为乳化剂，使食用油脂乳化，添加食醋、食盐、辛香料等所制成的乳化半固体调味酱。蛋黄酱是一种重要的基础沙司，通过它可以调制其他的沙司，如千岛汁、安德鲁斯汁、莫斯科汁、法国汁、鞑靼汁等。

二、材料、仪器及设备

1. 材料与配方　植物油可用精炼过的豆油、玉米油、菜籽油、色拉油等，游离脂肪酸的含量要少于 0.05%（以油酸计）；新鲜蛋黄、冰蛋黄、全蛋均可以使用；一般采用蔗糖或甜菜糖；酸用蒸馏过的醋酸、苹果酸、柠檬酸；香辛料：芥末粉、胡椒粉、辣椒粉、葱、大蒜、生姜、丁香、芹菜等。配方：植物油 70%、蛋黄 14%、食醋 11%、食盐 1.5%、砂糖 1.5%、香辛料 1.5%。

2. 仪器与设备　真空混合机、胶体磨、电动搅拌机、打蛋器、高速离心机、水分活度仪、真空包装机。

三、工艺流程

原料选择→消毒杀菌、去壳→混合调制→真空混合乳化→均质→罐装、封盖、贴标→成品

四、操作要点

1. 原料选择　植物油最好选择无色无味的色拉油；鸡蛋选择新鲜的；香辛料要选质量上乘，纯正的。

2. 鸡蛋去壳　鸡蛋先用清水洗净，用消毒水浸泡几分钟，捞出控干，打蛋去壳。

3. 混合调制　将食用胶用 20 倍水提前溶解，浸泡几个小时。再将全部原料分别称量后，将少量的原辅料用水溶化，除植物油、醋以外，全部倒入搅拌机中，开启搅拌使其充分混合，呈均匀的混合液。

4. 真空混合乳化　边搅拌边徐徐加入植物油，加油速度宜慢不宜快，当油加至 2/3 时，将醋慢慢加入，再将剩余油加入，直至搅成黏稠的糊状。

5. 均质　为了得到组织细腻的蛋黄酱避免分层，用胶体磨进行均质，胶体磨转速控制在 3 600r/min 左右。

6. 灌装密封　将均质后的蛋黄酱装于洗净烘干的玻璃瓶中或铝箔塑料袋中，封口，贴标即为成品。

五、注意事项

（1）由于蛋黄酱类产品不能杀菌，所以在制作过程中应注意设备、用具的卫生，进行必要的清洗，杀菌。

（2）常用的香辛料有芥末、胡椒等。芥末既可以改善产品的风味，又可与蛋黄结合产生很强的乳化效果，使用时应将其研磨，粉越细乳化效果越好。

（3）蛋黄中卵磷脂在低温时乳化能力减弱，因此，生产时鲜蛋从冷库取出要回温后再加工。一般以18℃左右的温度为佳。如温度超过30℃，蛋黄粒子硬结，会降低蛋黄酱质量。

六、质量标准

1. 感官指标　色泽淡黄。口感顺滑，无异味。体态为组织细腻，柔软适度，无异物，呈黏稠、均匀的软膏状，有一定韧性，不分层、无断裂、无油水分离现象。

2. 理化指标　脂肪含量不得低于65％，蛋黄含量不得低于2％，pH≤4.2。

3. 保质期　六个月。自制蛋黄酱冷藏15d，室温10d。

七、思考与应用

1. 试述制作蛋黄酱的用料。

2. 归纳影响蛋黄酱品质的因素。

「任务2　茶蛋的加工」

一、产品特点

以五香茶叶蛋为例，鲜蛋经高温杀菌，并使蛋白凝固后，利用辅料防腐调味和增色加工制成，蛋壳呈虎皮色，油光发亮，鲜香可口，香味浓厚，为民间传统风味的小吃蛋品。

二、材料、仪器及设备

1. 材料与配方　鸡蛋1 000g、茶叶25g、花椒2g、大料5g、桂皮5g、小茴香3g、精盐10g、酱油50g、葱10g、姜5g。

2. 仪器与设备　锅、加热板、天平、罐子、漏勺。

三、工艺流程

原料选择、洗涤→煮蛋、冷却、敲蛋→卤煮→储放

四、操作要点

1. 原料选择、洗涤　一般习惯使用鸡蛋制作，鸭蛋同样可以。凡是大小适中、蛋壳完整、适合食用的新鲜鸡蛋以及用淡盐水保存过的蛋均可，用清水洗净。茶叶最好用红茶，因为红茶香浓而不苦涩，颜色鲜亮，煮出来的蛋香气四溢，色泽均匀，卖相极佳；绿茶多少有点苦味，煮出来蛋会有涩味，且绿茶性寒，不适于有胃病、体弱者及孕妇食用。香辛料要符合食用的质量要求。

2. 煮蛋、冷却、敲蛋　将鸡蛋放入锅中，加入冷水，用中火煮至八成熟。然后把开水倒掉，用凉开水急冲蛋（或置于冷源中待凉），使蛋壳与蛋白分离，再轻敲蛋壳，使裂纹布满整蛋面，或用两手轻轻搓蛋，使整个蛋壳破碎。煮鸡蛋时加入盐可以使有裂缝鸡蛋的蛋液不会溢出，蛋会煮得完整。

3. 卤煮　锅中放入清水，用旺火烧开后改用中火，放入鸡蛋、精盐、酱油、葱段、姜片。把茶叶、花椒、大料、桂皮、小茴香用纱布口袋装好，放入锅中，煮约1h，起锅离火，

自然晾凉。

4. 储放 存放待凉后，取出纱布口袋，挑出葱、姜，将鸡蛋同汤汁一起放入存贮容器中，随吃随取。

五、注意事项

（1）蛋第一次煮时，不要煮太熟，因为加入茶叶及调味料后，还要再煮一段时间使它入味，煮太久蛋太硬并不好吃。

（2）敲蛋时，要把蛋壳敲得疏密均匀，敲得不均，冰纹凌乱太不美观，敲的片大又不入味，只有敲得疏密均匀，面面俱到，茶叶蛋煮好才会呈现"冰纹"，曲纹多姿，增加美感，进而促进食欲。

（3）煮蛋时卤水一定要漫过鸡蛋。茶叶蛋煮好后一定要先捞除纱布袋，再以汤汁泡蛋即可，若是茶叶一直浸着，茶叶中的丹宁会释出，使口感变涩。

（4）煮茶叶蛋时可加入可乐，不但可以让茶叶蛋中有淡淡的可乐味道，还能让茶叶蛋中的茶香味更浓郁。

六、质量标准

成品呈茶色，香味浓郁，咸淡适宜，味道鲜美。

七、思考与应用

1. 简述五香茶叶蛋的加工方法。
2. 茶蛋加工中应注意哪些要点？

陈伯祥，1993. 肉与肉制品工艺学 [M] . 南京：江苏科技出版社 .

高翔，王蕊，2010. 肉制品生产技术 [M] . 北京：中国轻工出版社 .

蒋爱民，2000. 畜产食品工艺学 [M] . 北京：中国农业出版社 .

李晓东，2011. 乳品工艺学 [M] . 北京：科学出版社 .

葛长荣，马美湖，2005. 肉与肉制品工艺学 [M] . 北京：中国轻工出版社 .

闵连吉，1992. 肉类食品工艺学 [M] . 北京：中国商业出版社 .

南庆贤，2003. 肉类工业手册 [M] . 北京：中国轻工出版社 .

尚丽娟，2013. 肉制品加工技术 [M] . 北京：中国轻工出版社 .

王玉田，马兆瑞，2008. 肉品加工技术 [M] . 北京：中国农业出版社 .

詹现璞，2012. 乳制品加工技术 [M] . 北京：中国轻工出版社 .

周光宏，1999. 肉品学 [M] . 北京：中国农业出版社 .

图书在版编目（CIP）数据

畜产品加工/徐衍胜，赵象忠主编 . —北京：中
国农业出版社，2016.8
高等职业教育农业部"十二五"规划教材
ISBN 978-7-109-22037-9

Ⅰ.①畜…　Ⅱ.①徐…②赵…　Ⅲ.①畜产品－食品
加工－高等职业教育－教材　Ⅳ.①TS251

中国版本图书馆 CIP 数据核字（2016）第 202714 号

中国农业出版社出版
（北京市朝阳区麦子店街 18 号楼）
（邮政编码 100125）
策划编辑　李　恒
文字编辑　郭元建

北京通州皇家印刷厂印刷　　新华书店北京发行所发行
2016 年 8 月第 1 版　　2016 年 8 月北京第 1 次印刷

开本：787mm×1092mm 1/16　　印张：16.5
字数：395 千字
定价：36.50 元
（凡本版图书出现印刷、装订错误，请向出版社发行部调换）